环境影响评价方法与实践

胡辉　谢静　吴旭　编著

华中科技大学出版社

中国·武汉

内 容 简 介

  本书内容涵盖规划项目和建设项目环境影响评价的基本概念、法律体系、标准体系、技术方法和典型实践案例分析等。全书共五章:第一章为环境评价概述,第二章为环境影响识别及环境承载力分析与实践,第三章为环境质量现状评价方法与实践,第四章为环境影响预测与评价实践,第五章为战略环境评价方法与实践。各章节既自成体系,又相互密切联系。

  本书注重理论与实践相结合,各章既有技术方法介绍,又有对应的实践案例分析,系统性和实用性强。本书可作为高等学校环境类专业的研究生教材,也可作为专科生和本科生的环境影响评价案例教学辅导教材,还可供从事环境影响评价工作的人员参考。

图书在版编目(CIP)数据

环境影响评价方法与实践/胡辉,谢静,吴旭编著.—武汉:华中科技大学出版社,2021.7
ISBN 978-7-5680-7169-7

Ⅰ.①环…　Ⅱ.①胡…　②谢…　③吴…　Ⅲ.①环境影响-评价　Ⅳ.①X820.3

中国版本图书馆 CIP 数据核字(2021)第 124067 号

环境影响评价方法与实践　　　　　　　　　　　　　　　　胡辉　谢静　吴旭 **编著**
Huanjing Yingxiang Pingjia Fangfa yu Shijian

策划编辑:余伯仲
责任编辑:戢凤平
封面设计:刘　婷
责任监印:周治超
出版发行:华中科技大学出版社(中国·武汉)　　　　电话:(027)81321913
　　　　　武汉市东湖新技术开发区华工科技园　　　　邮编:430223
录　　排:华中科技大学惠友文印中心
印　　刷:武汉市洪林印务有限公司
开　　本:787mm×1092mm　1/16
印　　张:15
字　　数:379 千字
版　　次:2021 年 7 月第 1 版第 1 次印刷
定　　价:49.80 元

前　言

自 1964 年在加拿大召开的国际环境质量评价学术会议上首次提出"环境影响评价"的概念以来,其理论、方法和实践过程得到了不断发展、丰富和完善。环境影响评价已经成为环境科学体系中的一门基础学科领域和环境管理过程中的一项基本制度,并在我国的生态环境保护中起到了不可估量的作用。1979 年 9 月颁布的《中华人民共和国环境保护法(试行)》中首次明确了环境影响评价制度的法律地位,2002 年 10 月颁布的《中华人民共和国环境影响评价法》中,将环境影响评价制度扩展为规划项目和建设项目两部分内容。2013 年开始,我国相继发布了《大气污染防治行动计划》《水污染防治行动计划》和《土壤污染防治行动计划》,对规划和建设项目的环境影响评价工作提出了新的要求。环境影响评价工作不再仅仅关注污染物的达标排放,而且要从环境质量明显改善的视野去考虑工作内容。

本书力求突出环境影响评价工作的技术方法及其实践过程,内容涵盖环境影响评价的基本概念、法律体系、标准体系、技术方法和典型实践案例分析等。针对具体项目,分别从水环境、大气环境、声环境和生态环境等方面进行了环境影响评价实践的详细论述,兼顾理论性与实践性,且有助于拓展学生的知识面。全书内容安排系统性强,各章节既自成体系,又相互密切联系。

本书是作者在多年教学和科研实践的基础上,根据学科发展需求、全国工程教育和专业学位硕士研究生培养教学需求而编写的教材。全书共五章,第一章由胡辉和吴旭编写,第二章至第四章由胡辉和谢静编写,第五章由吴旭编写。全书由胡辉统稿,张莉校对。在本书编写过程中,彭鸿、孙育平、陶功开、刘军和杨雪莹等环评技术人员,董蓓、叶婷、张莉、刘号、王茜和古月园等同学协助收集整理了部分资料,在此一并致谢。此外,本书内容参考了大量相关文献和环境影响评价技术导则及环境标准,若有未注明的引用文献,敬请作者谅解,在此向相关专家、学者致以诚挚的感谢。因编者学术水平和经验所限,教材中难免存在不足,恳请读者不吝指教。

本书可作为高等学校环境类专业的研究生教材,也可作为专科生和本科生的环境影响评价案例教学辅导教材,还可供从事环境影响评价工作的人员参考。

编　者

2021 年 1 月

目　　录

第一章 环境评价概述

第一节 基 本 概 念

一、环境与环境保护目标

1. 环境

环境(《中华人民共和国环境保护法》第二条)是指影响人类社会生存和发展的各种天然的和经过人工改造的自然因素总体,包括大气、水、海洋、土地、矿藏、森林、草原、野生生物、自然古迹、人文遗迹、自然保护区、风景名胜区、城市和乡村等。

2. 环境质量

环境质量既指环境的总体质量(综合质量),也指环境要素的质量,反映环境系统的内在结构和外部所表现的状态对人类及生物界的生存和繁衍的适宜性。它是环境系统客观存在的一种本质属性,并能用定性和定量的方法描述环境系统所处的状态。

环境质量是一个相对的概念。在不同的地方、不同的历史时期,人类对环境适宜性的要求是不同的,因此,对环境质量的描述也会发生变化。人们可以通过环境质量标准来体现环境质量。

3. 环境质量标准

环境质量标准是国家为保护人群健康、社会物质财富和促进生态良性循环,在综合考虑自然环境特征、科学技术水平和经济条件的基础上,按照一定的法定程序制定和批准的技术规范,是在一定时间和空间范围内,对各种环境要素中的污染物或污染因子所规定的允许含量和要求。依据环境要素的不同,制定了不同环境要素的环境质量标准。根据环境质量标准,可以对环境质量进行评价。

4. 环境保护目标

环境保护目标是指规划或建设项目评价范围内的环境敏感目标,它们均处在环境敏感区内。环境敏感区是指依法设立的各级各类自然、文化保护地,以及对某类污染因子或生态影响特别敏感的区域。如需特殊保护地区、生态敏感与脆弱区和社会关注区都是环境敏感区。

二、环境容量与环境承载力

1. 环境容量

环境容量是一个客观存在的实体,是任何一个区域或流域为维持其自身的生态平衡而允许污染物存在的最大容纳量。环境容量既包括环境本身的自净能力,也包括环境保护设施(如污水处理厂、废物回收处理站等)对污染物的处理能力。也就是说,环境自净能力和人工环保设施处理能力越大,环境容量就越大,承污能力也越大。

一个特定的区域(如自然区、某城市、某水体等)的环境容量的大小取决于两个因素:一是环境本身具备的背景条件,如环境空间的大小,气象、水文、地质、植被等自然条件,生物种群特征,污染物的理化特性等;二是人们对特定环境功能的规定。这种规定经常用环境质量标准来表述。

目前能够计算或估算的环境容量包括大气环境容量和水环境容量。

2. 环境承载力

环境承载力是指在一定时期内环境系统所能承受的人类社会、经济活动的能力阈值。由于地球的面积和空间是有限的,它的资源是有限的,因此地球环境的承载力也是有限的。环境承载力包括两层含义:一是指环境的单个要素(如土地、水、气候、动植物、矿产等资源),以及它们的组合方式(环境状态)的承载能力;二是指环境污染相对应的环境纳污能力,即环境自净能力或自然环境容量。

环境承载力通常包括自然资源承载力和环境污染承载力两个方面,因此其外延比环境容量大得多。

三、生态保护红线与"三线一单"原则

1. 生态保护红线

生态红线是指为维护国家或区域生态安全和可持续发展,保护生态系统完整性和生物多样性而划定的需要实施特殊保护的区域。它主要分为重要生态功能区、陆地和海洋生态环境敏感区、脆弱区三大区域。为保护这三大区域的生态而设置的生态红线,即为生态保护红线。

生态保护红线具有系统完整性、强制约束性、协同增效性、动态平衡性、操作可达性等特点。具体来说,生态保护红线可划分为生态功能保障基线、环境质量安全底线、自然资源利用上线。国家生态保护红线即根据《国家生态保护红线——生态功能基线划定技术指南(试行)》中相关规定而划的特定区域。

2. "三线一单"原则

"三线"是指生态保护红线、环境质量底线和资源利用上线;"一单"是指环境准入负面清单。在编制生态环境保护规划时,必须考虑"三线一单"问题,合理确定规划期间的环境目标或指标。

3. 环境准入负面清单

环境准入负面清单是指为了保护区域生态环境,依据"三线一单"原则的要求,在区域规划或园区建设规划阶段,从其空间布局、污染物排放、环境风险和资源开发利用等方面入手提出的禁止和限制的环境准入条件。

四、环境影响评价及环境影响评价制度

1. 环境影响评价

环境影响评价是指对规划和建设项目实施后可能造成的环境影响进行分析、预测和评估，提出预防或者减轻不良环境影响的对策和措施，进行跟踪监测的方法与制度。

2. 环境影响评价制度

环境影响评价制度是指把环境影响评价工作以法律、法规或行政规章的形式确定下来，从而必须遵守的制度。环境影响评价不能代替环境影响评价制度。前者是评价的技术工作，后者是进行评价的法律依据。

一般来说，环境影响评价制度不管是以明确的法律形式确定下来，还是以其他形式存在，都有一个共同的特点，就是强制性，即建设项目必须进行环境影响评价，对环境可能产生重大影响的必须作出环境影响报告书。报告书的内容包括开发项目对自然环境、社会环境及经济发展将会产生的影响，拟采取的环境保护措施及其经济、技术论证等。

3. 战略环境评价

战略环境评价（strategic environmental assessment，SEA）是环境影响评价（environmental impact assessment，EIA）在政策、计划和规划层次上的应用。它既包括战略所引发的环境因子的改变及其程度等环境效应，也包括受环境效应的作用而造成的经济发展、人类健康、生态系统稳定性和景观等的改变程度及大小。由于政策在战略范畴中的核心地位，有人也将它称为政策环境影响评价。

由于法律是政策的定型化和具体化，因此有人也认为 SEA 还应包括法律。SEA 是 EIA 在战略层次，包括法律政策、计划和规划上的应用，是对一项具体战略及其替代方案的环境影响进行正式的、系统的和综合的评价，并将评价结论应用于决策中。目的是通过 SEA 来消除或降低战略缺陷造成的环境影响，从源头上控制环境问题的产生。

战略环境评价目前已逐步被世界上越来越多的国家所接受，并正在成为可持续发展战略决策的重要支持工具之一。只有在国家综合决策领域引入战略环境评价，才能真正达到环境与经济的协调发展，使决策更为合理，立法更为全面、科学、严密和可行，并能保证法律在较长时间内的稳定性。

战略环境评价将环境影响评价从项目环境影响评价上升到了对规划、计划、政策的评价。因为不同的国家有不同的政治制度和经济运行机制，因此，战略环境评价不可能有一个通用的战略环境评价定义，不同的国家可根据自己的政治环境或经济系统采用不同的定义，以使环境评价的过程能扩展到战略层次上去。

第二节 环境评价依据

一、法律方面的依据

环境影响评价的最基本依据是《中华人民共和国宪法》中的第九条和第二十六条，即"国家

保障自然资源的合理利用,保护珍贵的动物和植物。禁止任何组织或者个人用任何手段侵占或者破坏自然资源"(第九条规定),以及"国家保护和改善生活环境和生态环境,防治污染和其他公害"(第二十六条规定)。

根据《中华人民共和国宪法》赋予的权利,目前我国已经建立了由法律、国务院行政法规、政府部门规章、地方性法规和地方政府规章、环境标准、环境保护国际条约组成的相对完整的环境保护法律法规体系。这些是开展环境评价的基本依据,如《中华人民共和国环境保护法》《中华人民共和国环境影响评价法》《中华人民共和国大气污染防治法》《中华人民共和国环境噪声污染防治法》《中华人民共和国水污染防治法》《中华人民共和国固体废物污染环境防治法》《中华人民共和国土壤污染防治法》等。

二、相关的环境标准

1. 环境标准

1)国家环境标准

国家环境质量标准、国家污染物排放标准(或控制标准)、国家环境监测方法标准、国家环境标准样品标准、国家环境基础标准和国家环境保护行业标准。

2)地方环境标准

地方级标准包括地方环境质量标准和地方污染物排放标准。执行上,地方环境标准优先于国家环境标准执行。

2. 污染物排放控制标准

1)污染物综合排放标准

目前是指《大气污染物综合排放标准》和《污水综合排放标准》两种。

2)行业污染物排放控制标准

不同的行业执行相关行业的污染物排放控制标准,如《火电厂大气污染物排放标准》《挥发性有机物无组织排放控制标准》《制药工业大气污染物排放标准》《合成氨工业水污染物排放标准》《制浆造纸工业水污染物排放标准》等。

综合排放标准与行业排放标准不交叉执行,即有行业排放标准的执行行业排放标准,没有行业排放标准的执行综合排放标准。

三、环境影响评价技术导则及相关技术规范

1. 环境影响评价技术导则

规划的环境影响评价和建设项目的环境影响评价的环境影响评价文件编制,均应该按照相应技术导则中确定的技术方法进行环境影响评价。环境影响评价技术导则体系由总纲、专项环境影响评价技术导则和行业建设项目环境影响评价技术导则构成。如《建设项目环境影响评价技术导则 总纲》《环境影响评价技术导则 大气环境》《环境影响评价技术导则 地表水环境》《环境影响评价技术导则 地下水环境》《环境影响评价技术导则 声环境》《环境影响评价技术导则 生态影响》《建设项目环境风险评价技术导则》,以及《生物多样性观测技术导则 鸟类》等。

2．相关技术规范

在编制环境影响评价文件时,除了按照相关的环境影响评价技术导则要求外,国家还对某些专项的技术给出了指导建议,即技术规范。如《生态环境状况评价技术规范(试行)》《水域纳污能力计算规程》《国土资源环境承载力评价技术要求》《开发建设项目水土保持技术规范》《废铅蓄电池处理污染控制技术规范》《危险废物收集、贮存、运输技术规范》《风力发电场项目建设工程验收规程》。这些技术规范对环境影响评价工作的开展,以及项目竣工环境保护验收具有重要的指导作用。

第三节 环境影响评价的基本原则与规范

一、环境影响评价的基本原则

1．基本原则

环境影响评价遵循的基本原则即"环境影响评价必须客观、公开、公正,综合考虑规划或者建设项目实施后对各种环境因素及其所构成的生态系统可能造成的影响,为决策提供依据"。

2．技术原则

(1)符合国家的产业政策、环保政策和法规;

(2)符合流域、区域功能区划,生态保护规划和城市发展总体规划,布局合理;

(3)符合清洁生产的原则;

(4)符合国家有关生物化学、生物多样性等生态保护的法规和政策;

(5)符合国家资源综合利用的政策;

(6)符合国家土地利用的政策;

(7)符合国家和地方规定的总量控制要求;

(8)符合污染物达标排放和区域环境质量的要求。

二、环境影响评价服务准则

1．技术服务人员的职业道德

《环境影响评价工程师职业资格制度暂行规定》第十六条要求,环境影响评价工程师在进行环境影响评价业务活动时,必须遵守国家法律、法规和行业管理的各项规定,坚持科学、客观、公正的原则,恪守职业道德。

2．环境影响评价文件不能批准的规定

2017年6月国家新修订通过的《建设项目环境保护管理条例》规定,建设项目有下列情形之一的,对环境影响报告书、环境影响报告表作出不予批准的决定:

(1)建设项目类型及其选址、布局、规模等不符合环境保护法律法规和相关法定规划;

(2)所在区域环境质量未达到国家或者地方环境质量标准,且建设项目拟采取的措施不能满足区域环境质量改善目标管理要求;

（3）建设项目采取的污染防治措施无法确保污染物排放达到国家和地方排放标准，或者未采取必要措施预防和控制生态破坏；

（4）改建、扩建和技术改造项目，未针对项目原有环境污染和生态破坏提出有效防治措施；

（5）建设项目的环境影响报告书、环境影响报告表的基础资料数据明显不实，内容存在重大缺陷、遗漏，或者环境影响评价结论不明确、不合理。

因此，作为建设项目的环境影响评价技术服务机构，应该清晰地认识到自己在提供技术服务时如何把握环境影响评价文件的编制内容。

三、环境影响评价的法律责任

《中华人民共和国环境影响评价法》对规划编制者和规划审批者、建设单位和环境影响评价技术服务单位及个人违反环评法规定的行为，给出了各自将承担的法律责任。

1. 规划编制者和规划审批者的法律责任

第二十九条：组织环境影响评价时弄虚作假或者有失职行为，造成环境影响评价严重失实的，对直接负责的主管人员和其他直接责任人员，由上级机关或者监察机关依法给予行政处分。

第三十条：规划审批机关对依法应当编写有关环境影响的篇章或者说明而未编写的规划草案，依法应当附送环境影响报告书而未附送的专项规划草案，违法予以批准的，对直接负责的主管人员和其他直接责任人员，由上级机关或者监察机关依法给予行政处分。

2. 建设单位的法律责任

第三十一条：建设单位未依法报批建设项目环境影响报告书、报告表，或者未依照本法第二十四条的规定重新报批或者报请重新审核环境影响报告书、报告表，擅自开工建设的，由县级以上环境保护行政主管部门责令停止建设，根据违法情节和危害后果，处建设项目总投资额百分之一以上百分之五以下的罚款，并可以责令恢复原状；对建设单位直接负责的主管人员和其他直接责任人员，依法给予行政处分。

建设项目环境影响报告书、报告表未经批准或者未经原审批部门重新审核同意，建设单位擅自开工建设的，依照前款的规定处罚、处分。

建设单位未依法备案建设项目环境影响登记表的，由县级以上环境保护行政主管部门责令备案，处五万元以下的罚款。

3. 技术服务者的法律责任

第三十二条：接受委托为建设项目环境影响评价提供技术服务的机构在环境影响评价工作中不负责任或者弄虚作假，致使环境影响评价文件失实的，由授予环境影响评价资质的环境保护行政主管部门降低其资质等级或者吊销其资质证书，并处所收费用一倍以上三倍以下的罚款；构成犯罪的，依法追究刑事责任。

第二章 环境影响识别及环境承载力分析与实践

规划项目和建设项目在实施过程均会对环境造成某些方面的环境影响,这些环境影响可能是大气环境、水环境和生态环境等方面或其他方面。这需要技术服务人员根据项目的基本信息、已有的基本理论和专业知识,结合已有规划或建设项目实施及完成后对环境产生影响的实例,采用某些方法,识别出规划或建设项目对环境影响的基本类型或具体类型。在此基础上,确定环境评价因子,开展某个方面或几个方面的环境影响评价,识别出规划或建设项目对环境影响的程度。

第一节 环境影响识别方法及评价因子的筛选

规划或建设项目的实施离不开其所处的自然环境和社会环境,其存在必然引起所处的自然环境和社会环境的变化。这种变化可能是和谐的,也可能使项目与环境之间长期不和谐。因此,环境影响识别是指通过系统地分析检查规划实施或拟建项目的各项"活动"与各环境要素之间的关系,识别各项"活动"可能对其所处环境产生的扰动,即环境影响,包括环境影响因子、影响对象(环境因子)、环境影响程度或影响方式。

一、环境影响识别的基本内容

1. 环境影响识别的对象

规划或建设项目的环境影响识别包括两大类:

(1)环境影响识别:水、气、土壤和生态等环境要素的识别;

(2)环境影响程度识别:极端不利、非常不利、中度不利、轻度不利和微弱不利。

具体从以下两个方面说明。

工业污染型:有毒的气体、水污染物,若明显,就采用监测方式;

生态型(非污染类):不明显,暂时不能判断。

2. 环境影响类型

按照规划或拟建项目的"活动"对环境要素的作用属性,环境影响可以划分为有利影响、不利影响,直接影响、间接影响,短期影响、长期影响,可逆影响、不可逆影响等。

在环境影响识别中,自然环境要素可以划分为地形、地貌、地质、水文、气候、地表水质、空气质量、土壤、森林、草场、陆生生物、水生生物等,社会环境要素可划分为城市(镇)、土地利用、人口、居民区、交通、文物古迹、风景名胜、自然保护区、健康以及重要的基础设施等。各环境要素可由表征该要素特性的各相关环境因子具体描述,构成一个有结构、分层次的环境因子序列。

不同类型规划或建设项目,其对环境产生影响的方式是不同的。对于以工业污染物排放影响为主的工业类项目,有明确的有害气体和污染物产生,利用其产生的影响可追踪识别其影响方式;对于以生态影响为主的"非污染类项目",可能没有明确的有害气体和污染物产生,需要仔细分析建设"活动"与各环境要素、环境因子之间的关系来识别影响过程。

3. 环境影响程度

环境影响程度是指建设项目的各种"活动"对环境要素的影响强度。因此,在环境影响识别中,可以使用一些定性的,具有"程度"判断的词语来表征环境影响程度,如"重大"影响、"轻度"影响、"微小"影响等。这种表达没有统一的标准,通常与评价人员自身的文化素质、环境价值取向和当地环境情况有关。但这种表达对给"影响"排序、制定其相对重要性或显著性是非常有用的。

在环境影响程度的识别中,通常按 3 个等级或 5 个等级来定性地划分影响程度。例如按5 级划分不利环境影响如下:

1)极端不利

外界压力引起某个环境因子无法代替、恢复与重建的损失,此种损失是永久的、不可逆的。如使某濒危的生物种群或有限的不可再生的资源遭受灭绝性威胁。

2)非常不利

外界压力引起某个环境因子严重而长期的损害或损失,其代替、恢复和重建都非常困难和昂贵,并需要很长时间。如造成稀少的生物种群濒临灭绝或有限的、不易得到的可再生资源严重损失。

3)中度不利

外界压力引起某个环境因子的损害或损失,其代替、恢复和重建是可能的,但相当困难且可能要较高的代价,并需较长的时间。对正在减少或有限供应的资源造成相当大的损失,使当地优势生物种群的生存条件产生重大变化或严重减少。

4)轻度不利

外界压力引起某个环境因子的轻微损失或暂时性破坏,其再生、恢复与重建可以实现,但需要一定时间。

5)微弱不利

外界压力引起某个环境因子暂时性破坏或受干扰,此级敏感度中的各项是人类能够忍受的,环境的破坏或干扰能较快地自动恢复或再生,或者其代替与重建比较容易实现。

环境影响程度和显著性与拟建项目的"活动"特征、强度以及相关环境要素的承载力有关。有些环境影响可能是显著的或非常显著的,在对项目做出决策之前,需要进一步了解其影响的程度,所需要或可采取的减缓、保护措施以及防护后的效果等;有些环境影响可能是不重要的,或者说对项目的决策、项目的管理没有什么影响。环境影响识别的任务就是要区分、筛选出显著的、可能影响项目决策和管理的、需要进一步评价的主要环境影响(或问题)。

二、环境影响识别的基本步骤

规划项目或建设项目的实施过程,是通过一系列的"活动"逐步展开实现的。这些"活动"

多种多样,对于建设项目而言一般按四个阶段划分,即建设前期(勘探、选址选线、可研与方案设计)、建设期、运行期和服务期满后期。由于不同阶段的"活动"不同,因此不同"活动"对环境产生的影响也不同。对于一个完整的项目,可以按照某些步骤,识别不同阶段各"活动"可能对环境带来的影响。基本步骤如下:

1. 规划分析或工程分析

将规划项目或建设项目的某个阶段分解成各层"活动"。如建设项目的分解:

$$[建设项目]=(活动)_1,(活动)_2,\cdots,(活动)_m$$

这些不同阶段的活动,可能存在于主体工程、公用工程、大型临时工程或环保工程的建设活动中。

2. 环境要素分解

不管是规划项目还是建设项目,均可能影响其所处环境中的大气、地表水或地下水、土壤或生态这些集合体。如大气是由 N_2、O_2、Ar、CH_4、SO_2、NO_x、CO_2、$VOCs$(挥发性有机物)和 PM(细颗粒物)等多种物质或要素组成的一种平衡体系,体系中每一种物质的浓度均有一个相对稳定值,一旦其浓度超过了该相对稳定值范围,平衡体系被破坏,环境就发生了变化。当这些"物质或要素"的浓度超过了其相对稳定值范围时,其就被称为污染物。基于此,可以写出环境与要素(包括自然环境要素和社会环境要素)之间的关系:

$$[环境]=(要素)_1,(要素)_2,\cdots,(要素)_n$$

3. 写出规划或拟建项目"活动"与环境之间的相互影响关系

此步骤需要结合工程分析结果,看看项目"活动"中产生的哪些要素与环境要素之间存在某种关系。

$$(活动)_i(要素)_j \rightarrow (影响)_{ij}$$

$(影响)_{ij}$ 即表示第 i 项"活动"对 j 项要素的影响。j 项要素可能是大气环境要素中的某种或某几种,也可能包含水环境要素、生态环境要素,或人口、经济等社会环境要素。

4. 环境容量分析

不管是规划项目还是建设项目,在其"活动"过程中,当其排放的某种污染物的量超过其环境容量时,将对大气环境或水环境的某种环境要素造成不利影响。因此,在定量确定其环境影响程度和确定项目污染物排放总量控制时,需要计算某种环境要素满足某种环境标准要求的区域环境容量。

5. 环境承载力分析

环境承载力分析通常用于规划项目的环境影响识别方面,包括区域水资源的承载力分析、土地资源的承载力分析等内容。这涉及规划项目投资规模、人口发展规模和经济发展规模等方面。

6. 预测项目"活动"产生的某污染物的量

按照规划分析或工程分析结果,依据某些数学模型或其他模型及相应的参数,对某项"活动"所产生的某要素进行模拟计算,得到项目"活动"所产生的某要素或污染物的量,或者某种污染物的排放量或排放浓度。

7. 确定项目"活动"对环境要素的影响程度

基于某种原理,采用某些方法就可以确定项目"活动"对环境要素的影响程度。例如,通过环境容量计算或区域环境承载力分析,可以确定某项"活动"对环境要素的影响程度,如某区域的 SO_2、NO_2 或 $PM_{2.5}$ 的环境容量,某河流的 COD(化学需氧量)和氨氮的环境容量,某区域的人口承载力;等等。这些计算可以得到定量的结果,将这些结果和某项"活动"进行对比,就可以确定规划或建设项目"活动"对环境要素的影响程度。

8. 提出环境保护措施

对预测到的不利环境影响,通常需要采取一系列措施(包括防止、减轻、消除或补偿)来减缓不利的环境影响。在采取了减缓措施后,环境影响表述为:

(活动)$_i$(要素)$_j$→(影响)$_{ij}$→ 预测和评价 → 减缓措施 →(剩余影响)$_{ij}$

三、环境影响识别的基本技术方法

(一) 技术方法选择的基本原则

在规划或建设项目的环境影响识别中,在技术上一般应考虑以下方面:

1. 规划或建设项目的类型

(1) 规划项目:总体规划、区域规划还是专项规划等,或者是生态规划、道路交通规划或工业集聚区规划等。因此,应根据规划的类型,考虑环境要素和对环境要素影响的识别技术方法。

(2) 建设项目:项目性质(如污染型建设项目和生态影响型建设项目)、项目规模,以及项目所处的自然环境和社会环境状况。因此,在选择建设项目对环境要素影响的识别技术方法时,应该考虑项目性质和规模大小等方面。

2. 项目涉及的当地环境特性及环境保护要求

主要包括自然环境、社会环境、环境保护功能区域、环境保护规划等。

3. 识别主要的环境敏感区和环境敏感目标

(1) 自然环境的敏感区或敏感目标:各级自然保护区、饮用水水源保护区、风景名胜区、森林公园、地质公园、水产种质资源保护区、海洋特别保护区、基本农田保护区、基本草原、水土流失重点预防区、重要湿地、天然林、天然渔场、珍稀濒危(或地方特有)野生动植物天然集中分布区、重要陆生动物迁徙通道、繁育和越冬场所、栖息和觅食区域,重要水生动物的自然产卵场及索饵场、越冬场和洄游通道,封闭及半封闭海域,重要水源涵养区、防风固沙区等。

(2) 社会环境敏感区或敏感目标:世界文化遗产地、学校、医院、文教区、文物保护单位、居民集中区等。

目前,国家和地方政府确定的生态保护红线,不管对规划还是建设项目而言,均是环境敏感区或敏感目标。

4. 从自然环境和社会环境两方面识别环境影响

规划和建设项目中的各项"活动",一般均会对自然环境和社会环境产生影响。因此,环境影响识别通常从自然环境和社会环境两方面进行分析。

5. 突出对重要的或社会关注的环境要素的识别

主要是对敏感区或敏感目标的环境影响识别,应识别出可能导致的主要环境影响和主要环境影响因子,说明环境影响属性,判断影响程度、影响范围和可能的时间跨度。

(二)规划项目的环境影响识别基本方法

1. 规划项目的环境影响识别基本内容

应该重点从规划的目标、规模、布局、结构、建设时序及规划包含的具体建设项目等方面,全面识别规划要素对资源和环境造成影响的途径与方式,以及影响的性质、范围和程度。如果规划分为近期、中期、远期或其他时段,还应识别不同时段的影响。主要内容包括以下几个方面:

1)不同类型影响识别

识别规划实施的有利影响或不良影响,重点识别可能造成的重大不良环境影响,包括直接影响、间接影响,短期影响、长期影响,各种可能发生的区域性、综合性、累积性的环境影响或环境风险。

2)危险物质影响识别

对于某些有可能产生难降解、易生物蓄积、长期接触对人体和生物产生危害作用的重金属污染物、无机和有机污染物、放射性污染物、微生物等的规划,还应识别规划实施产生的污染物与人体接触的途径、方式(如经皮肤、口或鼻腔等)以及可能造成的人群健康影响。

3)重大不良影响的分析与判断

对资源、环境要素的重大不良影响,可从规划实施是否导致区域环境功能变化、资源与环境利用严重冲突、人群健康状况发生显著变化三个方面进行分析与判断。

(1)导致区域环境功能变化的重大不良环境影响,主要包括规划实施使环境敏感区、重点生态功能区等重要区域的组成、结构、功能发生显著不良变化或导致其功能丧失,或使评价范围内的环境质量显著下降(环境质量降级)或导致功能区主要功能丧失。

(2)导致资源、环境利用严重冲突的重大不良环境影响,主要包括规划实施与规划范围内或相邻区域内的其他资源开发利用规划和环境保护规划等产生的显著冲突,规划实施导致的环境变化对规划范围内或相关区域内的特殊宗教、民族或传统生产、生活方式产生的显著不良影响,规划实施可能导致的跨行政区、跨流域以及跨国界的显著不良影响。

(3)导致人群健康状况发生显著变化的重大不良环境影响,主要包括规划实施导致难降解、易生物蓄积、长期接触对人体和生物产生危害作用的重金属污染物、无机和有机污染物、放射性污染物、微生物等在水、大气和土壤环境介质中显著增加,对农牧渔产品的污染风险显著增加,规划实施导致人居生态环境发生显著不良变化。

4)筛选重点内容

通过环境影响识别,以图、表等形式,建立规划要素与资源、环境要素之间的动态响应关系,给出各规划要素对资源、环境要素的影响途径,从中筛选出受规划影响大、范围广的资源、环境要素,作为分析、预测与评价的重点内容。

2. 规划项目的环境影响识别基本步骤或流程

识别环境可行的规划方案实施后可能导致的主要环境影响及其性质,编制规划的环境影响识别表,并结合环境目标,选择评价指标。规划项目环境影响识别的基本程序如图 2-1 所示。

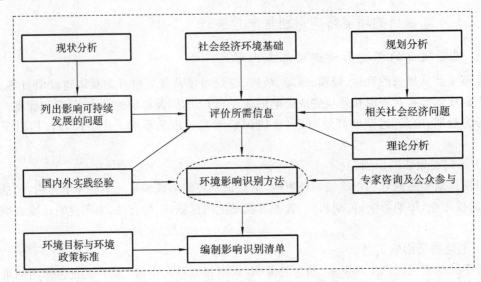

图 2-1　规划项目环境影响识别的基本程序

3. 规划项目的环境影响识别基本技术方法

规划环境影响评价中采用的技术方法大致分为两大类别:一类是在建设项目环境影响评价中采取的,可适用于规划环境影响评价的方法,如识别影响的各种方法(清单、矩阵、网络分析)、描述基本现状、环境影响预测模型等;另一类是在经济部门、规划研究中使用的,可用于规划环境影响评价的方法,如各种形式的情景和模拟分析、区域预测、投入产出方法、地理信息系统(GIS)、投资-效益分析、环境承载力分析等。具体方法可以参见《规划环境影响评价技术导则 总纲》(HJ 130—2019),以及本书第四章的相关内容。

规划环境影响识别一般有核查表法、矩阵分析法、网络分析法、GIS 支持下的叠图分析法、系统流图法、层次分析法、情景分析法、专家咨询法、类比分析法、压力-状态-响应分析法,以及 SWOT 分析方法(S、W、O、T 四个英文字母分别代表 Strength,Weakness,Opportunity,Threat。S 表示优势;W 表示劣势;O 表示机遇;T 表示威胁。SWOT 分析法通过罗列 S、W、O、T 的各种表现,从中找出对分析对象有利的因素,以及不利的、需要设法避开的因素,发现存在的问题,进而指导研究对象趋利避害,明确战略目标和发展方向)。

(三) 建设项目的环境影响识别基本方法

1. 建设项目环境影响识别的基本程序

在进行建设项目环境影响识别的过程中,首先需要判断拟建项目的类型,即拟建项目是污染型建设项目,还是非污染生态影响型建设项目。在此基础上,根据国家发布的《建设项目环境影响评价分类管理名录》中的若干规定和建议,对拟建项目对环境的影响进行初步识别。例如,拟建项目是否对环境可能造成重大的影响、轻度影响,或者影响很小。具体可参考《建设项目环境影响评价技术导则 总纲》中的基本方法。建设项目环境影响识别的基本程序如图 2-2 所示。

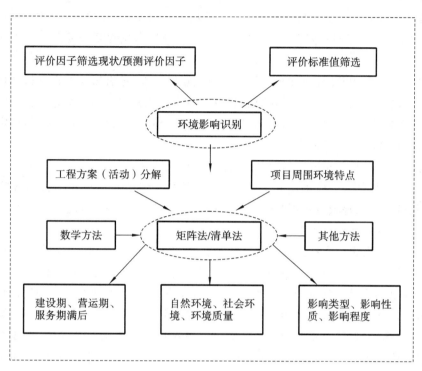

图 2-2 建设项目环境影响识别的基本程序

2. 建设项目的环境影响识别基本方法

建设项目各项"活动"对自然环境和社会环境产生影响的识别方法多种多样,包括清单法、矩阵法和基于 GIS 的叠图法等。总体上分为两类:一是根据拟建项目排放的特征污染物进行逐一分析的方法;二是利用环境影响识别表进行分析。基本内容如下:

1) 清单法

清单法又称为核查表法,是将可能受开发方案影响的环境因子和可能产生的影响性质,用一张表格的形式罗列出来,从而进行识别的一种方法。这种方法目前还在普遍使用,并有多种形式。

(1) 简单型清单。简单型清单仅是一个可能受到影响的环境因子表,不做其他说明,可做定性的环境影响识别分析,但不能作为决策依据。这是环境影响识别常用的方法,这种清单包括两种:

①环境资源分类清单:对受影响的环境要素(环境资源)先做简单的划分,以突出有价值的环境因子。通过环境影响识别,将具有显著性影响的环境因子作为后续评价的主要内容。该类清单已按工业类、能源类、水利工程类、交通类、农业工程类、森林资源类、市政工程类等编制了主要环境影响识别表,环境影响识别表在世界银行《环境评价资源手册》等文件中可获得。这些编制成册的环境影响识别表可供具体建设项目环境影响识别时参考。

②传统的问卷式清单:清单中仔细列出了有关"项目-环境影响"需要询问的问题,针对项

目的各项"活动"和环境影响进行询问。答案可以是"有"或"没有"。如果答案为有影响,则在表中注解栏说明影响程度、发生影响的条件以及环境影响的方式,而不是简单地回答某项活动将产生某种影响。

(2)描述型清单。较简单型清单增加了环境因子如何度量的准则。

(3)分级清单。在描述型清单的基础上又增加了环境影响程度分级。

2)矩阵法

矩阵法是由清单法发展而来的,不仅具有影响识别功能,还有影响综合分析评价功能。它将清单中所列内容系统地加以排列,把规划或拟建项目的各项"活动"和受影响的环境要素组成一个矩阵,在拟建项目的各项"活动"和环境影响之间建立起直接的因果关系,以定性或半定量的方式说明拟建项目的环境影响。

该类方法主要有相关矩阵法、迭代矩阵法和表格矩阵法。

在环境影响识别中,一般采用相关矩阵法,即通过系统地列出拟建项目的各阶段的各项"活动",以及可能受拟建项目各项"活动"影响的环境要素,构造矩阵,确定各项"活动"和环境要素及环境因子的相互作用关系。

表格矩阵法是由多个方格组成的一张表格。这张表格有两个轴:一个横轴,一个纵轴,横轴位于表格的第一行,纵轴位于表格左边的第一列。横轴列出建设项目可供选择的各种建设方案。纵轴列出各建设项目可能影响的自然环境、经济、社会与文化和土地利用规划等各方面的环境因素。这样就得到了一张由许多方格组成的网格表。在每一个小方格中,填写某一建设方案(或特定活动)对某个特定因素的影响。一般在小方格中画一条斜线,斜线左上角数值表示直接影响值的大小,斜线右下角数值表示间接影响值的代数和乘以权重,权重值一般列在右边第一列。

3)其他识别方法

其他识别方法有叠图法(手工叠图法和 GIS 支持下的叠图法)、网络法(采用因果关系分析网络来解释和描述拟建项目的各项活动和环境要素之间的关系)、环境容量分析法和环境承载力分析法等。

目前,为了能够更准确地识别出某项"活动"对环境要素的影响程度,常采用某几种方法相结合的手段进行综合分析。

四、环境影响评价因子筛选方法

应根据规划项目和建设项目的性质、特点,以及当地环境质量状况和要求,开展环境影响评价因子的筛选。对于大气环境、水环境或生态环境,规划项目或建设项目对环境影响的评价因子选择方法,可以依据诸如《规划环境影响评价技术导则 总纲》(HJ 130—2019)和《建设项目环境影响评价技术导则 总纲》(HJ 2.1—2016)等技术导则中建议的方法确定。

(一)大气环境影响评价因子的筛选方法

应根据规划或建设项目的性质、特点,以及当地的大气环境质量状况和环境保护要求,按照相关环境影响评价技术导则,或《环境影响评价技术导则 大气环境》(HJ 2.2—2018)的要求,开展大气环境影响评价因子的筛选。大气环境影响评价因子主要为项目排放的常规污染物及特征污染物,有时也会考虑二次污染物,具体如下。

首先,选择该项目等标排放量 P_i 较大的污染物为主要污染因子。

某大气污染物的等标排放量 P_i 可以按式(2-1)进行计算:

$$P_i = \frac{Q_i}{C_{0i}} \times 10^9 \tag{2-1}$$

式中:P_i 为等标排放量,m^3/h;Q_i 为单位时间排放量,t/h;C_{0i} 为环境空气质量标准,mg/m^3。C_{0i} 一般选用《环境空气质量标准》(GB 3095—2012)中二级标准的一次采样浓度允许值(或 1 h 平均值)。对仅有 8 h 平均质量浓度限值、日平均质量浓度限值或年平均质量浓度限值的,可分别按 2 倍、3 倍、6 倍折算为 1 h 平均质量浓度限值。如已有地方标准,应选用地方标准中的相应值。对某些上述标准中都未包含的项目,可参照国外有关标准选用,但应做出说明,报生态环境保护部门批准后执行。对上述标准中只规定了日平均容许浓度限值的污染物,C_{0i} 可取日平均浓度限值的 3 倍,对于致癌物质、毒性可积累或毒性较大的如苯、汞、铅等,可直接取日平均容许浓度限值。

其次,还应考虑将评价区内已造成严重污染的污染物作为评价因子。列入国家主要污染物总量控制指标的污染物,亦应作为评价因子。

其他评价因子的选择条件如下:

(1)当建设项目排放的 SO_2 和 NO_x 大于或等于 500 t/a 时,评价因子应增加二次 $PM_{2.5}$,如表 2-1 所示(表中用相应的分子式或字母表示其排放量)。

(2)当规划项目排放的 SO_2、NO_x 及 VOCs 年排放量达到表 2-1 中规定的量时,评价因子应相应增加二次 $PM_{2.5}$ 及 O_3。

表 2-1 二次污染物评价因子筛选

类 别	污染物排放量/(t/a)	二次污染物评价因子
建设项目	$SO_2 + NO_x \geqslant 500$	$PM_{2.5}$
规划项目	$SO_2 + NO_x \geqslant 500$	$PM_{2.5}$
	$NO_x + VOCs \geqslant 2000$	O_3

(二)水环境影响评价因子的筛选方法

应根据规划或建设项目的性质、特点,以及当地的水环境质量状况和环境保护要求,按照相关环境影响评价技术导则,或《环境影响评价技术导则 地表水环境》(HJ 2.3—2018)、《环境影响评价技术导则 地下水环境》(HJ 610—2016)的要求,开展地表水环境或地下水环境影响评价因子的筛选。

1. 地表水环境预测评价因子筛选的基本原则

(1)所筛选的地表水环境预测评价因子,应能反映拟建项目废水排放对地表水体的主要影响。

(2)建设项目实施过程各阶段拟预测的水质参数,应根据工程分析和环境现状、评价等级、当地的环保要求来筛选和确定。

(3)拟预测水质参数的数目应既说明问题又不过多,一般应少于环境现状调查水质参数的数目。

（4）建设过程、生产运行（包括正常和不正常排放两种）、服务期满后各阶段，均应根据各自情况决定其拟预测的水质参数。

在遵从上述原则的基础上，基于水环境质量现状调查结果，在相关水质参数中选择拟预测的水质参数。

2. 水环境影响评价因子的类型

对于规划或建设项目中的污染型或非污染生态影响型项目，其对水环境影响的评价因子一般包括两类：一类是常规水质参数，它能反映水域水质一般状况；另一类是特征水质参数，它能代表建设项目将来排放的水质。在某些情况下，还需要调查一些补充项目。

1）常规水质参数

以《地表水环境质量标准》（GB 3838—2002）中所提出的 pH 值、溶解氧、高锰酸盐指数、化学需氧量、五日需氧量、凯氏氮或非离子氨（总氮或氨氮）、酚、氰化物、砷、汞、铬（六价）、总磷及水温（13 项）为基础，根据水域类别、评价等级、污染源状况适当删减。

2）特征水质参数

根据建设项目特点、水域类别及评价等级选定。可根据按行业编制的特征水质参数表进行选择，选择时可适当删减。

3）其他方面参数

当受纳水域的环境保护要求较高（如自然保护区、饮用水水源地、珍贵水生生物保护区、经济鱼类养殖区等），且评价等级为一级、二级时，应考虑调查水生生物和底质。其调查项目可根据具体工作要求确定，或从下列项目中选择部分内容：

（1）水生生物方面：浮游动植物、藻类、底栖无脊椎动物的种类和数量，以及水生生物群落结构等。

（2）底质方面：主要调查与拟建项目排水水质有关的易积累的污染物。

在考虑上述因素的前提下，根据项目废水排放的特点和水质现状调查结果，选择评价因子，具体包括：项目排放的主要污染物、对地表水危害较大的污染物，以及国家和地方要求控制的污染物。

3. 污染影响型建设项目的评价因子选择要求

按照《环境影响评价技术导则 地表水环境》（HJ 2.3—2018）中给出的要求，污染影响型建设项目的评价因子选择，需要考虑以下几个方面的内容：

（1）按《污染源源强核算技术指南 准则》（HJ 884—2018），开展建设项目污染源与水污染因子识别，结合建设项目所在地水环境控制单元或水环境质量现状，筛选出水环境现状调查评价与影响预测评价因子。

（2）行业污染物排放标准中涉及的水污染物应该作为评价因子。

（3）依据综合排放标准所要求的车间排污口排放的第一类污染物应该作为评价因子。

（4）水温应该作为评价因子。

（5）面源污染所含的主要污染物应该作为评价因子。

（6）因建设项目排放引起的水环境控制单元的水质超标或潜在污染的因子（指近三年水质变化趋势分析中呈上升趋势的水质因子），应该作为评价因子。

(7) 建设项目排放可能引起受纳水体富营养化时，与富营养化有关的总磷、总氮、叶绿素 a、高锰酸盐指数和透明度等，也可以考虑将其作为评价因子，尤其是叶绿素 a。

4. 水文要素影响型建设项目的评价因子选择要求

按照《环境影响评价技术导则 地表水环境》(HJ 2.3—2018)中给出的要求，水文要素影响型建设项目的评价因子选择，需要考虑某些水文要素对污染程度的影响，这些要素也可以作为评价因子。这些水文要素包括：

对于河流、湖泊和水库，需要考虑水面面积、水量或库容量、水温、径流过程、水位、水深、流速、水面宽和水力停留时间等要素；

对于感潮河段、入海河口及近岸海域，需要考虑流量、流向、潮区界、潮流界、纳潮量、水位、水深、流速和水面宽等要素。

5. 河流水环境预测评价因子的筛选

1) 基于水质参数的排序指标方法

通常按式(2-2)计算后，将水质参数排序，并从中选取有关的河流水环境评价因子：

$$ISE = \frac{C_{pi}Q_{pi}}{(C_{si} - C_{hi})Q_{hi}} \tag{2-2}$$

式中：ISE 为水质参数的排序指标；C_p 为污染物排放浓度，mg/L；Q_p 为废水排放量，m³/s；C_h 为河流上游污染物浓度，mg/L；Q_h 为河流流量，m³/s；C_s 为污染物排放标准，mg/L。

ISE 的计算式中分子表示 i 或 I 污染物的排放量，分母表示上游河水中 i 或 I 污染物的容量。ISE 越大说明建设项目对河流中该项水质参数的影响越大。若 ISE>1，则不建或缩小规模，总体控制。

2) 基于等标污染负荷的方法

通过计算污染源的等标污染负荷或某污染物的等标污染负荷比，可以直观、定量地表示出某污染物的排放对水体环境的影响程度。若某污染物的等标污染负荷比最大，则其为该污染源的主要污染物。

某水环境污染物的等标污染负荷可以按照式(2-3)进行计算：

$$P_i = \frac{C_i}{C_{0i}} \times Q_i \tag{2-3}$$

式中：P_i 为等标排放量，t/a；C_i 为某种污染物的排放浓度，mg/L；Q_i 为某种污染物单位时间的排放量，t/a；C_{0i} 为某水污染物的地表水环境质量标准，mg/L。其中 C_{0i} 一般根据当地生态环境保护行政主管部门确定的地表水体功能区类型，以及《地表水环境质量标准》(GB 3838—2002)中相对应的标准限值进行确定。如已有地方标准，应选用地方标准中的相应值，对某些上述标准中都未包含的项目，可参照国外有关标准选用，但应做出说明，报生态环境保护部门批准后执行。

按式(2-3)计算后，将特征污染物的 P_i 进行排序，并从中选取有关的河流水环境评价因子。

在综合考虑上述因素后，确定地表水环境的评价因子，因此，总体上评价因子选择需要从以下四个方面考虑：

(1) 选择该项目等标排放量 P_i 较大的污染物为主要污染因子。

(2) 将评价区内已造成严重污染的污染物作为评价因子。

(3) 列入国家主要污染物总量控制指标的污染物,亦应作为评价因子。

(4) 其他评价因子的选择条件。

(三) 土壤污染风险因子的筛选方法

土壤环境影响评价应对规划或建设项目建设期、营运期和服务期满后(可根据项目情况选择)对土壤环境理化特性可能造成的影响进行分析、预测和评估,提出预防或者减轻不良影响的措施和对策,为规划或建设项目土壤环境保护提供科学依据。虽然项目不同阶段影响土壤环境的因子可能发生变化,但不同阶段评价因子的筛选方法一样。不同于大气环境和水环境的影响因子筛选,土壤环境的影响因子筛选是指土壤污染风险因子的筛选。

土壤污染风险因子包括基本因子和建设项目的特征因子,其筛选方法与土壤环境现状监测因子筛选方法相同。其中:基本因子为《土壤环境质量 农用地土壤污染风险管控标准(试行)》(GB 15618—2018)和《土壤环境质量 建设用地土壤污染风险管控标准(试行)》(GB 36600—2018)中规定的基本项目,分别根据评价范围内的土地利用类型选取评价因子。

1. 农用地土壤污染风险因子筛选

在《土壤环境质量 农用地土壤污染风险管控标准(试行)》(GB 15618—2018)中给出了两种因子筛选值:污染风险筛选值和污染风险管控值。

1) 农用地土壤污染风险筛选值

若某污染物含量等于或者低于 GB 15618—2018 中的规定值,则该因子对农产品质量安全、农作物生长或土壤生态环境的风险低,一般情况下可以忽略。农用地土壤污染风险筛选值的基本项目为必测项目,包括镉、汞、砷、铅、铬、铜、镍、锌这八种元素。风险筛选值如表 2-2 所示。

表 2-2 农用地土壤污染风险筛选值(基本项目)　　　　　　　　　(单位:mg/kg)

序号	污染项目[a,b]		风险筛选值			
			pH≤5.5	5.5<pH≤6.5	6.5<pH≤7.5	pH>7.5
1	镉	水田	0.3	0.4	0.6	0.8
		其他	0.3	0.3	0.3	0.6
2	汞	水田	0.5	0.5	0.6	1.0
		其他	1.3	1.8	2.4	3.4
3	砷	水田	30	30	25	20
		其他	40	40	30	25
4	铅	水田	80	100	140	240
		其他	70	90	120	170
5	铬	水田	250	250	300	350
		其他	150	150	200	250
6	铜	果园	150	150	200	200
		其他	50	50	100	100

续表

序号	污染项目[a,b]	风险筛选值			
		pH≤5.5	5.5<pH≤6.5	6.5<pH≤7.5	pH>7.5
7	镍	60	70	100	190
8	锌	200	200	250	300

注:[a] 重金属和类金属砷均按元素总量计。

　　[b] 对于水旱轮作地,采用其中较严格的风险筛选值。

2)农用地土壤污染风险管控值

若某污染物含量超过 GB 15618—2018 中的规定值,则该因子对农产品质量安全、农作物生长或土壤生态环境可能存在风险,食用农产品不符合质量安全标准等农用地土壤污染风险高,原则上应当采取严格管控措施。农用地土壤污染风险管控值涉及的因子包括镉、汞、砷、铅、铬这五种元素,通常是建设项目的特征因子,是必测项目。风险管控值如表 2-3 所示。

表 2-3　农用地土壤污染风险管控值　　　　　　　　　　（单位:mg/kg)

序　号	污　染　物	风险管控值			
		pH≤5.5	5.5<pH≤6.5	6.5<pH≤7.5	pH>7.5
1	镉	1.5	2.0	3.0	4.0
2	汞	2.0	2.5	4.0	6.0
3	砷	200	150	120	100
4	铅	400	500	700	1000
5	铬	800	850	1000	1300

3)农用地土壤污染风险筛选值和管控值的使用说明

(1)当土壤中污染物含量等于或者低于表 2-2 中规定的风险筛选值时,农用地土壤污染风险低,一般情况下可以忽略;当土壤中污染物含量高于表 2-2 中规定的风险筛选值时,可能存在农用地土壤污染风险,应加强土壤环境监测和农产品协同监测。

(2)当土壤中镉、汞、砷、铅、铬的含量高于表 2-2 中规定的风险筛选值、等于或者低于表 2-3 中规定的风险管控值时,可能存在食用农产品不符合质量安全标准等土壤污染风险,原则上应当采取农艺调控、替代种植等安全利用措施。

(3)当土壤中镉、汞、砷、铅、铬的含量高于表 2-3 中规定的风险管控值时,食用农产品不符合质量安全标准等农用地土壤污染风险高,且难以通过安全利用措施降低食用农产品不符合质量安全标准等农用地土壤污染风险,原则上应当采取禁止种植食用农产品、退耕还林等严格管控措施。

(4)土壤环境质量类别划分应以本标准为基础,结合食用农产品协同监测结果,依据相关技术规定进行划定。

2.建设用地土壤污染风险因子筛选

在《土壤环境质量 建设用地土壤污染风险管控标准(试行)》(GB 36600—2018)中,建设用地根据保护对象暴露情况的不同,给出了两种因子筛选值:污染风险筛选值和污染风险管控值。

1）建设用地土壤污染风险筛选值

在特定土地利用方式下,建设用地土壤中污染物含量等于或者低于《土壤环境质量 建设用地土壤污染风险管控标准(试行)》(GB 36600—2018)中的规定值,则这些因子对人体健康的风险可以忽略。建设用地土壤污染风险筛选值的基本项目为必测项目,包括七种重金属元素和三十八种有机物。风险筛选值和管控值如表2-4所示。

表2-4 建设用地土壤污染风险筛选值和管控值(基本项目)　　　　　(单位:mg/kg)

序号	污染物	筛选值		管控值	
		第一类用地[a]	第二类用地[a]	第一类用地	第二类用地
重金属和无机物					
1	砷	20[b]	60[b]	120	140
2	镉	20	65	47	172
3	铬[6+]	3.0	5.7	30	78
4	铜	2000	18000	8000	36000
5	铅	400	800	800	2500
6	汞	8	38	33	82
7	镍	150	900	600	2000
挥发性有机物					
8	四氯化碳	0.9	2.8	9	36
9	氯仿	0.3	0.9	5	10
10	氯甲烷	12	37	21	120
11	1,1-二氯乙烷	3	9	20	100
12	1,2-二氯乙烷	0.52	5	6	21
13	1,1-二氯乙烯	12	66	40	200
14	顺-1,2-二氯乙烯	66	596	200	2000
15	反-1,2-二氯乙烯	10	54	31	163
16	二氯甲烷	94	616	300	2000
17	1,2-二氯丙烷	1	5	5	47
18	1,1,1,2-四氯乙烷	2.6	10	26	100
19	1,1,2,2-四氯乙烷	1.6	6.8	14	50
20	四氯乙烯	11	53	34	183
21	1,1,1-三氯乙烷	701	840	840	840
22	1,1,2-三氯乙烷	0.6	2.8	5	15
23	三氯乙烯	0.7	2.8	7	20
24	1,2,3-三氯丙烷	0.05	0.5	0.5	5

续表

序号	污染物	筛选值		管控值	
		第一类用地ª	第二类用地ª	第一类用地	第二类用地
25	氯乙烯	0.12	0.43	1.2	4.3
26	苯	1	4	10	40
27	氯苯	68	270	200	1000
28	1,2-二氯苯	560	560	560	560
29	1,4-二氯苯	5.6	20	56	200
30	乙苯	7.2	28	72	280
31	苯乙烯	1290	1290	1290	1290
32	甲苯	1200	1200	1200	1200
33	间二甲苯＋对二甲苯	163	570	500	570
34	邻二甲苯	222	640	640	640
半挥发性有机物					
35	硝基苯	34	76	190	760
36	苯胺	92	260	211	663
37	2-氯酚	250	2256	500	4500
38	苯并[a]蒽	5.5	15	55	151
39	苯并[a]芘	0.55	1.5	5.5	15
40	苯并[b]荧蒽	5.5	15	55	151
41	苯并[k]荧蒽	55	151	550	1500
42	䓛	490	1293	4900	12900
43	二苯并[a,h]蒽	0.55	1.5	5.5	15
44	茚并[1,2,3-cd]芘	5.5	15	55	151
45	萘	25	70	255	700

注:ª第一类用地包括居住用地、中小学用地、医疗卫生用地和社会福利设施用地,以及公园绿地中的社区公园或儿童公园用地等;第二类用地(第一类用地中的除外)包括工业用地、物流仓储用地、商业服务业设施用地、道路与交通设施用地、公用设施用地、公共管理与公共服务用地,以及绿地与广场用地等。

ᵇ具体地块土壤中污染物监测含量超过筛选值,但等于或者低于土壤背景值(指基于土壤环境背景含量的统计值,通常以土壤环境背景含量的某一分位值表示)。其中土壤环境背景含量是指在一定时间条件下,仅受地球化学过程和非点源输入影响的土壤中元素或化合物的含量)水平的,不纳入污染地块管理。

2) 建设用地土壤污染风险管控值

在特定土地利用方式下,建设用地土壤中污染物含量超过《土壤环境质量 建设用地土壤污染风险管控标准(试行)》(GB 36600—2018)中的规定值,则这些因子对人体健康通常存在不可接受风险,应当开展进一步的详细调查和风险评估,确定具体污染范围和风险水平,采取风险管控或修复措施。

这些因子通常是建设项目产生的特征因子,如果既是特征因子又是基本因子,按特征因子处理。其中,项目的特征因子可以根据土壤环境影响识别的方法确定。

　　3)建设用地土壤污染风险筛选值和管控值的使用说明

　　(1)建设用地规划用途为第一类用地的,适用表 2-4 中第一类用地的筛选值和管控值;规划用途为第二类用地的,适用表 2-4 中第二类用地的筛选值和管控值。规划用途不明确的,适用表 2-4 中第一类用地的筛选值和管控值。

　　(2)建设用地土壤中污染物含量等于或者低于风险筛选值的,建设用地土壤污染风险一般情况下可以忽略。

　　(3)通过初步调查确定建设用地土壤中污染物含量高于风险筛选值,应当依据《建设用地土壤污染状况调查技术导则》(HJ 25.1—2019)、《建设用地土壤污染风险管控和修复监测技术导则》(HJ 25.2—2019)等标准及相关技术要求,开展详细调查。

　　(4)通过详细调查确定建设用地土壤中污染物含量等于或者低于风险管控值,应当依据《建设用地土壤污染风险评估技术导则》(HJ 25.3—2019)等标准及相关技术要求,开展风险评估,确定风险水平,判断是否需要采取风险管控或修复措施。

　　(5)通过详细调查确定建设用地土壤中污染物含量高于风险管控值,对人体健康通常存在不可接受风险,应当采取风险管控或修复措施。

　　(6)建设用地若需采取修复措施,其修复目标应当依据《建设用地土壤污染风险评估技术导则》(HJ 25.3—2019)、《建设用地土壤修复技术导则》(HJ 25.4—2019)等标准及相关技术要求确定,且应当低于风险管控值。

　　(7)表 2-4 中未列入的污染物项目,可依据《建设用地土壤污染风险评估技术导则》(HJ 25.3—2019)等标准及相关技术要求开展风险评估,推导特定污染物的土壤污染风险筛选值。

第二节　环境承载力分析方法

　　区域开发和可持续发展是当前区域经济发展中所面临的两个重要问题,实际上表现为如何协调区域社会经济活动与区域环境系统结构的相互关系。这就是区域环境承载力所要解决的问题。因此,区域环境承载力分析对规划区域的可持续发展具有重要意义。通过环境承载力分析可以进一步论证规划或拟建项目的合理性,并对规划或拟建项目进行合理的调整。

一、环境承载力分析的指标体系

　　环境承载力是指某一时期环境系统所能承受的人类社会、经济活动的能力阈值。在一定时期、一定的区域范围内,可以将环境系统自身的固有特征视为定值,则环境承载力随人类经济行为规模与方向的变化而变化。因此,环境承载力的特征表现出时间性、区域性以及与人类社会经济行为的关联性,既是一个客观的表现环境特征的量,又与人类的主要经济行为息息相关。若将环境承载力看成一个函数,则它至少包含三个自变量——时间(T)、空间(S)、人类经济行为的规模与方向(B),三者间的关系可以表示为

$$EBC = F(T, S, B)$$

　　要准确客观地反映区域环境承载力,必须有一套完整的指标体系,它是分析研究区域环境承载力的根本条件和理论基础。

1. 环境承载力分析的基本内容

对某区域的环境承载力分析,主要包括自然资源供给的承载力和环境污染物承受能力的分析,其基本框架体系如图 2-3 所示。

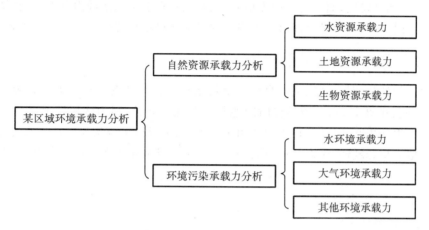

图 2-3　区域资源与环境承载力分析框架体系

对环境污染物承受能力的分析,一般可以从环境容量方面进行;对自然资源供给的承载力分析,可以从资源利用现状方面进行。具体如下:

(1) 对于环境容量分析,通常包括大气环境容量和水环境容量分析。计算环境容量的基本依据是《环境空气质量标准》(GB 3095—2012)和《地表水环境质量标准》(GB 3838—2002)所确定的标准限值。目前,不管是环境影响评价还是生态环境规划,计算大气环境容量的对象主要是 SO_2、NO_2、PM_{10} 和 $PM_{2.5}$;对于地表水体,考虑的环境容量对象主要是 COD 和氨氮。

(2) 对于自然资源供给的承载力分析,通常包括水资源承载力分析和土地资源承载力分析。它与不同的历史发展阶段、可预见的技术、经济水平、发展规模等密切相关,即随着时间的推移,自然资源也将发生相应的变化。

2. 环境承载力分析的基本指标体系

环境承载力的指标体系应该从环境系统与社会经济系统的物质、能量和信息交换方面入手,即使在同一个地区,社会经济行为在层次和内容上也可能存在较大差异。因此,不应该也不可能对环境承载力指标体系中的具体指标作硬性统一规定,可以从社会承载力、经济承载力和生态承载力三个方面进行系统分析。这体现了环境系统、社会经济系统之间物质、能量和信息间的相互联系。因此,环境承载力分析的基本指标一般可分为三类:

(1) 自然资源供给类指标,如水资源、土地资源、生物资源等。

(2) 社会条件支持类指标,如经济实力、公用设施、交通条件等。

(3) 污染承受能力类指标,如污染物的迁移、扩散和转化能力,绿化状况等。

二、自然资源承载力分析方法

自然资源是人类社会生存和发展的基础,规划项目或建设项目的建设及运行,必须依托区域的自然资源,包括水资源、土地资源和生态资源等自然资源,而自然资源的稀缺性决定了资源的开发和利用具有一定的承载力。因此,基于可持续发展理念,自然资源承载力可以被定义为:在一定时间段内,能够保证区域现在人们正常生产和生活,也能够满足后代拥有同样生存和发展权利的情况下,能够持续供养的区域最大人口数量,以及对该地区社会经济发展的最大供给能力。为此,自然资源的利用应该建立在科学统筹规划的基础上,实现自然环境与人类活动、经济建设的和谐发展,而不是无限度地开发、利用。自然资源承载力分析,主要是从资源有限性的角度,分析区域资源是否能够满足规划项目或建设项目的建设及运行的需要。

(一) 水资源承载力分析方法

水是生命的源泉,对一个区域的自然环境状态和社会经济发展具有重大影响。对于规划项目或建设项目的开展,水资源的保障问题是一个现实问题,因为区域发展需要农业生态用水、工业用水、生活用水,以及其他方面的用水。因此,可以简单地认为水资源承载力是指区域水资源对当地人口、经济和生态环境发展的支撑能力。开展水资源承载力分析,可以按照以下步骤进行。

1. 资料收集及分析

1) 现有水资源量分析

通过对区域水资源自然条件,如降水、地表水体/地下水体的水资源储存量进行调查,确定区域水资源的丰富程度。我国不同地区的水资源调查工作很早就已经开展,因此此方面的基础数据相当丰富,可以通过收集资料,进行统计分析,得到某区域的现有水资源总量。

2) 区域用水量分析

根据区域现有人口总量和经济规模,按照《城市给水工程规划规范》(GB 50282—2016)确定的不同性质用地用水量指标,以及其中有关城市单位人口综合用水量指标的规定,估算出区域农业生态用水、工业用水、生活用水,以及其他方面用水的需水总量。

3) 区域供水量分析

调查统计区域已有的供水设施及其规模,包括自来水厂、泵站、水库和堰塘等设施,借此统计得到区域总的年供水量,包括农业生态用水量、工业用水量、生活用水量,以及其他方面的用水量。

4) 城镇污水处理能力分析

生产废水或生活污水也是一种资源,经过适当处理后仍然可以应用于工业、农业和市政建设等方面。为此,根据区域现有人口总量和经济规模,估算城镇废水的产生量。同时,结合城镇污水处理基础设施,对其承载区域城镇污水处理能力进行分析。

2. 模型选择

水资源承载力分析有多种方法,包括类比分析法、主成分因子分析法、模糊综合评判法、系统动力学法、投影寻踪法、灰色系统关联法、神经网络法、多目标决策法以及生态足迹法等。也有一些相对简单的方法,如经验公式法、背景分析法、定额趋势法等。

3. 水资源承载力分析

利用获得的基础数据,选择数学模型,构建水资源承载力评价指标,开展区域水资源承载力分析,包括自然水资源总量、城镇自来水厂供水能力、污水处理厂处理能力分析,以及相对应的设施承载能力等内容。在此基础上,给出水资源承载力分析评价结果,判定区域水资源综合承载力状态,包括可载、临界及超载三种承载力类型。

对于水资源承载力处于临界及超载结果的，需要重点分析该地区的水资源环境本底、人口集聚与城镇化水平、经济发展与产业结构特征，分析区域水资源开发利用的资源环境主导约束性，并揭示其超载成因。

（二）土地资源承载力分析方法

土地资源是指可供农、林、牧业或其他利用的土地，是人类生存的基本资料和劳动对象，包括已经被人类所利用和可预见的未来能被人类利用的土地。《国土资源环境承载力评价技术要求（试行）》(2016)指出，土地综合承载力或土地资源承载力是指在一定空间区域内，一定的社会、经济、资源、生态、环境条件约束下，区域土地资源所能支撑的最大国土开发规模和强度。因此，土地资源承载力是衡量一个区域社会经济发展状况的重要指标，土地资源承载力的分析主要着眼于人类生活和社会生产发展的支撑与保障能力。

目前，土地承载力主要从"承载人口"规模来衡量，工业区土地资源承载力不仅要以人口数量来衡量，还需要从工业发展规模，特别是单位面积土地所能承受资金的投资量和单位土地工业产值方面来考虑。开展土地资源承载力分析，可以按照以下步骤进行。

1. 资料收集及分析

通过到当地的农业部门、水利部门及生态环境部门等行政主管单位，收集土地利用总体规划、城市总体规划、主体功能区规划、生态功能区规划、林业发展规划和草原发展规划等报告，整理了解区域土地资源利用现状等基础内容，也可以利用不同类型的统计年鉴，建立土地资源承载力分析所需要的基础数据。在此基础上进行统计分析，得到区域土地资源的类型和分类利用现状数据或信息。

上述土地资源信息包括农用地、建设用地和未利用地这三个大类。其中：农用地主要是指耕地、园地、林地或草地，以及其他农用地；建设用地包括居住用地、工业用地、公共设施用地、道路广场用地、市政公共设施用地、特殊用地、临时用地等类型；未利用地主要是指荒草地。

2. 模型选择

土地资源承载力分析有多种方法，包括层次分析法、主成分因子分析法、模糊综合评判法、系统动力学法、投影寻踪法、地理探测器模型法、相关性分析模型法、多目标决策法，以及生态足迹法等，这些方法与水资源承载力分析方法相同或类似。

3. 土地资源承载力分析

利用获得的基础数据，选择数学模型，构建土地资源承载力评价指标，开展区域土地资源承载力分析，包括土地资源人口承载力、建设用地承载力、经济承载力和农林等生态用地承载力，以及相对应的设施承载能力等内容。在此基础上，给出土地资源承载力分析评价结果，判定区域土地资源综合承载力状态，包括可载、临界及超载三种承载力类型。重点分析超载和临界超载地区的土地资源环境本底、人口集聚与城镇化水平、经济发展与产业结构特征，分析区域国土开发的资源环境主导约束性，并揭示其超载成因。

4. 合理性分析与检验

土地资源承载力分析应该与生态环境容量和土壤环境质量现状评价相结合，为此，需要根据土地资源承载力分析结果，开展合理性分析。在此基础上，可以参考《国土资源环境承载力评价技术要求（试行）》（2016）中的相关规定，开展基于生态条件与环境质量系统的综合承载状态校正。其基本思路是基于短板效益理念，运用判断矩阵的方式，开展生态条件与环境质量系统的土地资源承载状态校正。具体校正判断矩阵如表 2-5 所示。

表 2-5　生态条件与环境质量系统的综合承载状态校正判断矩阵表

状 态 类 别		生态条件或环境质量系统承载状态		
		可载	临界	超载
土地资源承载力基础状态	可载	可载	临界	超载
	临界	临界	超载	超载
	超载	超载	超载	超载

三、环境污染承载力分析方法

区域环境对生产、生活中排放的污染物具有一定的承载能力，这种承载力的大小可以采用定性、半定量或定量分析方法进行判断，如果能够做到定量分析最好。其中：定性分析可以采用列表清单方法进行描述；半定量或定量分析方法则是利用数学模型方法，在一定的条件下进行模拟计算，如区域环境容量计算、区域人口总量预测和生态足迹计算等。

（一）大气环境容量计算方法

可以采用 A-P 值法、空气质量模型模拟法和线性规划法等方法，计算某区域的大气环境容量。计算时需要在考虑大气环境功能区的基础上，确定某大气污染物的标准浓度限值。

目前，对区域某大气污染物的环境容量计算，主要是针对一次污染物，如 SO_2、NO_2、PM_{10} 和 $PM_{2.5}$，很少涉及燃料不完全燃烧产物 CO 的环境容量；对于二次污染物 O_3，基于其光化学反应生成机理，可以间接从 NO_x 及 VOCs 的控制出发，以达到减缓或减轻 O_3 的污染程度。由于《环境空气质量标准》（GB 3095—2012）中没有 VOCs 的标准浓度限值，因此在环境评价和生态环境规划文件编制过程中，一般不进行其环境容量的计算。

大气环境容量的具体计算方法及模型涉及的参数，可以参阅本章第三节中的大气环境容量计算部分的内容。

（二）地表水水环境容量的计算方法

地表水环境功能区划分等级与环境空气功能区的等级一样，也分为二级，但每级的功能区又根据其具体用途进行了细分。其中：一级水功能区分为保护区、保留区、缓冲区和开发利用区四级；二级水功能区在开发利用区中划分为饮用水水源区、工业用水区、农业用水区、渔业用水区、景观娱乐用水区、过渡区和排污控制区七类。计算水环境容量时，首先需要确定该水域的环境功能区等级，在此基础上，利用某种方法，确定其受纳某种污染物的环境容量。其计算方法通常采用国家发布的《水域纳污能力计算规程》（GB/T 25173—2010）中介绍的几种方法，主要包括基于污染负荷的水环境容量计算方法，以及基于数学模型的水环境容量计算方法。目前使用最广泛的是数学模型方法。

1. 基于污染负荷的水环境容量计算方法

1）实测法

通过实地调查与监测的方法,确定进入受纳水体的排污口水量和某些污染物浓度,以及受纳水体的水质现状特点。若受纳水体的水质满足水环境功能区划要求,则可以利用监测数据进行简单计算,从而得到该水域的水环境容量。进行某受纳水体的环境容量计算的具体步骤如下:

（1）根据规划和管理要求,确定计算水域纳污能力的污染物。

（2）根据污染源排污口的排放方式,拟订入河/湖库的排污口监测方案,开展入河排污口水量和污染物浓度的监测。

（3）计算污染源中污染物进入水体的总量,确定受纳水域满足水环境功能区划要求的环境容量或纳污能力。

（4）开展环境容量计算结果的合理性分析和检验。检验可以采用类比的方法进行。

2）调查统计法

收集某受纳水体已有污染源排放资料,以及相关河流或湖泊水库的已有监测数据,并进行实地调查核实。利用这些资料,进行水污染源排放量的统计计算,确定污染源的排污系数,借此计算污染源中污染物进入受纳水体的总量。在此基础上,结合受纳水体的水质现状特点进行分析。若受纳水体的水质满足水环境功能区划要求,则统计计算得到的污染源中污染物进入受纳水体的总量,这就是该水域的水环境容量。具体步骤如下:

（1）根据规划和管理要求,确定计算水域纳污能力的污染物。

（2）收集资料,调查统计评价水域范围内的水污染源及其排放量,分析确定污染物入河系数。入河系数按式(2-4)计算。

$$入河系数＝污染物入河量/污染物排放量 \qquad (2-4)$$

（3）计算污染源中污染物进入受纳水体的总量,确定受纳水域满足水环境功能区划要求的环境容量或纳污能力。

污染物入河量应根据污染物排放量和入河系数,按式(2-5)计算。

$$污染物入河量＝入河系数×污染物排放量 \qquad (2-5)$$

（4）开展环境容量计算结果的合理性分析和检验。检验可以采用类比的方法进行。

2. 基于数学模型的水环境容量计算方法

1）数学模型计算法的基本步骤

（1）根据规划和管理要求,调查和收集该水域的水环境功能区划基本资料,分析确定该水域所需要的环境功能区级别、需要计算环境容量的污染物种类及其对应的浓度标准限值。

（2）系统分析该水域污染现状特性、排污口分布状况,拟订入河/湖库的排污口监测方案,开展入河排污口水量和污染物浓度的监测。

（3）开展水质现状调查分析,获得污染物的水质现状浓度值。

（4）根据水域扩散特性,选择计算环境容量的数学模型。

（5）确定设计水文条件,确定模型参数。

（6）计算受纳水域某污染物的环境容量或纳污能力。

（7）开展计算结果的合理性分析和检验。

2) 水环境容量计算的数学模型类型

在《水域纳污能力计算规程》(GB/T 25173—2010)中,给出了河流、河口和湖库等水体环境容量计算的水质模型,如河流水质模型包括河流零维模型、河流一维模型和河流二维模型等。这些模型的适用条件及参数选择说明请参阅《水域纳污能力计算规程》(GB/T 25173—2010),或者本章第三节中的水环境容量计算部分的内容。

3. 计算河流/河口地区水环境容量的数学模型适用条件

1) 河流零维模型

污染物在河段内均匀混合,可采用河流零维模型计算水域纳污能力。该模型主要适用于水网地区的河段。因此,可以根据入河污染物的分布情况,采用微积分微分单元的划分方法,将河段划分为不同浓度的均匀混合段,分段计算水域的纳污能力或环境容量,最后求和得到评价范围内水域的水环境容量。

2) 河流一维模型

污染物在河段横断面上均匀混合,可采用河流一维模型计算水域纳污能力。该模型主要适用于流量 $Q < 150 \ m^3/s$ 的中小型河段。

3) 河流二维模型

污染物在河段横断面上非均匀混合,可采用河流二维模型计算水域纳污能力。该模型主要适用于 $Q \geqslant 150 \ m^3/s$ 的大型河段。当污染物连续恒定排放,横断面为矩形时,该河段的水环境容量可用模型的解析解计算其纳污能力或水环境容量。

4) 河口一维模型

感潮河段可采用河口一维模型计算该水域的环境容量或纳污能力。河口一维模型的水力参数应取潮汐半周期的平均值,按稳定流条件计算水域纳污能力。

其他水域的水环境容量或纳污能力计算,可以参阅《水域纳污能力计算规程》(GB/T 25173—2010)中的相关规定。

第三节　环境容量计算方法

目前,环境容量测算被认为是开展区域环境污染防治精细化管理最有效的方法之一,它可以为区域环境质量管理提供重要的理论依据。任何一个区域或流域为维持其自身的生态平衡而允许污染物存在的最大容纳量,称为其环境容量。因此,环境容量一般是指在保证不超过环境目标值的前提下,区域环境能够容许的污染物最大允许排放量。当区域排污项目的污染物排放量超过其环境容量时,区域大气环境质量和水体环境质量均将恶化,从而导致污染事件的发生。目前,广泛使用的环境容量包括区域大气环境容量和水环境容量两个方面。采用某种计算方法,按照区域所要求或设定的环境质量标准,可以计算出某种污染物在某区域的环境容量,借此制定出区域污染物排放总量控制指标。

一、大气环境容量计算方法

大气环境容量是指在给定的区域内,达到环境空气保护目标而允许排放的某种大气污染物总量,或者是基于某种标准限值区域所能承载的污染物最大排放量。特定地区的大气环境容量与许多因素有关,包括区域范围与下垫面复杂程度,空气环境功能区划及空气环境质量保护目标,区域内污染源及其污染物排放强度的时空分布,区域大气扩散、稀释能力,以及特定污染物在大气中的转化、沉积、清除机理等。对于规划项目,一定时期内规划区域的具体项目(污染源清单)存在较大的不确定性,此种情况下估算出的区域大气环境容量也具有相当大的不确定性。对于建设项目,一定时期内区域污染源清单也可能处于一个变化的过程,即污染物排放量也具有一定的不确定性。

估算大气环境容量的数值计算方法,主要有 A-P 值法、空气质量模型模拟法和线性规划法等。其中基于箱体模型的 A-P 值法或修正的 A-P 值法最简单,只需知道评价区域面积、污染物浓度标准限值以及控制系数 A 值便可计算环境容量。由于 A 值仅考虑了地表特征和大气边界层等自然因素,并未考虑污染源排放特征,因此 A-P 值法计算的环境容量常会有较大偏差,尤其是针对区域面积较大的指定区域。空气质量模型模拟法和线性规划法适用于规模较大区域的环境容量计算,涉及大气污染物的扩散和污染物进入环境后的物理和化学过程,因此其计算过程比较复杂,但其计算精度或准确度比 A-P 值法高得多。

(一)空气质量模型估算环境容量的基本思路

(1)对评价区域进行网格化处理($i=1,2,\cdots,N;j=1,2,\cdots,M$),并按环境功能分区确定每个网格的环境质量保护目标 C_{ij}。网格的大小可以根据实际需要进行确定,如 27 km×27 km、9 km×9 km、3 km×3 km,或者 1 km×1 km。通常情况下,网格越小表示精细化程度越高,或表示分辨率越高。

(2)掌握评价区域的环境空气质量现状 C_{ij}^{b},确定项目某污染物控制浓度 $C_{ij}=C_{ij}^{0}-C_{ij}^{b}$。

(3)根据规划内容,利用工程分析、类比分析等方法预测污染源的分布、源强(按达标排放)和排放方式,并分别处理为点源、面源、线源和体源。

(4)利用《环境影响评价技术导则 大气环境》(HJ 2.2—2018)规定的环境空气质量模型,或经过验证适用于本评价区域的其他环境空气质量模型,模拟所有预测污染源达标排放的情况下,规划或建设项目活动对环境空气质量的影响,即 C_{ij}^{a}。

(5)比较 C_{ij}^{a} 和 C_{ij}($i=1,2,\cdots,N;j=1,2,\cdots,M$),如果预测影响值超过污染物的控制浓度,提出布局、产业结构或污染源控制调整方案,然后重新计算,直到所有点的环境影响都等于或小于控制浓度为止。

(6)将满足控制浓度的所有污染源的排放量相加,得到的总排放量即为评价区域的某污染物的大气环境容量。需要指出的是,采用模拟法估算区域大气环境容量时,还需要充分考虑周边发展的影响,这也是采用模拟法的优势所在。

(二)空气质量模型模拟法

空气质量模型模拟是运用数学方法,通过模拟影响大气污染物的扩散和反应的物理和化学过程来模拟区域内的污染物浓度。因此,利用环境空气质量模型模拟开发活动所排放的污染物引起的环境质量变化,可以知道其是否会导致环境空气质量超标。如果超标,则可按等比例或按对环境质量的贡献率对相关污染源的排放量进行削减,以最终满足环境质量标准的要求。满足这个充分必要条件所对应的所有污染源排放量之和,可以作为区域的大气环境容量。

用于模拟计算污染物的大气环境容量的空气质量模型多年来一直在发展和不断完善过程

中,如美国 EPA(环境保护署)推出的空气质量模型由 20 世纪 70 年代的第一代逐渐发展到第三代,包括 AERMOD 模型、ADMS 模型、CALPUFF 模型、Model-3/CMAQ、CAMx 及 WRF-Chem。另外,欧洲也发展了自己的相关模型,我国也有一些应用较为广泛的空气质量模型,如区域-城市空气质量模型和嵌套网格空气质量预报模式系统(NAQPMS)等。

1. 第一代和第二代空气质量模型

在 20 世纪 70 至 80 年代,美国 EPA 推出了第一代空气质量模型,主要包括基于质量守恒定律的箱式模型、基于湍流扩散统计理论的高斯模型和拉格朗日轨迹模型。其中高斯模型代表主要有 ISC(industrial source complex)、AERMOD(AMS/EPA regulatory model)等,拉格朗日轨迹模型代表主要有 EKMA(empirical kinetics modeling approach)及 CALPUFF(the CALPUFF modeling system)模型等。上述模型一般以 Pasquill 和 Gifford 等提出的大气扩散参数曲线,以及由 Pasquill 方法确定的扩散参数为基础,用简单的参数化线性机制对复杂的大气物理过程进行描述。这些模型结构简单,没有或仅有简单的化学反应模块,计算快捷,适用于模拟常规污染物的浓度影响。

20 世纪 80 至 90 年代,研究学者在第一代空气质量模型中加入了较为复杂的气象模型和非线性反应机制,形成了第二代空气质量模型,主要是欧拉网格模型,代表性的模型有 UAM(urban air-shed model)、ADMS(atmospheric dispersion modelling system)等。这一时期的模型能够模拟三维网格单元的大气层中的化学变化过程,以及网格周边的边界网格的大气状况,适用于模拟单一物质的输出浓度,在光化学反应中只能将气态污染物与固态污染物分开模拟。然而,开放的大气环境内各种大气污染物间存在着复杂的物理与化学变化过程,因此,这些模型并没有充分考虑到污染物的二次反应、相互转化和相互影响的过程。

尽管第一代或第二代模型存在许多不足,但这些模型也在不断改进,如 ADMS、AERMOD、CALPUFF 模型应用了 20 世纪 90 年代以来大气研究的最新成果,与传统的第一代模型已有很大不同。同时,为了提高第一代、第二代空气质量模型模拟结果的准确性,技术人员将中尺度的气象预报模型 WRF 与 AERMOD、ADMS 或 CALPUFF 结合,构建了诸如 WRF-AERMOD 或 WRF-CALPUFF 耦合模型,使得区域大气环境容量的模拟结果更接近于实际情况。目前,第一代空气质量模型在许多方面都得到了改进,使其模拟结果的可靠性得到不同程度的提高,而且其计算过程比第三代空气质量模型要简单得多。因此,改进后的第一代空气质量模型在规划和区域环境影响评价中逐步得到推广应用,并成为许多国家的第二代法规化模型。

目前,我国《环境影响评价技术导则 大气环境》(HJ 2.2—2018)推荐将 AERMOD、ADMS 和 CALPUFF 模型用于开展中尺度或大尺度范围常用的环境容量模拟计算。其中 AERMOD 和 ADMS 模型采用的是高斯烟羽扩散模型,适用于评价范围(直径)小于或等于 50 km 的项目。CALPUFF 模型采用的是拉格朗日烟团扩散模型,相较于高斯烟羽模型,其具有可处理一些非稳态气象场情况,如静风、熏烟、环流、地形和海岸效应等特殊气象场,模拟效果更接近真实情况的优点,对大范围的环境问题模拟具有更合适的处理方式,适用范围可从几十千米延伸到数百千米。因此,针对长距离的空气质量预测模拟,CALPUFF 模型模拟的结果更具有可信度,该模型也是美国 EPA 长期支持开发的首选法规化模型。实际环境影响评价应用中,将根据规划或建设项目涉及区域面积大小,选择合适的空气质量模型。

这里以 WRF-CALPUFF 耦合模型为例,简要说明该模型的基本构架,如图 2-4 所示。CALPUFF 是一种三维拉格朗日烟团扩散模型,可以模拟三维变化气象场内污染物的输送与扩散等过程,适用于污染物长距离(50 km 以上)运输的污染物模拟。

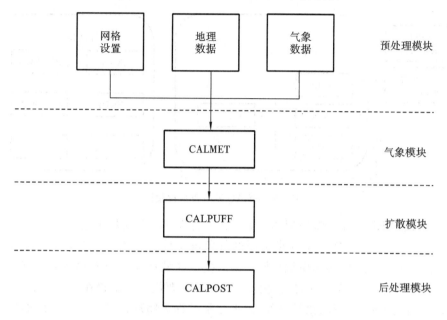

图 2-4 WRF-CALPUFF 模型框架图

从图 2-4 可知,WRF-CALPUFF 模型系统中不仅有 CALMET、CALPUFF 和 CALPOST 三个模块,还包含一系列对地理数据、常规气象数据进行预处理的模块。CALMET 是气象模块,包括了陆上和水上边界层模型,可以利用气象监测站点数据,或者 WRF 中尺度气象模型模拟数据作为初始气象场,生成三维逐时气象场;CALPUFF 模块是污染物浓度运输模拟模块,模拟在 CALMET 模块生成的气象场下,研究区域内污染物的化学转化及扩散过程;CALPOST 是后处理模块,用于处理 CALPUFF 模块的输出文件,提取所需浓度。

2. 第三代空气质量模型

虽然 AERMOD 模型、ADMS 模型和 CALPUFF 模型等第一代或第二代空气质量模型已经成为很多国家的法规化模型,但这些基于线性理论,如质量守恒定律、高斯扩散定理或拉格朗日定理等的模型仅模拟污染物在空气中的演变情况,很少涉及复杂的物理化学反应过程。因此,这些相对简单的空气质量模型已经很难再现真实的大气污染过程。为此,出于科学研究和环境管理的需要,研究者基于"一个大气"的概念,将大气看作一个整体进行研究,以此将所有的大气问题全部在模型中进行充分的考虑,形成了一个多尺度网格嵌套的三维欧拉模型。这就是第三代空气质量模型,具有代表性的有美国 EPA 开发的 CMAQ 和美国环境技术公司 ENVIRON 开发的 CAMx 模型,美国国家大气研究中心(NCAR)、美国国家环境预报中心(NCEP)和俄克拉荷马大学联合开发的 WRF-CHEM 模型,以及中国科学院大气物理研究所开发的嵌套网格空气质量预报模式系统(NAQPMS)模型等。这些模型可以同时模拟多种污染物,并考虑了更多的污染源影响。与第一代和第二代空气质量模型相比,第三代空气质量模型中加入了更加丰富的物理化学理论,用户还可根据实际情况自行添加特定模块。

这里以 CMAQ 模型为例,简要说明该模型模拟的基本构架,如图 2-5 所示。该模型的输入数据由以下几个子程式组成:MCIP,ICON,BCON 和 CCTM 四个模块以及模拟区域的污染物排放清单。

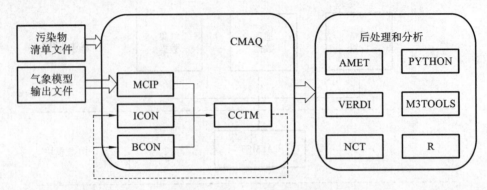

图 2-5 CMAQ 模型模拟框架图

图 2-5 中的 WRF 气象模型模拟的气象输出文件在 MCIP 模块中进行转化,并对时间和空间尺度进行裁剪,为 CMAQ 模型提供可用的气象场文件。ICON 和 BCON 模块为模型提供初始场条件和边界场条件,得到模拟初始时刻的模拟区域和模拟边界网格的垂直浓度分布文件。CCTM 模块是 CMAQ 模型的关键模块,该模块主要模拟污染物在大气中的扩散过程、气象化学过程、输送过程、气溶胶化学过程、云水化学过程等物理化学过程。外层的模拟结果为内层 CMAQ 模型提供初始场和边界场文件。在 CMAQ-5.2.1 模型版本中,考虑到海盐气溶胶排放、云水化学的气相化学反应,气相化学反应机理选用 CB-05 化学机制,其中 CB-05 共包括 51 个物种和 156 个反应。考虑气溶胶反应机理时可以选用 AERO5 模式,气溶胶热力学模型选用 ISORROPIA 模式。ISORROPIA 模式主要用于无机气溶胶,计算无机颗粒物与其前体气态污染物的转化过程。

第三代空气质量模型的模拟结果比 WRF-CALPUFF 模型更接近于实际情况,但其模拟过程更加复杂,所需要的参数更多样化,因此在实际的环境影响评价技术服务中的应用比较有限。

综上所述,不管是第一代和第二代的空气质量模型,还是第三代空气质量模型,如果希望提高空气质量模型模拟结果的准确性,均需要考虑两方面的问题:一是提供更详细的大气污染排放源清单,这涉及究竟有多少污染物进入大气环境中;二是建立较完善的三维气象场,因为气象场对大气污染物在环境中的扩散迁移和转化有很直接的影响。因此,高分辨率的污染排放源清单和趋于实际情况的三维气象场,是保证空气质量模型模拟的区域大气环境容量结果准确性的关键因素。

2019 年,我国已经采用新的技术方法完成了第二次污染源普查工作,这使得各地的大气污染源排放清单质量得到了明显提高。通常情况下,大气污染排放源清单,其内容包括污染源地理位置、污染物排放种类和排放量、污染源的活动水平等数据。它是利用模型模拟空气质量的基础,它覆盖的污染源越全面,提供的污染物排放特征越详细,便越有利于提升空气质量模型的模拟精度。目前国内广泛应用的 MEIC 清单编制方法中,将污染源分为工业源、电力源、生活源和交通源等大类。

对于三维气象场,若能较好模拟研究时间段内的三维气象场,将有效还原大气污染物的传输过程,提升空气质量模型模拟结果的准确度。三维气象场需要借助中尺度气象模型进行模拟。目前应用较为广泛的是第五代中尺度模型 MM5 和天气预报模型 WRF。中尺度气象模型输出结果可作为空气质量模型的气象场,因此,将中尺度气象模型和空气质量模型进行耦合,是环境空气质量模拟研究的常用方法。

(三) 线性规划法

对于特定的评价区域,如果污染源布局排放方式已经确定,则可以建立污染源排放和环境空气质量之间的输入响应关系。然后,根据区域空气质量环境保护目标,采用最优化方法,便可以估算出各污染源的最大允许排放量。而各污染源最大允许排放量之和,就是给定条件下的最大环境容量。

采用线性规划模型法,关键是将环境容量的计算变为一个线性规划问题并求解。一般情况下,可以以不同功能区的环境质量保护目标为约束条件,以区域污染物排放量极大化为目标函数,建立基本的线性规划模型。这种满足功能区空气质量达标对应的区域污染物极大排放量,可视为区域的大气环境容量。

设目标函数为 $\max f(\boldsymbol{Q}) = \boldsymbol{D}^{\mathrm{T}}\boldsymbol{Q}$,约束条件如式(2-6)所示。

$$\boldsymbol{A}\boldsymbol{Q} \leqslant \boldsymbol{C}_{\mathrm{s}} - \boldsymbol{C}_{\mathrm{a}}(\boldsymbol{Q} \geqslant 0) \tag{2-6}$$

其中

$$\boldsymbol{Q} = (q_1, q_2, \cdots, q_m)^{\mathrm{T}}$$
$$\boldsymbol{C}_{\mathrm{s}} = (C_{\mathrm{s1}}, C_{\mathrm{s2}}, \cdots, C_{\mathrm{sn}})^{\mathrm{T}}$$
$$\boldsymbol{C}_{\mathrm{a}} = (C_{\mathrm{a1}}, C_{\mathrm{a2}}, \cdots, C_{\mathrm{an}})^{\mathrm{T}}$$
$$\boldsymbol{A} = (a_{ij})^{\mathrm{T}}, i = 1, 2, \cdots, m; j = 1, 2, \cdots, n$$
$$\boldsymbol{D} = (d_1, d_2, \cdots, d_m)^{\mathrm{T}}$$

式中:m 为排放源总量;n 为环境质量控制点总数;q_i 为第 i 个污染源的排放量;C_{sj} 为第 j 个环境质量控制点的标准;C_{aj} 为第 j 个环境质量控制点的现状浓度;a_{ij} 为第 i 个污染源排放单位污染物对第 j 个环境质量控制点的浓度贡献;d_i 为第 i 个污染源的价值(权重)系数。

浓度贡献系数矩阵 $\boldsymbol{A}$ 中各项,可采用《环境影响评价技术导则 大气环境》(HJ 2.2—2018)中推荐的扩散模式计算。价值系数矩阵 $\boldsymbol{D}$ 中各项,在没有特殊要求时可取 1。

线性规划模型可用单纯形法或改进单纯形法求解,具体计算过程参阅有关线性规划理论书籍,由计算机辅助完成。

(四) A-P 值法

A-P 值法以大气质量标准为控制目标,在大气污染物扩散稀释规律的基础上,利用《制定地方大气污染物排放标准的技术方法》(GB/T 3840—1991)提出的总量控制区排放总量限值计算公式,计算出排放量限值,同时考虑区域大气环境质量现状本底情况。在此基础上,确定出该区域某污染物可容许的排放量,即为该区域某大气污染物的环境容量。

A-P 值法是最简单的大气环境容量估算方法,其特点是不需要知道污染源的布局排放量和排放方式,就可以粗略地估算指定区域的大气环境容量,对决策和提出区域总量控制指标有一定的参考价值,适用于特定区域规划阶段的大气环境容量分析,如开发区某些污染物的环境容量计算。

利用 A-P 值法估算某区域的大气环境容量,需要掌握以下基本资料:

(1) 开发区范围和面积;

(2) 区域环境功能分区;

(3) 第 i 个功能区的面积 S_i;

(4) 第 i 个功能区的环境质量保护目标 C_i^0;

(5) 第 i 个功能区的污染物背景浓度 C_i^b。

在掌握以上资料的情况下,可以按如下步骤估算某区域的大气环境容量:

(1) 根据所在地区,按 GB/T 3840—1991 中的参考值或表 2-6 所示的参考值,查取总量控制系数 A 值(取中值);

(2) 确定第 i 个功能区的污染物控制浓度(年平均浓度限值标准)$C_i = C_i^0 - C_i^b$;

(3) 确定各类功能区内某种污染物排放总量控制系数 A_{ki},由式(2-7)计算:

$$A_{ki} = AC_{ki} \tag{2-7}$$

式中:A_{ki} 为第 i 功能区某种污染物排放总量控制系数,$10^4 \text{ t} \cdot \text{a}^{-1} \cdot \text{km}^{-1}$;$C_{ki}$ 为国家和地方有关大气环境质量标准所规定的与第 i 功能区类别相应的年日平均浓度限值,$\text{mg} \cdot \text{m}^{-3}$;$A$ 为地理区域性总量控制系数,$10^4 \cdot \text{km}^2 \cdot \text{a}^{-1}$。

A_{ki} 亦可按《制定地方大气污染物排放标准的技术方法》(GB/T 3840—1991)中的方法求取。

对于点源,可以通过下述方法计算各个功能分区内的点源允许排放量。其中点源按实际高度分类:低架点源排气筒高度小于 30 m,中架点源排气筒高度大于或等于 30 m 但小于 100 m,高架点源为排气筒高度大于或等于 100 m。中架点源与低架点源一般主要影响邻近区域所在功能区的大气质量,而高架点源则可以影响全控制区的环境空气质量。因此在某功能区内点源调整系数 β_i 可以由式(2-8)确定:

$$\beta_i = \frac{Q_{ai} - Q_{bi}}{Q_{mi}} \tag{2-8}$$

式中:Q_{ai} 为第 i 个功能区允许的排放总量;Q_{bi} 为第 i 个功能区的低架源允许的排放总量;Q_{mi} 为第 i 个功能区的中架源允许的排放总量。如果 $\beta_i > 1$,则取 $\beta_i = 1$。

在总控制区域内,将属于中架源的点源初始排放量相加,得到中架源的初始允许排放总量 Q_m;将属于高架源的点源初始排放量相加,得到高架源的初始允许排放总量 Q_c;二者都用 10^4 t 表示。总量控制区内的点源调整系数 β 由式(2-9)确定:

$$\beta = \frac{Q_a - Q_b}{Q_m + Q_c} \tag{2-9}$$

式中:Q_a 为总量控制区域污染源初始允许的排放总量;Q_b 为总量控制区域低架源初始允许的排放总量;Q_m 为总量控制区域中架源的初始允许排放总量;Q_c 为总量控制区域高架源的初始允许排放总量。如果 $\beta > 1$,则取 $\beta = 1$。

最后,各个功能区内所有点源的最终允许排放总量 Q_p(单位为 t/h)由式(2-10)确定:

$$Q_p = PC_i\beta\beta_i \, 10^{-6} \, H_e^2 = Q_{pi}\beta\beta_i \tag{2-10}$$

式中:Q_{pi} 为最终允许排放量;C_i 为日平均浓度限值标准;H_e 为点源的有效高度;P 为总量控制系数。

实施现有点源允许排放限值后,各功能区即可保证排放总量不超过允许的环境容量。

表 2-6 各地区总量控制系数 A、低源分担率 α、点源控制系数 P 值(GB/T 3840—1991)

地区序号	省(市)名	A	α	P	
				总量控制区	非总量控制区
1	新疆、西藏、青海	7.0~8.4	0.15	100~150	100~200
2	黑龙江、吉林、辽宁、内蒙古(阴山以北)	5.6~7.0	0.25	120~180	120~240
3	北京、天津、河北、河南、山东	4.2~5.6	0.15	100~180	120~240
4	内蒙古(阴山以南)、山西、陕西(秦岭以北)、宁夏、甘肃(渭河以北)	3.5~4.9	0.20	100~150	100~200
5	上海、广东、广西、湖南、湖北、江苏、浙江、安徽、海南、台湾、福建、江西	3.5~4.9	0.25	50~100	50~150
6	云南、贵州、四川、甘肃(渭河以南)、陕西(秦岭以南)	2.8~4.2	0.15	50~75	50~100
7	静风区(年均风速<1 m/s)	1.4~2.8	0.25	40~80	40~90

综合上述分析可知,估算大气环境容量的几种方法各具特色,选择哪种方法要根据评价对象的特征进行判定,也可利用不同方法分别估算,再与实际情况进行比对后择优,更有学者将三种方法结合起来,充分发挥每种算法的长处。

二、水环境容量计算方法

水环境容量是指在给定水域和水文、水力等条件,给定排污口位置,满足水环境保护目标情况下而允许排放的某种水污染物总量,或者是基于某种水质标准限值所能承载的污染物最大排放量。根据上述定义,求解给定水域的水环境容量的关键是求给定排污口的最大允许排放量。它是以水环境保护目标和水体稀释自净规律为依据的。在区域环境影响评价中,对于拟接纳区域污水的水体,如常年径流的河流、湖泊、近海水域应估算其水环境容量。

(一)水环境容量确定的原则及其影响因素

1. 水环境容量确定的原则

受纳水体所能容纳的可控制污染物(如 COD、氨氮等)数量,称为可分配的环境容量,它是水环境容量中最具实用价值的一部分,是可被利用的环境容量和可分配到各排污口的环境容量,即排污口的允许排放量。因此,水环境容量的确定,要遵循以下两条基本原则:

(1)保持环境资源的可持续利用。要在科学论证的基础上,确定合理的环境资源利用率,在保持水体有不断的自我更新与水质修复能力的基础上,尽量利用水域环境容量,以降低污水治理成本。

(2)维持流域各段水域环境容量的相对平衡。影响水环境容量确定的因素很多,筑坝、引水,新建排污口、取水口等都可能改变整个流域内水环境容量分布。因此,水环境容量的确定应充分考虑当地的客观条件,并分析局部水环境容量的主要影响因素,以利于从流域的角度合理调配环境容量。

2. 水环境容量的影响因素

某水域或水体的水环境容量的影响因素主要有以下四个方面:

1) 水域特性

水域特性是水环境容量研究的基础,包括:几何特征(岸边形状、水底地形、水深或体积),水文特征(流量、流速、降雨、径流等),化学性质(pH 值、硬度等),化学自净能力(氧化、水解等),物理自净能力(挥发、扩散、稀释、沉降、吸附),生物降解(光合作用、呼吸作用)。

2) 水环境污染物

不同的水环境污染物,其物理化学特性和生物反应规律存在差别,从而对水生生物和人体健康的影响程度也不同。有时各污染物之间的相互作用,不仅改变某一种污染物的环境容量,同时也会降低另一种污染物的环境容量。因此,计算环境容量最优的方法是联立约束条件,同时求解各类需要控制的污染物的环境容量。尤其是国家和地方规定的重点污染物,以及区域开发可能产生的特征污染物和受纳水体敏感的污染物。

3) 水环境功能要求

各地的环境保护行政主管部门依据水系的基本用途,均将所在区域的水系进行了水环境功能区的划分,并确定了相应的水质功能要求,由此也确定了受纳水体不同断(界)面的水质标准要求。水质要求越高的水体,其水环境容量就越小;反之,水质要求越低的水体,其水环境容量就越大。

4) 污染物的排放方式

污染物的排放位置与排放方式直接影响水域的水环境容量。通常在其他条件不变的情况下,瞬时排放相对于连续排放的环境容量小,集中排放相对于分散排放的环境容量小,岸边排放的环境容量相对于河心排放的环境容量小。因而,影响环境容量的一个重要因素是限定的排污方式。污染物的排放方式可以通过现有资料或现场调查方法弄清楚。

(二) 水环境容量的基本计算方法

水环境容量是水体在环境功能不受损害的前提下,受纳水体所能接纳的污染物的最大允许排放量。水体一般分为河流、湖泊和海洋,受纳水体不同,其消纳污染物的能力也不同。对于某个受纳水体,当排污口向受纳水体排放污染物时,为保证受纳水体的水质不发生变化,常按照断面控制方法分段控制,以保证水环境功能区段水质达标。因此,可以采用分段方法计算某水体的水环境容量,具体包括段首控制、段尾控制、功能区段段末控制三个部分的计算。

1. 段首控制

段首控制中的段是指沿河任何两个排污口断面之间的河段,而段首则是指各段的上游第一排污口断面。段首控制就是控制上游断面的水质达到功能区段的要求,加上有机物的降解,该段的水质就会处处达到或高于功能区段的指标。段首控制严格控制了功能区段的水质不达标情况。段首控制的水环境容量计算式如式(2-11)所示:

$$E_0 = Q_0(C_s - C_0) \tag{2-11}$$

式中：E_0 为功能区段段首的稀释容量，g/d；C_s 为功能区段的污染物水质标准，mg/L；C_0 为来水中污染物浓度，mg/L；Q_0 为来水流量，m³/d。

由于控制各段段首某污染物的浓度为水质标准限值，因此污染物经过一段时间降解后，到达段末时的降解量即为该断面处的水环境容量。

第 i 个断面处的水环境容量计算式如式（2-12）所示：

$$E_i = (Q_i + q_i) \cdot C_s - Q_i \cdot C_s \cdot f(x_i - x_{i-1}) \tag{2-12}$$

式中：E_i 为第 i 个断面处的环境容量；q_i 为第 i 个断面处的污水排放量；Q_i 为第 i 个断面充分混合后的干流流量；$x_i - x_{i-1}$ 为第 $i-1$ 个断面到第 i 个断面的距离；$f(x_i - x_{i-1})$ 为两个断面间的污染物衰减因子。

$$f(x_i - x_{i-1}) = \exp\left[-\frac{k_1 + k_3}{u}(x_i - x_{i-1})\right]$$

式中：k_1 是污染物衰减系数，d⁻¹；k_3 是污染物沉浮系数，d⁻¹；u 是两个断面间的平均流速，m/s。

功能区段内所具有的总水环境容量如式（2-13）所示：

$$E = E_0 + \sum E_i = Q_0(C_s - C_0) + \sum_{i=1}^{n}\left[(Q_i + q_i) \cdot C_s - Q_i \cdot C_s \cdot f(x_i - x_{i-1})\right]$$

$$\tag{2-13}$$

简化式（2-13）得式（2-14）：

$$E = Q_0(C_s - C_0) + \sum_{i=1}^{n} C_s\{Q_i[1 - f(x_i - x_{i-1})] + q_i\} \tag{2-14}$$

2. 段尾控制

段尾控制与段首控制相似，只是该段的控制断面在下游排污口断面，亦即段尾。段尾控制的目的在于让水质在各段末达到功能区段的水质标准，由此可以反推出该段段首的水环境容量。在段尾控制的水环境容量计算中，功能区段全段水质低于水质要求，但单独考虑到降解能力很低，而且各小段的距离较短，超标不会太高，因此水质超标很少。

段尾控制的水环境容量的计算方法类似于段首控制，功能区段段首的稀释容量如式（2-15）所示：

$$E_0 = Q_0(C_s - C_0) \tag{2-15}$$

由于控制段在段末，因此可由段末按降解曲线反推到段首，即可求得段首处的水环境容量，计算式如式（2-16）所示：

$$E_i = C_s \cdot (Q_{i+1} + q_{i+1})\frac{1}{f(x_i - x_{i-1})} - Q_{i+1} \cdot C_s \tag{2-16}$$

式中：Q_{i+1} 为第 $i+1$ 个断面前的干流流量；q_{i+1} 为第 $i+1$ 个断面处的污水排放量。

功能区段内所具有的总水环境容量如式（2-17）所示：

$$E = E_0 + \sum E_i = Q_0(C_s - C_0) + \sum_{i=0}^{n-1}\left[(Q_{i+1} + q_{i+1}) \cdot C_s \cdot \frac{1}{f(x_i - x_{i-1})} - Q_{i+1} \cdot C_s\right]$$

$$\tag{2-17}$$

简化式（2-17）得式（2-18）：

$$E = Q_0(C_s - C_0) + \sum_{i=0}^{n-1} C_s\left[Q_{i+1} \cdot \left(\frac{1}{f(x_i - x_{i-1})} - 1\right) + q_{i+1}\right] \tag{2-18}$$

3. 功能区段段末控制

功能区段段末控制就是在功能区段的最末断面控制水质。这里的段末常常是特定功能区段的段首。此控制的实质是控制功能区段最终断面,而不考虑段内水质变化是否超标。类似于段首控制,功能区段段首的稀释容量如式(2-19)所示:

$$E_0 = Q_0 (C_s - C_0) \qquad (2\text{-}19)$$

功能区段内各排污口的浓度变化公式如式(2-20)所示:

$$c_i{}' = \frac{Q_i \cdot C_i \cdot f(x_i - x_{i-1}) + q_i \cdot c_i}{Q_i + q_i} \qquad (2\text{-}20)$$

功能区段最终控制断面的浓度如式(2-21)所示:

$$c_n{}' = \frac{Q_n \cdot C_n \cdot f(x_n - x_{n-1}) + q_n \cdot c_n}{Q_n + q_n} \qquad (2\text{-}21)$$

式中:Q_i、C_i 分别为第 i 断面处排污口充分混合后的干流流量(m^3/s)及某污染物的浓度(mg/L);q_i、c_i 分别为第 i 个断面处的排污流量(m^3/s)及某污染物的浓度(mg/L);Q_n、C_n 分别为最终控制断面的干流流量(m^3/s)及某污染物浓度(mg/L);q_n、c_n 分别为最终控制断面处的排污流量(m^3/s)及某污染物浓度(mg/L)。

(三) 水环境容量的计算步骤

1. 简化水体的几何形貌

根据计算模型需要,一般将天然水域(河流、湖泊、水库)的几何形貌简化。例如天然河道、非稳态水流、复杂的河道地形可概化成顺直河道、稳态水流、简单的河道地形等。同时,将影响水环境的因素,如支流、取水口、排污口等也进行简单化。水体简单化的目的是将复杂的问题简单化,同时有利于简化计算过程。

2. 基础资料调查与评价

为了计算水环境容量,需要开展相关水域水文资料(水位、体积、流速、流量等)和水域水质资料(多项污染因子的浓度值)的调查与收集;同时需要对该水域周边地区的水排放源参数进行调查和收集,如对水域内的排污口资料(废水排放量与污染物浓度)、支流资料(支流水量与污染物浓度)、取水口资料(取水量、取水方式)、污染源资料(排污量、排污去向与排放方式)等进行统一搜集,再分析数据的一致性。

根据《水域纳污能力计算规程》(GB/T 25173—2010)中设计水文条件的要求,在计算河流水域纳污能力时,应采用 90% 保证率平均流量或 10 年最枯月平均流量作为设计流量。因此本章第四节的案例分析中在计算石龙镇地表水环境承载力时,东江干流年径流量设定为181.3亿 m^3。

3. 控制断面(或边界)的选择

根据水域内的水质敏感点位置、水环境功能区划,以及环境管理要求,确定污染混合区的混合长度,以确定污染混合边界问题。

4. 水环境容量模型选择

根据研究区内实际情况的不同选择建立零维、一维或二维水质模型。

国家标准《水域纳污能力计算规程》(GB/T 25173—2010)中的一般规定指出,采用数学模型计算河流水域纳污能力时,按计算河段的多年平均流量 Q 将计算河段划分为以下三种类型:①$Q \geqslant 150 \ \text{m}^3/\text{s}$ 的为大型河段;②$15 \ \text{m}^3/\text{s} < Q < 150 \ \text{m}^3/\text{s}$ 的为中型河段;③$Q \leqslant 15 \ \text{m}^3/\text{s}$ 的为小型河段。

采用数学模型计算河流水域纳污能力时,按下列情况对河道特征和水力条件进行简化:①断面宽深比不小于 20 时,简化为矩形河段;②河段弯曲系数不大于 1.3 时,简化为顺直河段;③河道特征和水力条件有显著变化的河段,应该在显著变化处分段。

同时,国家标准《水域纳污能力计算规程》(GB/T 25173—2010)也提供了三种可选择的水质模型:①河流零维模型:污染物在河段内均匀混合;②河流一维模型:污染物在河段横断面上均匀混合;③河流二维模型:污染物在河段横断面上非均匀混合。

5. 计算和确定研究对象的水环境容量

利用模型、水域类型和相应的水质标准限值、水文设计情景、水文条件和水质参数等,进行模型运算,得到某功能区的水域水环境容量。

(四) 水环境容量计算模型

河流流量在丰水期、平水期和枯水期是不同的,即河流流量处在相对稳定的动态的变化之中。因此,同一河流、湖泊或水库,其水质及污染物的背景浓度也在经常改变。当污染物进入水体后,污染物的迁移、转化、自净、降解与河流(河段)的物理形态、化学性质等方面的作用十分复杂。目前,几种河流的水环境容量数学模型如下:

1. 基于环境容量定义的零维水环境容量数学模型

在给定的水质目标、设计水量、水文条件情况下,水体所能容纳污染物的最大数量,称为某河流的水环境容量。按照污染物降解机理,水环境容量 W 可划分为稀释容量 $W_{稀释}$ 和自净容量 $W_{自净}$ 两部分,如式(2-22)所示:

$$W = W_{稀释} + W_{自净} \tag{2-22}$$

稀释容量是指在给定水域的上游来水污染物浓度未达到出水水质目标时,依靠稀释作用达到水质目标所能承受的污染物量。自净容量是指由于沉降、生化、吸附等物理、化学和生物作用,给定水域达到水质目标所能自净的污染物量。

设有某河段 i,如图 2-6 所示,根据上述水环境容量定义,可以给出该河段水环境容量计算公式如式(2-23)和式(2-24)所示:

$$W_{i稀释} = Q_i(C_{si} - C_{0i}) \tag{2-23}$$

$$W_{i自净} = K_i V_i C_{si} \tag{2-24}$$

则由简化图和式(2-23)、式(2-24)可得式(2-25):

$$W_i = Q_i(C_{si} - C_{0i}) + K_i V_i C_{si} \tag{2-25}$$

考虑各参数量纲,将式(2-25)进行整理,得到式(2-26)。

$$W_i = 86.4Q_i(C_{si} - C_{0i}) + 0.001 K_i V_i C_{si} \tag{2-26}$$

其中

$$C_{0i} = \begin{cases} C_{si}, & \text{当上方河段水质目标要求低于本河段时;} \\ C_{0i}, & \text{当上方河段水质目标要求高于或等于本河段时} \end{cases}$$

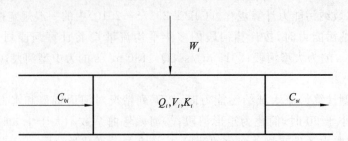

图 2-6 完全混合型河段零维简化模型

式中：W_i 为第 i 河段水环境容量，kg/d；Q_i 为第 i 河段设计流量，m³/s；V_i 为第 i 河段设计水体体积，m³；K_i 为第 i 河段污染物降解系数，d⁻¹；C_{si} 为第 i 河段所在水功能区水质目标值，mg/L；C_{0i} 为第 i 河段上方河段所在水功能区水质目标值，mg/L。

若所研究的水功能区被划分为 n 个河段，则该水功能区的水环境容量是 n 个河段水环境容量的叠加，如式（2-27）所示。

$$W = 31.536 \sum_{i=1}^{n} Q_i (C_{si} - C_{0i}) + 0.000365 \sum_{i=1}^{n} K_i V_i C_{si} \tag{2-27}$$

式中：W 为水功能区水环境容量，t/a；其他符号的意义和量纲同前。

2．基于一维水质模型的河流水环境容量计算模型

1）排污口集中于上游边界的计算模型

对于宽深比不大的河流，污染物在较短的河段内基本上能在断面内均匀混合，污染物浓度在断面上横向变化不大。因此，可用一维水质模型模拟污染物沿河流纵向的迁移过程。

一般情况下，污染物排放口不规则地分布于河段的不同断面，河段过水断面污染物的浓度由各排污口产生的污染叠加而得。将排污口在河段的分布进行简化处理，即认为在同一河段内所有污染物排放口集中于河段上游边界，此时可以将河段简化为如图 2-7 所示的矩形形态。这种处理方式对某一河段而言虽然存在一定偏差，但比较简单和实用。据此可以推算得到该河段的纳污能力，即该河段的水环境容量。

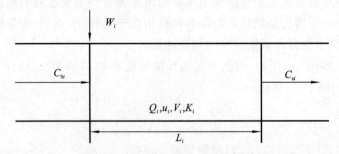

图 2-7 各排污口集中于上游边界的河段一维简化模型

设某河段 i 长为 L_i，其水质目标为 C_{si}，设计流量为 Q_i，设计流速为 u_i，入流设计水质为 C_{0i}，污染物降解系数为 K_i；又设纳污能力为 W_i。由于简化后的排污口位于河段上游边界，设排污口对河段上游边界的浓度贡献值为 C'_i，则得到式（2-28）：

$$C'_i = \frac{W_i}{Q_i} \tag{2-28}$$

对河段下游边界的浓度贡献值则为 $\dfrac{W_i}{Q_i}\exp(-\dfrac{K_i}{u_i})$，流入水质 C_{0i} 对河段下游边界的浓度贡献值为 $C_{0i}\exp(-\dfrac{K_i}{u_i})$，两者之和应为 C_{si}，如式(2-29)所示。

$$\frac{W_i}{Q_i}\exp(-\frac{K_i}{u_i}) + C_{0i}\exp(-\frac{K_i}{u_i}) = C_{si} \tag{2-29}$$

则该河段纳污能力可以通过式(2-30)计算求得：

$$W_i = Q_i C_{si}\exp(\frac{K_i}{u_i}) - C_{0i}Q_i \tag{2-30}$$

考虑量纲时，式(2-30)也可写成式(2-31)的形式：

$$W_i = 86.4[Q_i C_{si}\exp(K_i\frac{L_i}{86400u_i}) - C_{0i}Q_i] \tag{2-31}$$

其中

$$C_{0i} = \begin{cases} C_{si}，当上方河段水质目标要求低于本河段时；\\ C_{0i}，当上方河段水质目标要求高于或等于本河段时 \end{cases}$$

式中：W_i 为第 i 河段水环境容量，kg/d；Q_i 为第 i 河段设计流量，m^3/s；K_i 为第 i 河段污染物降解系数，d^{-1}；C_{si} 为第 i 河段所在水功能区水质目标值，mg/L；C_{0i} 为第 i 河段上方河段所在水功能区水质目标值，mg/L。

若所研究的水功能区被划分为 n 个河段，则该水功能区的水环境容量可以通过式(2-32)计算。

$$W = 31.536 \sum_{i=1}^{n} [Q_i C_{si}\exp(K_i\frac{L_i}{86400u_i}) - C_{0i}Q_i] \tag{2-32}$$

式中：W 为水功能区水环境容量，t/a；其他符号的意义和量纲同前。

2）排污口分布于沿河流向的计算模型

假设排污口沿河流流向在不同点位分布，则可以采用同样的方法，将排污口在河段内的分布加以简化，即认为河段内所有污染物排放口沿河均匀分布，如图 2-8 所示。这种简化模型实际上是将排污口排放的污染物分布进行平均化处理。虽然对某一河段污染物的分布计算存在一定的偏差，但综合反映了河段内污染物排放的一种平均状态。据此可推算得到该河段的纳污能力，即水环境容量。

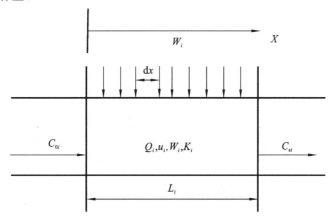

图 2-8 各排污口沿河分布河段的一维简化模型

设某河段 i 长为 L_i，其水质目标为 C_{si}，设计流量为 Q_i，设计流速为 u_i，设计断面面积为 A_i，入流断面设计水质为 C_{0i}，污染物降解系数为 K_i；同时，设该河段的纳污能力为 W_i，则单位河长纳污量应为 W_i/L_i。建如图 2-8 中所示的坐标系，在河段内选一微分长度段，长为 $\mathrm{d}x$，坐标为 x。那么，此微分长度段污染物输移至 $x=L_i$ 处的剩余质量可以采用式（2-33）计算求得。

$$\mathrm{d}m = \frac{W_i}{Q_i}\exp\left(-K_i\frac{L_i-x}{u_i}\right)\mathrm{d}x \tag{2-33}$$

因此，单位时间内经过 $x=L_i$ 所在断面的污染物总质量，应为上游 L_i 长度河段内各微分长度段排放的质量降解至本断面剩余质量的叠加。计算式如式（2-34）所示。

$$m = \int_0^{L_i}\mathrm{d}m = W_i\frac{u_i}{L_i\cdot K_i}\left[1-\exp\left(-K_i\frac{L_i}{u_i}\right)\right] \tag{2-34}$$

则相应的浓度 C_i 的计算式如式（2-35）所示：

$$C_i = W_i\frac{u_i}{L_i\cdot K_i\cdot Q_i}\left[1-\exp\left(-K_i\frac{L_i}{u_i}\right)\right] \tag{2-35}$$

根据受纳水体纳污能力的定义，得到式（2-36）：

$$W_i\frac{u_i}{L_i\cdot K_i\cdot Q_i}\left[1-\exp\left(-K_i\frac{L_i}{u_i}\right)\right] + C_{0i}\exp\left(-K_i\frac{L_i}{u_i}\right) = C_{si} \tag{2-36}$$

则该受纳水体纳污能力 W_i 可以表达为

$$W_i = \frac{C_{si} - C_{0i}\cdot\exp\left(-K_i\frac{L_i}{u_i}\right)}{1-\exp\left(-K_i\frac{L_i}{u_i}\right)}\frac{L_i K_i Q_i}{u_i} \tag{2-37}$$

由于某受纳水体的体积 V_i 可以表达为

$$V_i = A_i L_i = \frac{L_i Q_i}{u_i} \tag{2-38}$$

则式（2-37）可以写为式（2-39）的形式：

$$W_i = \frac{C_{si} - C_{0i}\cdot\exp\left(-K_i\frac{L_i}{u_i}\right)}{1-\exp\left(-K_i\frac{L_i}{u_i}\right)}K_i V_i \tag{2-39}$$

在考虑量纲时，式（2-39）也可写成式（2-40）的形式：

$$W_i = 0.001\frac{C_{si} - C_{0i}\cdot\exp\left(-K_i\frac{L_i}{u_i}\right)}{1-\exp\left(-K_i\frac{L_i}{u_i}\right)}K_i V_i \tag{2-40}$$

其中

$$C_{0i} = \begin{cases} C_{si}, & \text{当上方河段水质目标要求低于本河段时；} \\ C_{0i}, & \text{当上方河段水质目标要求高于或等于本河段时} \end{cases}$$

式中：W_i 为第 i 河段水环境容量，$\mathrm{kg/d}$；Q_i 为第 i 河段设计流量，$\mathrm{m^3/s}$；u_i 为第 i 河段设计平均流速，$\mathrm{m/s}$；V_i 为第 i 河段设计水体体积，$\mathrm{m^3}$；L_i 为第 i 河段的长度，m；K_i 为第 i 河段污染物降解系数，$\mathrm{d^{-1}}$；C_{si} 为第 i 河段所在水功能区水质目标值，$\mathrm{mg/L}$；C_{0i} 为第 i 河段上方河段所在水功能区水质目标值，$\mathrm{mg/L}$。

若所研究的水功能区被划分为 n 个河段，则该水环境功能区的水环境容量 W 可以表示为

$$W = 0.000365 \sum_{i=1}^{n} \frac{C_{si} - C_{0i} \cdot \exp(-K_i \frac{L_i}{u_i})}{1 - \exp(-K_i \frac{L_i}{u_i})} K_i V_i \qquad (2-41)$$

式中:W 为水功能区水环境容量,t/a;其他符号的意义和量纲同前。

上述的两种河流水环境容量数学模型分别为零维模型和一维模型。对于宽深比足够大的河道,污染物自岸边排入水体后,需要很长的距离才能在断面上充分混合,浓度在排放口附近断面沿横向变化很大。若用零维或一维模型来求解纳污能力,就会使计算值大大超过实际值,此时需要采用二维水质模型来计算纳污能力,即水体的环境容量。

三、生态容量计算方法

1. 生态容量的基本概念

任何一个地域都有其生态容量,即生态承载力。生态容量的定义是,在不损害有关生态系统的生产力和功能完整的前提下,一个地区能够拥有的生态生产性土地的总面积。可以采用"生态生产性土地"衡量一个地域的生态容量,即可以用生态足迹来衡量生态容量。因此,生态容量也可以理解为是一定自然、社会、经济技术条件下某地区所能提供的生态生产性土地的极大值。

区域生态承载力的大小,可以通过生态足迹测算值的大小进行说明。当一个地区的生态承载力小于生态足迹时,会出现生态赤字,其大小等于生态承载力减去生态足迹的差数;当生态承载力大于生态足迹时,则会产生生态盈余,其大小等于生态承载力减去生态足迹的余数。生态赤字表明该地区的人类负荷超过了其生态容量,说明地区发展模式处于相对不安全及不可持续状态,其程度用生态赤字来衡量。相反,生态盈余表明该地区的生态容量足以支持其人类负荷,地区内自然资本的投入流大于人口消费的需求流,该地区消费模式具有相对安全性和可持续性,其程度用生态盈余来衡量。

生态足迹是由加拿大生态经济学家 William Rees 于 1992 年提出的一种用于生态可持续性评估的方法。通常采用"生态生产性土地"对各类自然资本进行统一度量,因此其是生态足迹分析法的基础。生态生产也称生物生产,是指生态系统中的生物从外界环境中吸收生命过程所必需的物质和能量并转化为新的物质,从而实现物质和能量的积累。根据生产力大小的差异,地球表面的生态性土地可分为化石能源地、耕地、草地、林地、建设用地和水域六大类。

2. 生态足迹测算模型

为了计算某个地域的生态足迹,常给出以下假设条件:

(1)各种类型的土地在空间上是互斥的;

(2)人类可以确定消费的绝大多数资源量和产生的废弃物;

(3)人类消费的资源和产生的废弃物能转换成相应的生物生产面积;

(4)将生产力不同的土地转换为全球均衡面积。

此时,可以利用式(2-42)、式(2-43)和式(2-44),计算某个地域的生态足迹。

$$EF = N \cdot ef = \sum_{i=1}^{n} \frac{C_i}{EP_i} EQ_i \qquad (2-42)$$

$$EC = N \cdot ec = \sum_{j=1}^{n} A_j \cdot EQ_j \cdot Y_j \qquad (2\text{-}43)$$

$$ED(ER) = N \cdot ed(er) = EC - EF \qquad (2\text{-}44)$$

式中：EF、EC 分别为总的生态足迹和总生态承载力（gha）；ef、ec 分别为人均生态足迹、人均生态承载力（gha）；C_i 为第 i 种资源消费量（t）；EP_i 为第 i 种资源全球平均生态生产力（kg/ gha）；EQ_i 为第 i 种资源所占用土地的均衡因子（gha/ha）；A_j 为第 j 种类型生态生产性土地面积（ha）；Y_j 为第 j 种类型生态生产性土地产量因子（无量纲）；EQ_j 为第 j 种资源所占用土地的均衡因子（gha/ha）；ED(ER) 为生态赤字或生态盈余（gha）；ed(er) 为人均生态赤字或人均生态盈余（gha）；N 为区域人口总量（人）。

当使用全球平均生态生产力 EP_i 在生态足迹资源账户计算模型中计算耕地、林地、水域等面积时，采用世界粮农组织（FAO）公布的每公顷相应类型土地的全球平均生产量（kg/gha）；当在煤炭、燃料和电力等资源的化石燃料用地中计算生态足迹时，采用世界上单位化石能源土地面积的平均发热量，来确定各类型资源全球平均能源的生态足迹。

均衡因子 EQ_i 是一个将不同类型土地转化为在生态生产力上等价的系数，即各类土地的平均产量与生态足迹的比值。

表 2-7 所示为目前文献报道的几种不同均衡因子估算值。世界各地可以根据本地域的实际情况采用相对应的估算值。

表 2-7　土地均衡因子估算值

土 地 类 型	耕 地	林 地	草 地	水 域	建 筑 用 地	化石能源地
EQ[1]	2.11	1.35	0.47	0.35	2.11	1.35
EQ[2]	2.10	1.30	0.50	0.40	2.20	1.30
EQ[3]	2.80	1.10	0.50	0.20	2.80	1.10

注：[1]World Wide Fund for Nature Living Planet Report 2002；[2]Wackernagel M，et al(1999)；[3]世界各国生态足迹计算报告(1997)。

实际计算时，根据某项目能够获取的数据，从表 2-7 中选择相应的估算值即均衡因子数据，开展生态足迹的计算。

产量因子 Y_j 是一个将各国各地区同类型生态生产性土地转化为可比面积的参数。本书中采用恒定世界单产法对产量因子进行估算。其中，耕地采用粮食产量，林地采用木材产量，水域采用水产品产量，建筑用地采用耕地面积的产量因子，化石能源地采用林地面积的产量因子。

第四节　案 例 分 析

一、某规划项目的环境影响识别

某市经济增长的主要拉动力是第二产业，紧跟其后的是第三产业。现规划了面积约为 1 km² 的工业集聚区，规划目标是以电子信息产品、光学产品、医疗制药和食品饮料生产等制造业为主要产业类型，选择性发展一部分配套工业，形成产业集群。

该规划区周边有居民区、学校、医院和养老院等,人口密度大;地处广深经济走廊,北靠广州,南临深圳,东接惠州,距离广深铁路客、货运站 0.5 km 左右,交通方便,地势平坦;土壤主要有黄壤、红壤、赤红壤和潜育型水稻土等,其成土母质种类繁多,类型复杂,主要有砂页岩和花岗岩风化物、河流冲积物和滨海沉积物等;植被主要为人工种植的绿化植被。

规划区内没有珍稀的野生动植物、生态功能区及水资源保护区等环境保护目标,在规划区北边约 1400 m 处有东江南支流一级保护区,河道宽最大可达 300 m,内有生活饮用水取水口。东北边界外 200 m 内有一所中学,西边约 200 m 处有消防大队。规划区已经入驻企业的废气排放以 VOCs 为主,在春夏季节容易受南风或东南风的影响,可能对其下风向的商贸区和居民区产生一定影响。规划区各产业主要污染物类型如表 2-8 所示。

表 2-8 规划区各产业主要污染物类型一览表

产业类型	主要污染物			
	水 污 染	空 气 污 染	噪 声	固 体 废 物
电子信息产业	生产废水、生活污水	烟尘、有机废气	生产设备噪声	生活垃圾、危险废物、废包装材料
医药产业	工艺废水、车间清洁废水、生活污水	实验室废气、燃气锅炉废气、粉尘、有机废气	生产设备噪声	废药渣、提取残渣、废包装材料、危险废物
食品饮料加工产业	生产废水、生活污水	生物质锅炉废气及烟尘、有机废气	生产设备噪声	生活垃圾、废包装材料

请回答以下问题:

问题一 该规划项目的环境影响因子有哪些?

问题二 该规划项目的环境保护目标及各自对应的环境标准是什么?

参考答案

问题一 该规划项目的环境影响因子有哪些?

(一)建设期环境影响因子识别

建设期的污染源主要来自区域市政基础工程(征地或借地、地面开挖布线)和建筑工程建设(拆迁、打桩、施工、基础设施建设、设备安装)等。

1. 水环境影响因子

①施工机械的跑、冒、滴、漏产生的污油及露天机械被雨水等冲刷后产生的污水;

②部分建筑材料、砂石在运输及使用过程中洒落到路面,经地表冲刷被带入水体中产生的污染;

③露天堆放的建筑材料、废弃物被雨水冲刷或淋溶产生的污染物,随地表径流进入水体;

④雨水对地面冲刷形成的被污染的地表径流;

⑤临时生活设施产生的生活污水。

2. 大气环境影响因子

①运输车辆及施工机械引起的二次扬尘及燃油尾气污染物;

②建筑材料的装卸、运输和使用过程中产生的粉尘和扬尘；

③建筑施工场地裸露地表的由风吹起的二次扬尘；

④临时生活设施产生的废气。

3. 声环境影响因子

①运输车辆产生的交通噪声；

②施工机械产生的施工噪声。

4. 固体废物环境影响因子

①拆迁的厂房等建筑垃圾及施工中的余泥渣土；

②施工人员生活垃圾。

5. 生态影响因子

①施工过程中，部分陆生植被会受到破坏；

②改变了土地理化性质，导致水土流失，绿地减少，区域环境连通性变差；

③改变了土地利用类型，农用地转为工业用地或其他建设用地，减少了农用地面积，正面效应是可大幅度提高土地单位面积的产值，负面效应主要是带来的生态环境负面影响，如水土流失、绿化面积和农用地面积减少等问题。

6. 社会经济影响因子

①该规划中的工业集聚区规划建设促使区域社会经济、第三产业及劳动力得到发展；

②区域开发过程将对当地居民生活质量、区域交通等产生影响。

(二)营运期环境影响因子识别

营运期污染源主要来自入驻工业集聚区的工业项目的排污、公路的车辆运输、集疏作业以及城市生活活动的排污等。

1. 水环境影响因子

①进驻工业集聚区的各类工业项目排放的工业废水，主要污染指标有 pH 值、SS(悬浮物)、COD、BOD_5、氨氮、石油类等；

②办公人员及常住人员生活污水，主要污染指标为 COD、BOD_5、氨氮、SS、动植物油等；

③雨水冲刷工业集聚区地面形成的地表径流，主要污染指标为 COD、BOD_5、SS、总磷及部分重金属元素等。

2. 大气环境影响因子

①企业燃气或燃生物质锅炉产生的烟尘、SO_2 及 NO_x 等；

②生产工艺过程等产生的废气，包括烟尘、粉尘、甲醛、甲苯和二甲苯等在内的 VOCs 等；

③道路机动车行驶排放的机动车尾气(NO_x、CO 和 HC 或 VOCs 等)及二次扬尘等；

④第三产业及居民厨房排放的燃料尾气污染物(SO_2、NO_x、PM_{10}/$PM_{2.5}$ 和含 VOCs 的油烟)。

3. 声环境影响因子

①工业企业生产设备噪声，包括各类生产设备运转噪声以及生产生活区内水泵、风机、空调等产生的机械噪声；

②交通工具产生的交通噪声；

③社会生活噪声。

4. **固体废物环境影响因子**

①工业固体废物,主要包括金属废物、塑料、碎屑及废包装材料等;

②建筑垃圾,包括建筑项目的永久弃土;

③危险废物,包括较高酸性或碱性的废物、废油等容易产生火灾的废物、重金属和一些有机废物、医疗废物等;

④生活垃圾。

5. **生态影响因子**

①土地利用类型的比例发生变化;

②生态环境变化,导致生物种类、数量变化,自然景观结构也发生相应变化;

③区域人口变化和集中,形成大量的人流、能源流和物质流;

④地形地貌的变化,大量透水层面变成不透水层面,从而导致小气候环境的变化,形成热岛效应和污染岛效应;

⑤产流汇流条件变化,地面通流系数变化和污染变化;

⑥植被变化,导致自然生态环境向人工生态环境变化;

⑦入驻企业废水排放间接影响局部水域的水生生物的生境;

⑧园区取水、排水及园区内雨水自然流向的改变,使规划项目周边水域水体的水量发生变化。

6. **社会经济影响因子**

①人口规模、结构等将会发生变化;

②区域经济社会发展水平及综合实力的提升;

③区域居民生活质量、生活习惯会发生改变;

④区域景观、繁荣程度、可持续发展水平将会加强。

基于前述建设期和营运期的环境影响因子识别结果,采用矩阵方法,将该规划项目中的工业集聚区建设产生的环境影响因子列于表2-9中。内容包括影响范围识别(点、线、面、综合)、影响方式识别(直接、间接)、影响程度识别(较小、中等、较大)、影响的可逆性(可逆、不可逆)以及影响性质识别(正面、负面)等。

表2-9　环境影响因子识别一览表

环境要素	影响因子						
	建设期	营 运 期					
		人口增加	废气排放	废水排放	噪声排放	固废排放	车辆运输	下垫面改变
地表水质量	⊙	⊙		●		⊙		⊕
地下水质量	⊙	⊕		⊙		⊙		⊕
环境空气质量	●	⊙	●			⊕	●	⊙
土壤质量	⊙	⊕		○		●	⊕	⊙
声环境质量	●	⊙			⊙		●	
水生生物	⊙	⊙		⊙		⊕		

续表

环境要素	影响因子							
	建设期	营 运 期						
		人口增加	废气排放	废水排放	噪声排放	固废排放	车辆运输	下垫面改变
陆生动物	⊙	⊕	⊕	⊕				⊕
水土流失	●							⊙
公众健康	⊙	⊙	●	⊙	⊙		⊙	⊕
社会经济	⊙	●					⊙	⊕
景观	●	⊙	⊙	⊙	⊙	⊙	⊙	⊙
植被	●	⊙	⊕	⊙	⊕	⊙	⊙	⊙

注:●表示重大影响,⊙表示一般影响,⊕表示轻微影响。

问题二　该规划项目的环境保护目标及各自对应的环境标准是什么?

(一)环境保护目标

从案例概述可知,该规划区内没有自然保护区、生态功能区及水资源保护区等环境保护目标,也没有设置生态保护红线。只是在规划区外围北边约1400 m处有生活饮用水水源的一级保护区,其属于生态保护红线。因此,该一级保护区为水环境保护目标。

规划区周围分布着居民区、学校、医院、养老院和消防大队等,属于社会环境敏感目标,也是该规划项目的环境保护目标,主要包括大气环境和声环境两个环境保护内容。

(二)环境保护标准

从前述该规划的环境保护目标看,涉及的标准包括大气环境、声环境和水质方面的标准。为了方便阅读,将该工业集聚区规划涉及的环境保护目标及其对应的环境标准列于表2-10中。

表2-10　规划中的工业集聚区及周边的环境保护目标一览表

序号	保护目标	相对项目方位、距离	性质	受影响人数/人	保护级别
1	中学	工业集聚区东北约200 m	学校	2800	大气环境:《环境空气质量标准》(GB 3095—2012)中的二级要求。 声环境:《声环境质量标准》(GB 3096—2008)中的1类标准
2	自来水厂	工业集聚区北方约1.4 km	水厂	32700	一级水源保护区
3	消防大队	工业集聚区西边约200 m	消防大队	100	大气环境:《环境空气质量标准》(GB 3095—2012)中的二级要求。 声环境:《声环境质量标准》(GB 3096—2008)中的2类标准。

续表

序号	保护目标	相对项目方位、距离	性质	受影响人数/人	保护级别
4	火车站	工业集聚区东北方约 500 m	车站	1 万～3.5 万	大气环境:《环境空气质量标准》(GB 3095—2012)中的二级要求。 声环境:《声环境质量标准》(GB 3096—2008)中的 3 类标准。

二、某规划项目的环境承载力分析

某市经济增长的拉动力主要是第二产业,紧跟其后的是第三产业,其中石龙镇总面积为 13.83 平方千米。为推动经济结构转型,拟以石龙镇已有的工业企业集散地为基础,规划新的工业集聚区建设,规划面积约为 2.16 平方千米,规划目标是以电子信息产品、光学产品、医疗制药和食品饮料生产等制造业为主要产业类型,选择性发展一部分配套工业,形成产业集群。

规划区及周边人口密度大,末期的规划人口为 2.66 万人,主要集中在该工业集聚区主导风向的下风方向的旧城区及规划项目所在新城区。该区域的用水由规模为 20 万 m^3/d 的黄洲水厂供给,黄洲水厂还承担旧城区用水,目前还有富余。规划末期规划区最高日用水量为 2.44 万 m^3/d。规划区以天然气和电力为主要能源。该规划区位于新城区方正大道以北、欧仙路以东和沙河以南区域,东北临沙河,西北临黄家山管理区,南临方正大道,向北过沙河大桥至园洲镇,内外交通方便快捷。

规划区内没有设置生态保护红线。规划区外围的东江流域为Ⅱ类水体,属于水资源一级保护区,该市的西湖水厂和黄洲水厂取水口位于其中,并划定为生态保护红线;沙河水系为普通水系,是东江中下游右岸的一条一级支流,其中东莞市石龙段石湾处多年平均流量约 43.1 m^3/s,平均河宽约 147 m,不属于生态保护红线。

该市受季风环流控制,盛行风向有明显的季节变化,全年最多的风向为东风,其次是东南风、东北风,最少的是偏西风。全年的静风频率约为 8.40%,冬季约为 11.30%。其中:空气污染较为严重的冬季受东北季风控制;春夏季节容易受南风或东南风的影响。该规划区的工业废水经过各企业的污水处理站处理达标后,经市政管网送入处理规模为 2 万 m^3/d 的新城区污水处理厂。据测算,规划末期该区域污水排放总量为 1.02 万 m^3/d,即约 372.04 万 t/a。其中:COD 约为 182.11 t/a,氨氮约为 22.24 t/a。规划污水处理按《城镇污水处理厂污染物排放标准》(GB 18918—2002)中的一级 A 标准处理,处理后的尾水排放到规划区北部的沙河水系。该市要求各种工业集聚区污染物的排放均只减不增,逐年削减,实现区域工业主要污染物排放总量持续削减。

请回答以下问题:

问题一　如何开展该规划区的自然资源的环境承载力分析?

问题二　该规划区的大气环境容量是多少?

参考答案

问题一　如何开展该规划区的自然资源的环境承载力分析？

规划区建设必须依托区域的基础资源，包括水资源、土地资源、矿产资源和生物资源等自然资源。基于案例概述内容，该规划主要涉及水资源和土地资源，为此，将从这两个方面开展该规划区的自然资源的环境承载力分析。采用类比分析方法，从资源有限性的角度，分析区域资源对规划区发展的承受能力是否满足规划建设的需要。

（一）水资源承载力分析

1. 规划需水量及供水量分析

黄洲水厂设计供水规模为 20 万 m^3/d，承担规划区所在的新城区用水和旧城区用水，目前还有富余。剩余水量可以满足规划区末期最高日用水量为 2.44 万 m^3/d 的需求。

目前新城区污水处理厂规模为 2 万 m^3/d。据测算，规划末期该区域污水排放总量为 1.02 万 m^3/d。因此，污水处理方面已有设施完全能够承载规划区污水的处理。同时，经过深度处理后的污水，还可以作为市政的绿化用水。

2. 水资源承载力分析

黄洲水厂的水源为东江南支流，其水质较好，水量充足。因此，黄洲水厂的供水规模可支撑规划区用水，供水有保障，水资源可承载。

（二）土地资源承载力分析

人类生活和社会生产是建立在土地之上的，因此，土地资源承载力的分析主要着眼于人类生活和社会生产发展的支撑与保障能力。土地资源承载力主要以"承载人口"规模来衡量，工业区土地资源承载力不仅要以人口数量来衡量，还需要从工业发展规模，特别是单位面积土地所能承受资金的投资量和单位面积土地工业产值方面来考虑。

本次规划范围总面积为 215.98 公顷，其中：城市建设用地为 214.86 公顷，水域为 1.12 公顷。

本规划区末期的规划人口为 2.66 万人，其中居住人口约 1.86 万人，工业人口约 0.8 万人。2020 年人均城市建设用地指标为 80.77 平方米/人。根据《城市用地分类与规划建设用地标准》(GB 50137—2011)中所要求的"≥9.0 平方米/人"的规划区人均绿地标准，以及在规划区人均建设用地可满足Ⅲ级指标要求的 90.1～105.0 平方米/人的指标要求，规划末期规划区人均城市建设用地指标 80.77 平方米/人不能满足Ⅲ级指标要求。综合分析，本规划人口规模不太合理，规划区域内土地不可承载。

问题二　该规划区的大气环境容量是多少？

区域环境容量是一个区域在满足当地确定的环境质量目标前提下，在本区域范围内环境所能承纳的最大污染物负荷总量。区域环境容量包括基本环境容量（又称差值容量）和变动容量（又称同化容量）两部分。前者表示区域环境质量目标和环境本底的差值，后者表示区域环境自净能力。在总量控制区开展区域环境容量分析，目的是正确确定总量控制区的区域环境容量，以便在下一步的总量控制方案中，能根据所确定的环境容量来制定区域总量控制目标，实现区域大气环境质量的持续改善。

（一）模型选择

模型将参照本章第三节的大气环境容量计算方法中所述的几类模型的适用条件进行筛选确定。从案例概述可知，规划的工业集聚区建设约为 2.16 平方千米，面积小，不适用于中大型尺度的第一代、第二代和第三代空气质量模型,也不适用于线性规划方法。同时,由于是工业集聚区规划,对将来入驻企业的污染源的布局、排放量和排放方式不清楚,而 A-P 值法的特点是不需要知道污染源的布局及排放特征。为此,选择 A-P 值法初步估算该规划区的大气环境容量。

(二)参数选择

1. 计算区域、评价对象和质量标准

计算区域是面积为 2.16 平方千米的某规划中的工业集聚区,规划现状年为 2018 年。将通过计算评价规划区环境空气中 SO_2、NO_2、PM_{10} 和 $PM_{2.5}$ 的环境容量。由于该规划区的大气环境功能区区划为二类,因此,可选用《环境空气质量标准》(GB 3095—2012)中的二级标准。

2. 计算公式

计算公式如式(2-45)所示:

$$Q = \sum_{i=1}^{n} A(C_{si} - C_c)\frac{S_i}{\sqrt{S}} \tag{2-45}$$

式中:Q 为控制区内某污染物年平均排放总量限值,即理想大气容量,单位 10^4 t/a;A 为控制区所在地区的总量控制系数,参考表 2-6 中的相关内容,该规划区总量控制系数 A 取该市平均值 3.64,单位 10^4 km²/a;S 为控制区域总面积,单位 km²;S_i 为第 i 个分区面积,单位 km²;C_{si} 为第 i 个分区某种污染物的年平均浓度限值,单位 mg/m³(取二级标准);C_c 为控制区本底浓度,单位 mg/m³。

同时,可参考式(2-7)至式(2-10)以及表 2-6 所示内容,描述公式(2-45)中各参数的物理意义。

3. 其他参数

由于基准年为 2018 年,因此以该规划区所在区域 2018 年年平均浓度为基准,即 SO_2 0.012 mg/m³,NO_2 0.036 mg/m³,PM_{10} 0.053 mg/m³,$PM_{2.5}$ 0.039 mg/m³。控制区域总面积 S 为该规划区面积,即 2.16 km²。

(三)环境容量计算

将各种参数代入式(2-45),就可以计算出该规划工业集聚区环境空气中典型污染物 SO_2、NO_2、PM_{10} 和 $PM_{2.5}$ 的环境容量,计算结果如表 2-11 所示。

表 2-11 工业集聚区的大气环境容量

指 标	污 染 物	计算结果/(t/a)
环境容量	SO_2	1014.83
	NO_2	84.57
	PM_{10}	359.42
	$PM_{2.5}$	−84.57

由表 2-11 可以看出,二级环境功能区的某规划工业集聚区的剩余大气环境容量:SO_2 为 1014.83 t/a,NO_2 为 84.57 t/a,PM_{10} 为 359.42 t/a,$PM_{2.5}$ 为 −84.57 t/a。因此,对于 $PM_{2.5}$,已经没有了大气环境容量,需要加强包括固定大气污染源颗粒物排放的控制措施,以减少 $PM_{2.5}$ 的排放。对于 SO_2 和 PM_{10}、NO_2 还有剩余的大气容量,且剩余量较多。因此,若不考虑

大气中的化学反应产物,对于 SO_2 和 PM_{10}、NO_2,只要按照相应的规定,实现其达标排放和总量控制,即可以满足规划区内大气环境功能区环境容量的要求。

由于 PM_{10} 中一般含有 $50\%\sim70\%$ 的 $PM_{2.5}$,尽管 PM_{10} 有一定的环境容量,但因为 $PM_{2.5}$ 没有环境容量,因此,要想 $PM_{2.5}$ 的排放总量满足环境容量要求,有必要进一步减少 PM_{10} 的排放总量。

已有的研究显示,$PM_{2.5}$ 组成中包括一定比例的硫酸盐和硝酸盐等二次气溶胶,而硫酸盐和硝酸盐中的硫元素和氮元素来源于环境空气中的 SO_2、NO_x 的氧化反应。因此,若要进一步控制环境空气 $PM_{2.5}$ 的浓度,就必须减小引起生成颗粒物中硫酸盐和硝酸盐的那部分 SO_2 和 NO_2 的总量。这就要求 SO_2 也必须进行进一步减排,同时,NO_2 减排目标总量中也需要加上生成硝酸盐那部分的 NO_2 的总量。

据相关文献报道,不同区域因产业结构或经济结构的差异性,其 $PM_{2.5}$ 中的硫酸根的含量和硝酸根的含量存在较大差别。因此,在根据环境容量计算结果确定某区域某污染物的总量控制指标时,需要考虑一次污染物进入大气环境后的化学反应产物,这样才能得到更接近实际情况的 SO_2 和 NO_2 减排总量。

第三章 环境质量现状评价方法与实践

环境现状调查是开展环境质量评价的一项基础性工作。通常情况下,在开展环境质量评价、与生态环境保护有关的各种规划编制、与环境质量改善有关的行动计划编制,以及建设项目的环境影响评价等工作时,均需要进行环境现状调查。其内容通常包括自然环境与社会环境调查,以及典型环境要素(如大气、水体、土壤和生态环境等)的质量现状调查。

第一节 自然环境与社会环境调查

自然环境与社会环境调查是许多工程建设、生态环境保护规划编制和项目环境影响评价等工作中的基本内容。通过自然环境与社会环境调查,能够充分了解和掌握一定范围内的地质状况、地形地貌特征、气象和水文特征、动植物或水生生物分布特征、社会经济和产业结构特征,以及人文景观特征等内容,对项目选址、防灾减灾和生态环境保护城市的规划具有重要意义。

一、自然环境调查的基本内容与调查方法

自然环境调查的基本内容包括项目或工程的地理位置、地质状况、地形地貌、气候与气象、地表水环境与地下水环境、水文、土壤与水土流失、动植物或水生生物、生态等。自然环境调查主要采用资料收集法。具体如下:

1. 地理位置

地理位置主要包括工程项目或规划区域的经度和纬度、行政区位置与交通位置。其中:经度和纬度可以通过实地定位和测量获得,行政区位置与交通位置可以参考建设项目的可行性研究报告,以及已有的电子地图。另外,为了阐述建设项目对外资源流通情况,通常需要说明项目或规划区域与周边主要城市、车站、码头、机场的距离和陆海空交通条件。在此基础上,给出区域地理位置图。

2. 地质

地质主要包括项目所在区域的岩层、断层和断裂等基本地质情况以及岩石风化情况等。其中:基本地质情况对评价第一类堆场和第二类堆场的选址和建设,临时取土场或弃土场的选址和设置非常重要;岩石风化情况对水土流失的防治也很重要。它们的基本特性对预测和评价地震、滑坡、泥石流、崩塌等地质灾害风险的发生概率非常关键。

基本地质情况和岩石风化情况方面的资料,可以到当地的国土部门或地质调查部门及农业部门获得。对于大型的建设工程项目,需要进行工程地质方面的测量,以获得必要的第一手资料。对于其他工程项目,如果没有地质方面的基本资料,应该开展基本的地质调查。在掌握

基本的地质信息的基础上,如果评价需要,应该给出必要的区域地质构造图表。·

3. 地形地貌

地形地貌主要包括工程项目或规划区域所在地的海拔高度、地形特征(高低起伏状态),周边区域的地貌特征(山地、平原、丘陵、沟谷和海岸等),以及地貌形成的地质形式(如岩溶地貌、冰川地貌、风成地貌等)。这些区域地形地貌特征直接影响局域的气候与气象特征,对大气污染物的传输、迁移和累积等过程均有重要影响,对水土流失的防治,预测和评价滑坡、泥石流、崩塌等地质灾害风险的发生概率非常关键。

地形地貌描述所涉及的海拔高度、地形特征、周边区域的地貌特征和地貌形成的地质形式方面的资料,可以到当地的国土部门或地质调查部门及农业部门获得,也可以利用已有的电子地图获得。若没有现成的可利用资料,则需要开展现场调查,如利用无人机进行简单的低空航拍。在掌握基本的地形地貌信息的基础上,如果评价需要,应该给出必要的区域地形地貌图。

4. 气候与气象

气候与气象主要包括项目或规划范围所在区域的多年气候或气象特征参数,包括:多年的年均风速、月均风速(最冷月、最热月)、主导风向、气温(年、月、日平均)、极端气温、年均相对湿度、年均降水量、降水天数、降水量极值、日照天数;梅雨、寒潮、冰雹、台风和飓风等特殊气象现象。

气候与气象描述所涉及的气候资料和气象资料,可以到当地的气象部门、水利部门及农业部门获得。若没有现成的可利用资料,则需要开展现场调查,尤其是涉及大气污染预测与评价的情况,需要开展气象五参数或六参数的监测和统计。在掌握基本气象信息的基础上,如果评价需要,应该给出必要的风玫瑰图。

5. 地表水环境

地表水环境主要包括江、河、湖泊和水库,以及封闭及半封闭的海湾。因此,地表水环境调查的主要内容包括项目或规划范围所在区域的水系分布情况,水域面积和蓄水容量,地表水环境与地下水、海湾间的联系,海浪的水文特征及水质现状,以及地表水的污染来源等。其中:水系分布情况和水域面积情况涉及水污染物的迁移、稀释和扩散变化,蓄水容量关系到地表水资源的分布、分配与利用情况。

地表水环境描述所涉及的水系分布情况、水域面积和蓄水容量等方面的资料,可以到当地的水利部门及农业部门获得。在掌握基本地表水环境信息的基础上,如果评价需要,应该给出必要的水系分布图。

6. 地下水环境

与地表水相比,处在地表以下一定深度的土壤或岩石空隙中的水称为地下水,具体是指以各种形式埋藏在地下土壤或岩石空隙中的水,包括包气带和饱水带的水。与地表径流相比,地下水是自然界水循环过程中处于地下潜流阶段的循环水,也是水资源的重要组成部分。

由于地下水处在地表以下一定深度的土壤或岩石空隙中,因此地下水所处的环境即地下水环境与地表水环境之间存在明显区别。地下水环境是地质环境的组成部分,其基本的物质组成受地质环境的影响,包括土壤和岩石的影响。

地下水环境和地表水环境之间存在明显的水交换过程,可以相互补给。大气降水既是地表水的来源之一,也是地下水的来源之一。受污染的地表水通过土壤和岩石的下渗过程而进入地下水环境,从而影响地下水环境的质量。

基于上述说明,地下水环境调查的内容主要包括区域地下水分布特征、地下水位、蓄水层的特性(包气带和饱水带的厚度)、承压水状况、岩石或土壤的孔隙率、地下水储量及其水质状况等。其中:地下水分布特征、地下水位、包气带和饱水带的厚度、岩石或土壤的孔隙率均涉及水污染物的迁移、稀释和扩散,地下水储量关系到地下水资源的利用情况。

地下水环境描述所涉及的地下水分布特征、地下水位、包气带和饱水带的厚度和地下水储量等资料,可以到当地的地质调查部门、国土部门或农业部门获得。但其水质状况资料,通常需要打井采样后进行分析获得。

7. 土壤与水土流失

土壤是指分布在陆地地壳上具有一定肥力并能生长植物的疏松表层,由岩石风化改造逐渐形成,其基本组成包括矿物质、有机质、水、空气和生物。土壤是人类赖以生存的一种重要自然资源,是农业发展的物质基础。根据形成土壤的岩石类型,土壤可以分为砂质土、黏质土、壤土三种类型。中国的主要土壤类型有 15 种:砖红壤、赤红壤、红壤和黄壤、黄棕壤、棕壤、暗棕壤、寒棕壤(漂灰土)、褐土、黑钙土、栗钙土、棕钙土、黑垆土、荒漠土、高山草甸土和高山漠土,它们分布在我国不同的地区或气候带。

水土流失是指在水力、风力、重力及冻融等自然营力和人类活动作用下,水资源和土地生产力的破坏和损失,包括土地表层侵蚀和水的损失现象。水土流失可分为水力侵蚀、重力侵蚀和风力侵蚀三种类型。

综上所述,土壤与水土流失的主要调查内容包括项目或规划区域及其周围的土壤类型、土壤肥力与使用情况、周围地区沙土流失现状及原因,以及土壤环境质量状况与污染主要来源等。

土壤类型、土壤肥力与使用情况、周围地区沙土流失现状及原因等方面的资料,可以到当地的国土部门或农业部门获得;土壤环境质量状况与污染主要来源等信息,则需要开展现场调查与分析。在掌握基本的土壤与水土流失信息的基础上,如果评价需要,应该给出土地资源利用现状图或表。

8. 动植物与生态

生态通常是指生物在一定的自然环境下生存和发展的状态,也指生物的生理特性和生活习性,以及它们之间和它们与环境之间相互联系、相互影响的关系。这些在自然环境中生存的动植物群体,构成了区域的自然生态系统。该系统包括陆生生态系统和水生生态系统。因此,动植物与生态的调查内容包括:动植物的种类、植被覆盖度情况、动植物生长情况,尤其是作为重要自然资源的野生动植物情况;区域生态系统类型(森林、草原、沼泽、荒漠等)及状况,生态系统的生产力、稳定性;生态系统与周围环境的关系及影响生态系统的主要环境因素。

动植物与生态调查主要采用资料收集法,可以通过林业部门获得相应的资料。若没有相应的资料,则需要开展现场调查,如通过植物样方方法调查植物的种类、叶绿素测定法确定水生生态系统的初级生产力、网捕法调查水生生态系统的鱼类分布情况等。在掌握基本的区域动植物资料的基础上,如果评价需要,应该给出区域的动植物清单。

二、社会环境调查的基本内容与调查方法

社会环境调查的基本内容包括工程项目或规划范围所在区域的经济结构、能源结构、人口状况、交通状况，以及文物与景观等。社会环境调查主要采用资料收集法。具体如下：

1. 经济结构

经济结构是指经济系统中各个要素之间的空间关系，包括企业结构、产业结构、区域结构等。具体包括区域人均生产总值的变化情况、产业结构特征（第一产业、第二产业和第三产业结构之间的关系）、工业发展对区域经济增长的贡献、企业性质及生产规模和产品形式，以及评价对象所在区域的区域结构或区位优势等。其中，产业结构直接影响当地的经济发展规模，以及资源能源的消耗与供给情况，尤其是企业结构；而区位优势直接影响投资和区域经济发展状况。

经济结构有关的基本数据主要通过收集资料的方法得到，如查阅区域或当地的经济年报和各种相关年鉴。

2. 能源结构

能源结构是指能源总生产量或总消费量中各类一次能源、二次能源和可再生能源的构成及其比例关系，它能够反映人们的生活水平。其中，二次能源和可再生能源使用比例越高，反映当地清洁能源利用率越高，则由燃料燃烧排放的污染物越少。

能源结构有关的基本数据主要通过收集资料的方法得到，如查阅区域或当地的相关年鉴。

3. 人口状况

人口状况调查的主要内容包括区域常住人口数量，户籍人口数量和外籍人口数量，人口密度，以及反映人群健康状态的人口出生率、死亡率和居民寿命。其中，人口数量的变迁，尤其是外籍人口数量，能够反映出该区域的经济发展轨迹；人口出生率、死亡率和居民寿命则能反映该区域人群健康状态；人口密度的大小不仅能反映该区域的土地资源利用程度，也能反映该区域的资源和能源消耗程度，以及污染物排放程度。

人口状况有关的基本数据也可以通过查阅区域或当地的各种相关年鉴而得到。

4. 交通状况

交通状况调查的主要内容包括工程项目或规划范围所在区域的公路、铁路、水运及航空方面的分布情况，以及项目或规划范围到周边区域的公路、铁路站点，以及码头和机场的距离。距离的远近能够反映区域优势和物资的流通水平。

交通状况有关的基本数据可以通过交通管理部门获得，也可以通过查阅区域或当地的各种相关年鉴获得，还可以利用已有的电子地图获得。

5. 文物与景观

文物是指人类在社会活动中遗留下来的具有历史、艺术、科学价值的古文化遗址、石窟、寺庙、古墓葬、古建筑等，它是人类宝贵的历史文化遗产。

景观是指具有审美特征的自然和人工的地表景色、风光、风景。在自然地理学中景观是指一定区域内由地形、地貌、土壤、水体、植物和动物等所构成的综合体，如自然保护区、风景名胜区、园林、建筑等。其中的园林和建筑本身也可能是一种文物。

综上所述,文物与景观调查的内容主要包括项目或规划区域及其周围一定范围内是否留存有古文化遗址、石窟、寺庙、古墓葬或古建筑等文物,是否含有自然保护区和风景名胜区等。同时,需要调查文物与景观和项目的相对位置与距离。

文物与景观调查主要采用收集资料法,可以通过文物部门获得相应的资料。如果没有相关信息,则需要开展现状调查。在掌握区域文物与景观资料的基础上,如果评价需要,应该给出区域的文物与景观清单或空间分布位置图。

第二节　环境质量现状调查

空气、水体和土壤是接纳或消纳人类生产和生活活动过程中排放的污染物的三大环境介质。一旦污染物排放量超过环境容量,空气、水体和土壤的环境质量必将受到严重影响,进而影响到生物赖以生存的生物圈的生态环境质量。因此,从环境要素角度可知,环境质量现状调查的对象包括大气环境质量、水环境质量、土壤环境质量、声环境质量和生态环境质量。

一、大气环境质量现状调查方法

(一) 大气环境质量现状调查的基本内容

大气环境质量现状调查将依据拟建项目所在区域的环境空气质量现状特征,以及环境功能区要求和拟建项目的排放特点进行。另外,根据现状评价目的的不同,必要时还需要开展大气污染源的调查。因此,现状调查一般包括基本或常规污染物浓度调查和特征污染物浓度调查,区域大气污染源调查,以及影响这些污染物传输、稀释、扩散或累积的气象条件调查。

基本或常规污染物是指《环境空气质量标准》(GB 3095—2012)中规定的六项污染物,即SO_2、NO_2、PM_{10}、$PM_{2.5}$、CO 和 O_3。特征污染物是指建设项目生产过程中排放的特殊污染物,它可以与基本污染物一致,也可以不同。

大气污染源调查包括拟建项目及周边一定区域内已经建成运行的现有大气污染源的调查。

气象条件调查包括拟建项目及周边一定区域内的常规地面气象参数的调查,必要时也需要开展高空气象参数的调查。

在上述调查的基础上,根据拟建项目所在区域的大气环境功能区要求,按照《环境空气质量标准》(GB 3095—2012)中规定的标准限值,开展环境空气质量现状评价。在现状评价的基础上,开展拟建项目的环境影响评价。为此,在开展现状调查前,需要知道拟建项目的环境影响评价等级。

(二) 大气环境影响评价等级

1. 评价等级的划分方法

建设项目的大气环境影响评价工作等级分为一级、二级和三级(《环境影响评价技术导则 大气环境》(HJ 2.2—2018)),主要参考两个参数:一是最大地面浓度占标率,二是某污染物的地面浓度达到当地所要求的环境空气质量标准限值 10% 时所对应的最远距离 $D_{10\%}$。具体数值如表 3-1 所示。

表 3-1　大气环境影响评价工作等级

评价工作等级	评价工作判据
一级	$P_{max} \geqslant 10\%$
二级	$1\% \leqslant P_{max} < 10\%$
三级	$P_{max} < 1\%$

注:表中 P_{max} 表示各项污染物的最大地面浓度占标率的最大值。

2．大气环境影响评价工作等级考虑的其他因素

（1）同一项目有多个（两个以上,含两个）污染源排放同一种污染物时,按各污染源分别确定其评价等级,并取评价级别最高者作为项目的评价等级。

（2）对于电力、钢铁、水泥和石化等高耗能行业的多源（两个以上,含两个）项目,或以高污染燃料为主的多源项目,要求项目评价等级提高一级,即此类项目的评价等级不低于二级。

（3）对于公路、铁路项目,分别按照项目沿线主要的集中式排放源（如服务区、车站等大气污染源）排放的污染物排放量计算确定其评价等级。

（4）对于新建包含 1 km 及以上隧道工程的以城市快速路、主干路等城市道路为主的项目,按照隧道主要通风竖井及隧道出口排放的污染物排放量计算确定其评价等级。

（5）对于新建、迁建及飞行区扩建的枢纽及干线机场项目,应考虑飞机起降及相关辅助设施污染物排放对周围城市环境的影响,评价等级为一级。

（6）如果评价范围内包含一类环境空气质量功能区,或者评价范围内主要评价因子的环境质量已接近或超过环境质量标准,或者项目排放的污染物对人体健康或生态环境有严重危害,评价等级一般不低于二级。

3．评价范围的确定方法

（1）建设项目的大气环境影响评价范围可以根据建设项目排放污染物的最远影响范围进行确定。

对于一级评价,通常将以项目厂址或排放源为中心区域,自厂界外延距离 $D_{10\%}$ 的矩形区域作为大气环境影响评价范围。当距离 $D_{10\%}$ 超过 25 km 时,确定评价范围为边长为 50 km 的矩形区域。当距离 $D_{10\%}$ 小于 2.5 km 时,确定评价范围为边长为 5 km 的矩形区域。

对于二级评价,其评价范围的边长取 5 km。

对于三级评价,不需要确定其评价范围。

对于新建、迁建及飞行区扩建的枢纽及干线机场项目,其评价范围的最大边长取 50 km。

（2）对于规划项目,其评价范围以规划区的边界为起点,外延至规划项目排放污染物的最远影响距离（$D_{10\%}$）的区域。

（3）对于特定区域的环境空气质量现状评价,其评价范围则是评价区域所涉及的具体范围。

总体上,对于一级评价项目,调查项目所在区域环境质量现状达标情况,以此作为项目所在区域是否为达标区的判断依据。调查评价范围内有环境质量标准的评价因子的环境质量监测数据,用于评价项目所在区域污染物环境质量现状,以及计算环境空气保护目标和网格点的

环境质量现状浓度。

对于二级评价项目,调查项目所在区域环境空气质量现状达标情况。对于三级评价项目,只调查分析项目污染源。

(三)现状调查范围

调查范围一般不小于评价范围,因此调查范围主要依据评价对象的评价等级(分为一级、二级和三级)确定。各评价等级对应的评价范围可以依据《环境影响评价技术导则 大气环境》(HJ 2.2—2018)的规定确定,并可以根据实际情况进行适当调整。对于特定区域的环境空气质量现状评价,其评价范围则是评价区域所涉及的具体范围。

(四)大气污染源排放调查

在解释环境空气质量现状的影响因素,或开展建设项目和规划项目对区域未来环境空气质量影响评价时,常常需要区域大气污染源数据,或大气污染源排放清单。因此,有时需要开展大气污染源调查,在此基础上,编制大气污染源排放清单。

大气污染源包括点源、线源或移动源、面源和体源等。大气污染源调查的具体内容或对象,主要依据评价对象的评价等级来确定。根据建设项目评价等级的不同,对污染源调查的详细程度不同。对于一级和二级评价项目,应包括拟建项目污染源(对改扩建工程应包括新、老污染源)及评价区的工业和民用污染源;对于三级评价项目可只调查拟建项目工业污染源。

大气污染源调查方法,可以参考原环境保护部2014年发布的《大气污染物源排放清单编制技术指南》中推荐的方法,也可以根据固定污染源废气系列污染物采样分析方法得到典型污染物的浓度。目前我国已经于2019年完成了第二次污染源的普查工作。

1. 大气污染固定源污染物排放调查方法

大气污染固定源(点源)的调查方法主要有现场实测法、物料衡算法和经验估计法等。

(1)现场实测法。

$$Q_i = Q_N \times C_i \times 10^{-6} \qquad (3-1)$$

式中:Q_i 为废气中 i 类污染物的源强(排放量),kg/h;Q_N 为废气体积(标准状态)流量,m^3/h;C_i 为废气污染物 i 的实测浓度值,mg/m^3。

该方法只适用于已投产的污染源,且一定要掌握取样的代表性,否则会带来很大的误差。

(2)物料衡算法。

针对一些无法实测的污染源:

$$\sum G_{投入} = \sum G_{产品} + \sum G_{损失}$$

式中:$\sum G_{投入}$ 为投入物料量总和;$\sum G_{产品}$ 为所得产品量总和;$\sum G_{损失}$ 为物料和产品流失量总和。

该方法适用于整个生产过程的物料衡算,也适用于生产过程中任何工艺过程某一步骤或某一生产设备的局部衡算。通过物料衡算,可以明确进入环境中的气相、液相、固相污染物的种类和数量。

(3)经验估计法。

对于某些特征污染物排放量(例如燃煤排放的 SO_2),可依据一些经验公式或一些单位产品的经验排放系数来计算。

$$Q = K \times W \tag{3-2}$$

式中:Q 为单位时间废气污染物的源强(排放量),kg/h;K 为单位产品经验排放系数,kg/t;W 为单位产品的单位时间产量,t/h。

2. 大气污染移动源(或线源)污染物排放调查方法

道路机动车移动源尾气污染物排放的调查方法主要包括遥感检测法、台架实验法、隧道实验法和便携式车载测试法。非道路机动车移动源尾气污染物排放的调查方法主要包括台架实验法和便携式车载测试法。遥感检测法、台架实验法、隧道实验法和便携式车载测试法均有各自的适用范围。

(1)遥感检测法:该方法属于离线机动车尾气排放检测方法。通常情况下 1 小时检测车辆多达 10000 辆,相比传统的方法,该方法极大地提高了工作效率。由于该方法采用的是紫外线和红外线光谱技术,其检测准确度受大气能见度和空气湿度等因素的影响较大。基于此,该方法常用于道路交通中高污染物排放的机动车筛查检测和机动车排放环保执法等方面。

(2)台架实验法:该方法属于在线机动车尾气排放检测方法。台架实验法具有测试条件可控和测试结果再现性强等优点,被广泛应用于各国的机动车法规测试中。这种方法常用于在用机动车的年审环保达标检测。

(3)隧道实验法:该方法通过监测过往隧道的机动车排放入隧道内的污染物浓度分布和隧道内风速等环境和气象要素,计算得出在一定机动车组成和流量下污染物的污染状况和排放因子。因此,该方法属于离线机动车尾气排放检测方法,其得出的机动车污染物排放因子代表车流在真实行驶状态下污染物的整体排放水平。这对城市区域机动车整体排放强度的估算具有实际应用价值,但不能反映某类或某种车辆的真实排放因子。

(4)便携式车载测试法:该方法是在车辆上安装便携式测试系统,借助该系统直接获取被测车辆在实际行驶过程中的速度、尾气温度、湿度等参数。因此,该方法属于在线机动车尾气排放检测方法。

根据仪器检测得到机动车移动源典型污染物的排放浓度,在此基础上,利用式(3-3)可以计算出机动车移动源污染物的排放因子。

$$EF_i = \frac{VR\,C_i\,M_i}{10^6\,V_m S} \tag{3-3}$$

式中:EF_i 为物质 i 的排放因子,mg/km;V 为采样期间机动车的总排气量,L;R 为采样气体的稀释比;C_i 为样品中物质 i 的浓度,ppb;M_i 为物质 i 的相对分子质量;V_m 为标准状况下(0 ℃,100 kPa)的气体摩尔体积,22.4 L/mol;S 为在采样期间机动车行驶的距离,km。

根据仪器检测得到非道路移动源典型污染物的排放浓度,基于碳平衡方法,利用式(3-4)可以计算出非道路移动源污染物中颗粒物及 CO、NO_x 和 HC 的排放因子。

$$EF_x = \frac{\sum\limits_{t} ER_x \times k_1 \times k_2}{\sum\limits_{t} (0.273 \times ER_{CO_2} + 0.429 \times ER_{CO} + 0.866 \times ER_{HC})} \tag{3-4}$$

式中:EF_x 为污染物 x 的排放因子,g/kg;k_1 为等比例稀释采样系统的总流量与经过滤膜的累积流量的比值;k_2 为尾气流量与等比例稀释采样系统的采样量的比值;t 为滤膜采样时间,s;ER_x 为污染物 x 的瞬时排放速率,g/s;ER_{CO_2} 为 CO_2 的瞬时排放速率,g/s;ER_{CO} 为 CO 的瞬时排放速率,g/s;ER_{HC}为 HC 的瞬时排放速率,g/s。

在得到典型污染物排放因子的基础上,再根据移动源的数量、工作时间等参数可以计算得到移动源某种污染物排放总量。

（五）区域气象观测调查

由于大气污染物在环境中的传输、稀释和扩散均与当地或区域的气象条件密切相关,因此,在开展环境空气质量现状评价过程中需要调查或收集气象观测资料,具体内容包括风向风速、温度湿度、气压、辐射强度和能见度、大气稳定度、混合层高度等地面低空气象资料和高空气象资料。

1. 低空气象资料的调查内容

常用地面气象资料包括风场、风玫瑰图、风速随时间的变化图、大气稳定度、联合频率等。对于不同的评价工作等级,调查的详略程度有所差别。具体如下:

（1）一级评价。

①年、季（期）地面温度,露点温度及降水量;

②年、季（期）风玫瑰图;

③月平均风速随月份的变化（曲线图）;

④季（期）小时平均风速的日变化（曲线图）;

⑤年、季（期）各风向,各风速段,各级大气稳定度的联合出现频率及年、季（期）的各级大气稳定度的出现频率。

⑥调查逐日、逐次的常规气象观测资料及其他气象观测资料。

（2）二、三级评价。

对于二级评价项目,气象观测资料调查基本要求同一级评价项目。对于三级评价项目,根据实际工作的需要,可以选择调查一、二级评价中的部分内容。

2. 高空气象资料的调查内容

常用高空气象资料包括风廓线、温廓线、混合层高度、逆温层和大气稳定度等。对于大气环境影响评价中的一、二级评价工作等级项目,可酌情调查下述距气象台（站）地面 1500 m 高度以下的风和气温资料:

①规定时间的风向、风速随高度的变化;

②年、季（期）的规定时间的逆温层（包括从地面算起第一层和其他各层）及其出现频率、平均高度范围和强度;

③规定时间各级稳定度的混合层高度;

④混合层最大高度及对应的大气稳定度。

3. 气象资料的调查时间

气象资料的调查时间应该根据具体建设项目对大气环境影响的评价工作等级进行选择。对于各级评价项目,均应调查评价区域 20 年以上的主要气候统计资料,包括年平均风速和风向玫瑰图、最大风速与月平均风速、年平均气温、极端气温与月平均气温、年平均相对湿度、年均降水量、降水量极值、日照等。对于一级评价项目,应调查近 5 年内的至少连续 3 年的常规地面气象观测资料;对于二级评价项目,应调查近 3 年内的至少连续 1 年的常规地面气象观测资料。

4. 气象调查方法

(1) 气象观测站资料的适用条件。

根据气象台到建设项目所在地的距离及它们之间在地形、地貌和土地利用等地理环境条件方面的差异,确定该气象台气象资料的使用价值。对于一、二级评价的建设项目,如果气象台(站)在评价区域内,且和该建设项目所在地的地理条件基本一致,则其大气稳定度和可能有的探空资料可直接使用,其他地面气象要素可作为该点的资料使用。对于三级评价项目,可直接使用距建设项目所在地距离最近的气象台的资料。

(2) 气象观测方法。

当常规气象资料不能满足评价工作需要时,应进行气象现场观测。常用的观测内容与技术方法如下:

①大气边界层风向风速廓线:采用气球单(双)经纬仪或雷达、气象塔测风仪测量。

②大气扩散参数:采用示踪法、平移球法、平面照相法或固定点脉动风速仪和环境风洞模拟等测量。示踪法、平移球法主要适用于水平扩散参数的测量,平面照相法用于垂直扩散参数的测量。

③大气边界层温度廓线:采用低空探空仪和气象塔测温仪测量。

④烟气抬升:采用光学轮廓法和激光遥测法测量。

(六) 大气环境现状调查监测方法

对于评价对象所在区域没有大气环境地面自动监测站点,或者自动监测数据不能满足评价要求的情况,需要开展大气环境现状调查监测工作。

1. 监测因子的确定

对建设项目排放的特征污染物有国家或地方环境质量标准的,或者有《工业企业设计卫生标准》(GBZ 1—2010)中的居住区大气中有害物质的最高允许浓度的,应筛选为监测因子。对于没有相应环境质量标准的污染物,且毒性较大的,应按照实际情况选取有代表性的污染物作为监测因子,同时应给出参考标准值和出处。

2. 监测制度

监测制度的确定是依据建设项目大气环境影响评价工作等级而进行的。对于一级评价项目应进行二期(冬季、夏季)监测;二级评价项目可取一期不利季节进行监测,必要时应做二期监测;三级评价项目必要时可做一期监测。

每期监测时间至少应取得有季节代表性的 7 天有效数据,采样时间应符合监测资料的统计要求。对于评价范围内没有排放同种特征污染物的项目,可减少监测天数。

监测时间的安排和采用的监测手段,应能同时满足环境空气质量现状调查、污染源资料验证及预测模式的需要。监测时应使用空气自动监测设备,在不具备自动连续监测条件时,1 小时浓度监测值应遵循下列原则:一级评价项目每天监测时段,应至少获取当地时间 02、05、08、11、14、17、20、23 时 8 个小时的浓度值;二级和三级评价项目每天监测时段,至少获取当地时间 02、08、14、20 时 4 个小时的浓度值。日平均浓度监测值应符合《环境空气质量标准》(GB 3095—2012)对数据的有效性规定。

对于部分无法进行连续监测的特殊污染物,可监测其一次浓度值,监测时间须满足所用评价标准值的取值时间要求。

3. 监测布点

以近 20 年统计的当地主导风向为轴向,在厂址及主导风向下风向 5 km 范围内设置监测点。如需在一类区进行补充监测,监测点应设置在不受人为活动影响的区域。

(1) 监测布点原则。

监测点位、监测点的布设,应尽量全面、客观、真实反映评价范围内的环境空气质量。依项目评价等级和污染源布局的不同,通常采用环境功能区为主,兼顾均布性、主导风结合均匀性的原则。此外,在一些较特殊的环评项目和大气扩散试验中,还采用网络布点法、同心圆多方位布点法、扇形布点法、配对布点法、功能区布点法等方法。一般在主导风向下风向、保护目标处要布点,监测布点图一般应附风玫瑰图。在环境影响评价区内,按以环境功能区为主兼顾均布性的原则布点。具体如下:

①一级评价:以监测期间所处季节的主导风向为轴向,取上风向为 0°,至少在约 0°、45°、90°、135°、180°、225°、270°、315°方向上各设置 1 个监测点,在主导风向下风向距离中心点(或主要排放源)不同距离处,加密布设 1～3 个监测点。具体监测点位可根据局部地形条件、风频分布特征以及环境功能区、环境空气保护目标所在方位做适当调整。各个监测点要有代表性,环境监测值应能反映环境空气敏感区、环境功能区的环境质量,以及预计受项目影响的高浓度区的环境质量。各监测期环境空气敏感区的监测点位置应重合。预计受项目影响的高浓度区的监测点位,应根据各监测期所处季节主导风向进行调整。

②二级评价项目:以监测期间所处季节的主导风向为轴向,取上风向为 0°,至少在约 0°、90°、180°、270°方向上各设置 1 个监测点,主导风向下风向应加密布点。具体监测点位需要根据局部地形条件、风频分布特征以及环境功能区、环境空气保护目标所在方位做适当调整。各个监测点要有代表性,环境监测值应能反映环境空气敏感区、环境功能区的环境质量,以及预计受项目影响的高浓度区的环境质量。如需要进行二期监测,应与一级评价项目相同,根据各监测期所处季节主导风向调整监测点位。

③三级评价项目:以监测期间所处季节的主导风向为轴向,取上风向为 0°,至少在约 0°、180°方向上各设置 1 个监测点,主导风向下风向应加密布点,也可根据局部地形条件、风频分布特征以及环境功能区、环境空气保护目标所在方位做适当调整。各个监测点要有代表性,环境监测值应能反映环境空气敏感区、环境功能区的环境质量,以及预计受项目影响的高浓度区的环境质量。

(2) 监测点的个数。

对于一级评价项目,监测点数不应少于 10 个;对于二级评价项目监测点数不应少于 6 个。若建设项目所在地属于地形复杂、污染程度空间分布差异较大、环境空气保护目标较多的区域,则可酌情增加监测点数目。对于三级评价项目,如果评价区内已有例行监测点,则可不再安排监测,否则,可布置 2～4 个点进行监测。

对于公路、铁路等生态影响型建设项目的大气环境影响评价现状监测点,应分别在各主要集中式排放源(如服务区、车站等大气污染源)评价范围内,选择有代表性的环境空气保护目标设置监测点位进行监测。

对于城市道路建设项目,可不受上述监测点设置数目限制,根据道路布局和车流量状况,并结合环境空气保护目标的分布情况,选择有代表性的环境空气保护目标设置监测点位。

需要注意的是,在进行评价因子监测时,应同步收集项目位置附近有代表性的,且与环境空气质量现状监测时间相对应的常规地面气象观测资料。

(3)监测方法。

应选择监测因子对应的环境质量标准或参考标准所推荐的监测方法,并在评价报告中注明。

(4)监测采样。

环境空气监测中的采样点、采样环境、采样高度及采样频率,按《环境空气质量监测点位布设技术规范(试行)》(HJ 664—2013)以及相关评价标准规定的环境监测技术规范执行。

二、地表水环境质量现状调查方法

(一)地表水环境质量现状调查的基本内容

1. 调查内容

地表水环境质量现状调查内容包括建设项目及区域水污染源调查、受纳或受影响水体水环境质量现状调查、区域水资源与开发利用状况调查、水文情势与相关水文特征值调查,以及水环境保护目标、水环境功能区或水功能区、近岸海域环境功能区及其相关的水环境质量管理要求等调查。涉及涉水工程的,还应调查涉水工程运行规则和调度情况。

水环境质量现状调查是指在水质断面或点位,调查《地表水环境质量标准》(GB 3838—2002)中规定的 24 项内容,包括水温、pH 值、DO(溶解氧量)、高锰酸盐指数、COD、BOD_5、氨氮、总磷、总氮、Cu、Zn、氟化物、Se、As、Hg、Cd、Cr^{6+}、Pb、氰化物、挥发酚、石油类、阴离子表面活性剂、硫化物和粪大肠菌群。特征污染物是指建设项目生产过程中排放的特殊污染物,它可以与基本污染物一致,也可以不同。除此之外,对于水生态环境现状调查,还需要开展水生生物的调查,包括生物种类和数量等。总之,调查因子应不少于评价因子。

水文条件的调查包括大气降水、流速、流量、水温、水深,丰水期、平水期、枯水期,以及冰封期的划分、大潮期和小潮期的划分等。

在上述调查的基础上,根据拟建项目所在区域的水环境功能区要求,按照《地表水环境质量标准》(GB 3838—2002)中规定的标准限值,开展水环境质量现状评价。在现状评价的基础上,开展拟建项目的环境影响评价。为此,在开展现状调查前,需要知道拟建项目的环境影响评价等级。

2. 调查方法

地表水环境现状调查主要采用资料收集、现场监测、无人机或卫星遥感遥测等方法。

(二)地表水环境影响评价等级的划分

1. 评价等级的划分方法

建设项目的地表水环境影响评价工作等级分为一级、二级和三级(参考《环境影响评价技

术导则 地表水环境》(HJ 2.3—2018)),主要考察四个参数:建设项目的污水排放量、污水水质的复杂程度、各种受纳污水的地面水域(简称受纳水域)的规模,以及对地面水域的水质要求。直接排放废水的建设项目的地表水环境影响评价工作等级分为一级、二级和三级 A;间接排放废水的建设项目的地表水环境影响评价工作等级为三级 B。其中,一级评价最详细,二级次之,三级较简略。地表水环境影响评价工作分级的判据如表 3-2 所示。

表 3-2 水污染影响型建设项目评价等级判定

评 价 等 级	判 定 依 据	
	排放方式	废水排放量 $Q/(m^3/d)$; 水污染物当量数 W(无量纲)
一级	直接排放	$Q \geq 20000$ 或 $W \geq 600000$
二级	直接排放	其他
三级 A	直接排放	$Q < 200$ 且 $W < 6000$
三级 B	间接排放	—

2. 评价等级划分方法的几点说明

(1)水污染物当量数等于该污染物的年排放量除以该污染物的污染当量值。计算排放污染物的污染物当量数,应区分第一类水污染物和其他类水污染物,统计第一类污染物当量数总和,然后与其他类污染物按照污染物当量数从大到小排序,取最大当量数作为建设项目评价等级确定的依据。

各类污染物的污染当量值按《环境影响评价技术导则 地表水环境》(HJ 2.3—2018)中附录 A 的规定选取。

(2)废水排放量按行业排放标准中规定的废水种类统计,没有相关行业排放标准要求的,可以通过工程分析后确定。统计时需要对含热量大的冷却水的排放量进行统计,但间接冷却水、循环水以及其他含污染物极少的清净下水的排放量不必进行统计。

(3)建设项目范围内存在堆积物(露天堆放的原料、燃料、废渣等以及垃圾堆放场)、降尘污染的,应将初期雨污水纳入废水排放量,相应的主要污染物纳入水污染当量计算。

(4)建设项目直接排放《污水综合排放标准》中所列的第一类污染物的,其评价等级为一级;建设项目直接排放的污染物为受纳水体超标因子的,评价等级不低于二级。

(5)直接排放受纳水体影响范围涉及饮用水水源保护区、饮用水取水口、重点保护与珍稀水生生物的栖息地、重要水生生物的自然产卵场等保护目标时,评价等级不低于二级。

(6)建设项目向河流、湖库排放温水引起受纳水体水温变化超过水环境质量标准要求,且评价范围有水温敏感目标时,评价等级为一级。

(7)建设项目利用海水作为调节温度介质,排水量大于或等于 500 万 m^3/d,评价等级为一级;排水量小于 500 万 m^3/d,评价等级为二级。

(8)仅涉及清净下水排放的,若其排放水质满足受纳水体水环境质量标准要求,则评价等级为三级 A。

(9)依托现有排放口,且对外环境未新增排放污染物的直接排放建设项目,评价等级参照间接排放,定为三级 B。

（10）建设项目生产工艺中有废水产生，但作为回水利用，不排放到外环境的，按三级 B 评价。

（三）现状调查范围与调查时期

1．调查范围

地表水环境的现状调查范围应覆盖评价对象所涉及的影响范围，调查范围一般不小于评价范围，因此调查范围的确定主要依据评价对象的评价等级（分为一级、二级和三级）。各评价等级对应的评价范围可以依据《环境影响评价技术导则 地表水环境》（HJ 2.3—2018）的规定确定，并可以根据实际情况进行适当调整。调查或评价范围应以平面图方式表示，并明确起、止断面的位置和涉及的范围。

（1）水污染影响型建设项目的调查范围。

除覆盖评价范围外，当受纳水体为河流时，在不受回水影响的河段，排放口上游调查的河段长度应不小于 500 m，受回水影响河段的上游调查河段长度原则上与下游调查的河段长度相等；受纳水体为湖库时，以排放口为圆心，调查半径在评价范围基础上外延 20％～50％。

当建设项目排放污染物中包含氮、磷或有毒污染物且受纳水体为湖泊、水库时，一级评价的调查范围应包括整个湖泊、水库，二级、三级 A 评价时，调查范围应包括排放口所在水环境功能区、水功能区或湖（库）湾区。

（2）水文要素影响型建设项目的调查范围。

受影响水体为河流、湖库时，除覆盖评价范围外，一级、二级评价时，还应包括库区及支流回水影响区、坝下至下一个梯级或河口、受水区、退水影响区。

（3）其他情况。

当受纳或受影响水体为入海河口及近岸海域时，调查范围依据《海洋工程环境影响评价技术导则》（GB/T 19485—2014）要求执行。

2．调查时期

调查时期和评价时期一致，不同受纳水体的不同评价等级对水质调查/评价时期的规定如表 3-3 所示。

表 3-3　不同受纳水体的不同评价等级对水质调查/评价时期的规定

受纳水体类型	评 价 等 级		
	一级	二级	水污染影响型三级 A/水文要素影响型三级
河流湖库	丰水期、平水期和枯水期；若时间不够，至少应调查丰水期和枯水期	丰水期和枯水期；若时间不够，至少应调查枯水期	至少应调查枯水期

续表

受纳水体类型	评价等级		
	一级	二级	水污染影响型三级 A/水文要素影响型三级
入海河口（感潮河段）	河流：丰水期、平水期和枯水期。河口：春季、夏季和秋季。若时间不够，至少应调查丰水期和枯水期，春季和秋季	河流：丰水期和枯水期。河口：春季和秋季。若时间不够，至少应调查枯水期或一个季节	至少应调查枯水期或一个季节
近岸海域	春季、夏季和秋季；若时间不够，至少应调查春季和秋季	春季和秋季；若时间不够，至少应调查一个季节	至少进行一次调查

对表 3-3 所示调查/评价时期的说明：

（1）对于入海河口（感潮河段）、近岸海域，在丰水期、平水期和枯水期（或春夏秋冬四季），均应调查评价工作期限间的大潮期和小潮期中的一个潮期（如无特殊要求，可不考虑大潮期和小潮期的区别）。

（2）冰封期较长的水域，且作为生活饮用水、食品加工用水的水源或渔业用水时，应调查冰封期的水质、水文情况。

（3）具有季节性排水特点的建设项目，应该根据建设项目排水特点安排调查时间。

（4）对于水文要素影响型的建设项目，如果水文要素对水生生物的生长、繁殖与迁徙有明显影响，则需要调查对应时期的情况。

（5）对于复合影响型建设项目，需要分别确定调查/评价时期，按照覆盖所有时期的原则进行调查与评价。

（四）流域水污染源排放调查

在解释地表水环境质量现状的影响因素，或评价建设项目和规划项目对流域或水系未来水环境质量的影响时，常常需要流域或水系的水污染源数据，或水污染源排放清单。因此，有时需要开展流域或水系的水污染源调查，在此基础上，编制流域的水污染源排放清单。目前我国已经于 2019 年完成了第二次污染源的普查工作，各流域和水系的水污染源排放清单已经入库。

1. 水污染源调查方法

水污染源包括点源和面源两类，其调查以收集现有资料为主，只有在十分必要时才补充现场调查或测试。例如在评价改、扩建项目时，对此项目改、扩建前的污染源应详细了解，常需现场调查或测试。而对非点源（即面源）的调查，基本上采用间接收集资料的方法，一般不进行实测。

2. 水污染源调查内容

水污染源调查的具体内容或对象主要依据评价对象的评价等级来确定。根据建设项目评价等级的不同,对污染源调查的详细程度不同。

(1) 点源调查。

①一级评价:以收集利用排污许可证登记数据、环评及环保验收数据及既有实测数据为主,并辅以现场调查及现场监测。

②二级评价:主要收集利用排污许可证登记数据、环评及环保验收数据及既有实测数据,必要时辅以现场监测。

③水污染影响型三级 A 评价与水文要素影响型三级评价:主要收集利用与建设项目排放口的空间位置和所排污染物的性质关系密切的污染源资料,可不进行现场调查及现场监测。

④水污染影响型三级 B 评价:可不开展区域污染源调查,主要调查依托污水处理设施的日处理能力、处理工艺、设计进水水质、处理后的废水稳定达标排放情况,同时应调查依托污水处理设施执行的排放标准是否涵盖建设项目排放的有毒有害的特征水污染物。

对于一级、二级评价,建设项目直接导致受纳水体内源污染变化,或存在与建设项目排放污染物同类的且内源污染影响受纳水体水环境质量的,应开展内源污染调查,必要时应开展底泥污染补充监测。

具有已审批入河排放口的主要污染物种类及其排放浓度和总量数据,以及国家或地方发布的入河排放口数据的,可不对入河排放口汇水区域的污染源开展调查。

(2) 面源调查。

面污染源调查主要采用收集利用既有数据资料的调查方法,可不进行实测。

①城市面源:应该调查地表雨水径流特点、初期雨水径流的污染物种类及数量等。

②农业面源:应该调查有机肥、化肥、农药的施用量,以及流失率、流失规律和不同季节的流失量等。

建设项目的污染物排放指标需要等量替代或减量替代时,还应对替代项目开展污染源调查。

(五) 受纳水体水文条件调查

1. 水文调查或水文测量的原则

水文测量的内容应满足拟采用的水环境影响预测模型对水文参数的要求。水污染影响型建设项目要开展与水质调查同步进行的水文测量工作,原则上可只在一个时期(水期)内进行。当水文测量的时间、频次和断面与水质调查的不完全相同时,应保证满足水环境影响预测所需的水文特征值及环境水力学参数的要求。具体原则概述如下:

(1) 应尽量向有关的水文测量和水质监测等部门收集现有资料,当上述资料不足时,应进行一定的水文调查与水质调查,以及同步的水文和水质测量。

(2) 一般情况,水文调查与水文测量在枯水期进行,必要时,其他时期(丰水期、平水期、冰封期等)可进行补充调查。

(3) 水文测量的内容与拟采用的环境影响预测方法密切相关。在采用数学模式法时应根据所选取的预测模式及需要输入的参数决定其内容。在采用物理模型时,水文测量主要应取得制作模型及模型试验所需的水文要素。

(4) 与水质调查同时进行的水文测量,原则上只在一个时期内进行。在能准确求得所需水文要素及环境水力学参数(主要指水体混合输移参数及水质模式参数)的前提下,尽量精简水文测量的次数和天数。

2. 河流水文调查与水文测量的内容

河流水文调查与水文测量的内容应根据评价等级、河流的规模确定,其中主要有:丰水期、平水期、枯水期的划分,河流平直及弯曲情况(弯曲系数=断面间河段长度/断面间直线距离,当弯曲系数大于1.3时,可视为弯曲河流,否则可简化为矩形平直河流),河流横断面、纵断面(坡度)水位、水深、河宽、流量、流速及其分布、水温、糙率及泥沙含量等,丰水期有无分流漫滩,枯水期有无浅滩、沙洲和断流,北方河流还应了解结冰、封冰、解冻等现象。河网地区应调查各河段流向、流速、流量的关系,了解流向、流速、流量的变化特点。

3. 感潮河口的水文调查与水文测量的内容

感潮河口的水文调查与水文测量的内容应根据评价等级和河流的规模确定,其中除与河流相同的内容外,还有感潮河段的范围,涨潮、落潮及平潮时的水位、水深、流向、流速及其分布、横断面形状、水面坡度以及潮间隙、潮差和历时等。

4. 湖泊、水库水文调查与水文测量的内容

湖泊、水库水文调查与水文测量的内容应根据评价等级和湖泊、水库的规模确定,其中主要有湖泊、水库的面积和形状(附平面图),丰水期、平水期和枯水期的划分,流入、流出的水量,停留时间,水量的调度和储量,湖泊、水库的水深,水温分层情况及水流状况(湖流的流向和流速,环流的流向、流速及稳定时间)等。

5. 海湾水文调查与水文测量的内容

海湾水文调查与水文测量的内容应根据评价等级及海湾的特点选择下列全部或部分内容:海岸形状,海底地形,潮位及水深变化,潮流状况(小潮和大潮循环期间的水流变化、平行于海岸线流动的落潮和涨潮),流入的河水流量、盐度和温度造成的分层情况,水温、波浪的情况以及内海水与外海水的交换周期等。

6. 降水调查

需要预测建设项目的面源污染时,应调查历年的降水资料,并根据预测的需要进行统计分析。根据降水的年际和季月变化及其相应的径流深变化,了解水文状况及变化规律。

(六)地表水环境现状调查监测方法

对于评价对象所在区域没有水环境地面自动监测站点和水文站的,或者自动监测数据不能满足评价要求时,需要开展地表水环境现状调查监测工作。

1. 监测因子的确定

监测因子或调查因子应不少于评价因子,一般将《地表水环境质量标准》(GB 3838—2002)中规定的24项内容作为监测因子,包括水温、pH值、DO、高锰酸盐指数、COD、BOD_5、氨氮、总磷、总氮、Cu、Zn、氟化物、Se、As、Hg、Cd、Cr^{6+}、Pb、氰化物、挥发酚、石油类、阴离子表面活性剂、硫化物和粪大肠菌群。

2. 监测制度

监测制度是依据建设项目地表水环境影响评价工作等级确定的,具体参见表3-3。例如对

于河流、湖库:一级评价项目应进行丰水期、平水期和枯水期的监测,若时间不够,至少应进行丰水期和枯水期二期监测;二级评价项目应进行丰水期和枯水期的监测,若时间不够,至少应进行枯水期的监测;三级评价项目至少应开展枯水期的监测。

3. 监测断面及采样频次

水质调查取样断面和取样点的设置,一般需要考虑受纳水体的类型。对于河流、湖泊和海湾等,其水质调查取样断面和取样点的设置可能不同,具体可参考《地表水和污水监测技术规范》(HJ/T 91—2002)和《污水监测技术规范》(HJ 91.1—2019)。因此,实际工作时应视情况而定。

1)河流水质取样断面的布设

(1)布设方法。

通常情况下,应该在水文调查范围的两端和调查范围内重点保护对象附近水域布设取样断面。水文特征突然变化处(如支流汇入处等)、水质急剧变化处(如污水排入处等)、重点水工构筑物(如取水口、桥梁涵洞等)附近、水文站附近也应布设取样断面,并适当考虑其他需要进行水质预测的地点。此外,在离拟建排污口上游不小于 500 m 处应设置一个取样断面。

取样断面通常有四种:背景断面、对照断面、控制断面和消减断面。其中:背景断面原则上应设在水系源头处或未受污染的上游河段;对照断面应设在评价河段上游一端,一般在拟建排污口上游 500 m 内基本不受建设项目排水影响的位置,用于掌握评价河段的背景水质情况;消减断面应设在排污口下游污染物浓度变化不显著的完全混合段,以了解河流中污染物的稀释、净化和衰减情况;控制断面结合水环境功能区的要求应设在评价河段的末端或评价河段内有控制意义的位置,如支流汇入处、建设项目以外的其他污水排放口、工农业用水取水点、地球化学异常的水土流失区、水工构筑物和水文站所在位置等。若有国家或省市设置的断面,就可直接使用。

消减断面和控制断面的数量应根据评价等级和污染物的迁移、转化规律,以及河流流量、水力特征和河流的环境条件等情况确定。

(2)取样垂线的确定。

当河流断面形状为矩形或近似于矩形时,对于小河,可以在取样断面的主流线上设一条取样垂线。对于大、中河:当河宽小于 50 m 时,在取样断面上距岸边三分之一水面宽处各设一条取样垂线(垂线应设在有较明显水流处),即共设两条取样垂线;当河宽大于 50 m 时,在取样断面的主流线上及距两岸不小于 0.5 m,且有明显水流的地方各设一条取样垂线,即共设三条取样垂线。

对于特大河(如长江、黄河、珠江、黑龙江、淮河、松花江、海河等),由于河流过宽,取样断面上的取样垂线数应适当增加,而且主流线两侧的垂线数目不必相等,拟设置排污口一侧可以多一些。

如果河流断面形状十分不规则,应结合主流线的位置,适当调整取样垂线的位置和数目。

(3)垂线上取样水深的确定。

在一条垂线上,当水深大于 5 m 时,在水面以下 0.5 m 处和距河底 0.5 m 处各取一个水样;当水深为 1～5 m 时,只在水面下 0.5 m 处取一个水样;当水深不足 1 m 时,在距水面不小于 0.3 m 处,距河底也不小于 0.3 m 处取一个水样。

对于三级评价的小河,不论河水深浅,只在一条垂线上一个点取一个水样,一般情况下取样点应在水面下 0.5 m 处,距河底不应小于 0.3 m。

（4）采样频次。

每个水期可以监测一次,每次同步连续采样 3～4 天。每个采样点每次至少取一组水样,水质变化比较大的情况下需要加密采样频次。水温的监测是每 6 个小时监测一次,统计计算日平均值。

2）湖泊（或水库）水质取样断面的布设

（1）布设方法。

在湖泊、水库中布设的取样位置应覆盖整个调查范围,并且能切实反映湖泊、水库的水质和水文特点（如进水区、出水区、深水区、浅水区、岸边区等）。取样位置（或断面）可以采用以建设项目的排放口为中心,沿放射线或网格化布设的方法。

（2）取样垂线的确定。

对于水污染影响型建设项目,一级评价的水质取样垂线不少于 20 条,二级评价的水质取样垂线不少于 16 条。若评价范围内存在不同水质类别区域、水环境功能区、水环境敏感区、排放口和需要进行水质预测的水域,也需要布设取样垂线进行水质调查。

对于水文要素影响型建设项目,在取水口、主要入湖（库）的断面和中心水域、坝前区域、不同水质类别区域、水环境功能区、水环境敏感区、排放口和需要进行水质预测的水域,也需要布设取样垂线进行水质调查。

对于复合影响型的建设项目,应兼顾取样垂线的布设。

（3）采样点布设。

①大、中型湖泊、水库:取样位置上的取样点主要根据湖泊和水库的水深来确定,具体如下:

当平均水深小于 10 m 时,取样点设在水面下 0.5 m 处,但此点距底部不应小于 0.5 m;

当平均水深大于或等于 10 m 时,首先要根据现有资料查明此湖泊（水库）有无温度分层现象,若无资料可供调查,则先测水温。在取样位置水面下 0.5 m 处测水温,接着往下每隔 2 m 测一个水温值,若发现两点间温度变化较大,则应在这两点间酌量加测几点的水温,目的是找到斜温层。找到斜温层后,在水面下 0.5 m 处及斜温层以下距底部 0.5 m 以上处各取一个水样。

②小型湖泊、水库。当平均水深小于 10 m 时,在水面下 0.5 m 处和距底部不小于 0.5 m 处各设一个取样点;当平均水深大于或等于 10 m 时,在水面下 0.5 m 处和水深 10 m 并距底部不小于 0.5 m 处各设一个取样点。

（4）采样频次。

每个水期可以监测一次,每次同步连续采样 2～4 天。每个采样点每次至少取一组水样,水质变化比较大的情况下需要加密采样频次。水温的监测是每 6 个小时监测一次,统计计算日平均值。

3）入海河口（感潮河段）与近岸海域的水质取样断面布设

（1）布设方法。

河口取样断面的布设应当在考虑排污口拟设的具体位置后确定。当排污口拟建于河口感潮河段内时,其上游需设置取样断面的数目与位置应根据感潮河段的实际情况决定,其下游断面的布置与河流相同。取样断面上取样点的布设与河流部分的取样要求相同。

感潮河段的对照断面一般应设置在潮流界以上，当感潮河段的上溯距离很长，远超过建设项目的影响范围时，其对照断面也可设在潮流界内，如排污口上游 500 m 处。

感潮河段具有往复流的特点，污水在排污口摆动回荡，水质很不稳定，并容易出现咸水与淡水面引起的分层现象。因此，应根据其水文特点和环境影响评价的实际需要，沿河流纵向布设适量的采样断面。

设有防潮闸的河口应在闸内外各设一个采样点。这种受人工控制的河口，在排洪时可视为河流，但在蓄水时又可视为水库。因此，其采样位置可参考河流、水库有关规定来确定。

对于一级评价，可以布设 5～7 个取样断面；对于二级评价，可以布设 3～5 个取样断面。

（2）采样点布设。

一般情况下，每个取样位置只取一个水样。当水深小于或等于 10 m 时，只在海面下 0.5 m 处取一个水样，此点与海底的距离不小于 0.5 m；当水深大于 10 m 时，在海面下 0.5 m 处和水深 10 m 处并距海底不小于 0.5 m 处分别设一个取样点。

（3）采样频次。

原则上一个水期在一个潮周期内采集水样，必要时对潮周期内的高潮和低潮采样。当上下层水质变化较大时，应该分层采集。入海河口上游和下游水质采样频次分别参考感潮河段与近岸海域的相关要求。对所有选取的水质监测因子，需在同一潮次内采样。

三、地下水环境质量现状调查方法

（一）地下水环境质量现状调查与评价概述

1. 调查与评价内容

地下水环境质量现状调查内容包括构成地下水环境的基本物质组成要素，尤其是一些影响地下水环境质量的典型污染物浓度，以及影响这些污染物传输、稀释、扩散或累积的水文地质条件。另外，根据现状评价目的的不同，必要时还需要开展地下水污染源调查，其调查因子应根据拟建项目的污染特征选定。

地下水环境质量现状调查的是行业标准即《地下水质量标准》(GB/T 14848—2017)给出的 93 项指标中的部分或全部，主要包括 pH 值、总硬度、氨氮、硝酸盐、亚硝酸盐、氟化物、砷、汞、铅、镉、铁和锰等指标。特征污染物是指 I 类、II 类或 III 类建设项目生产过程中排放的特殊污染物，它可以与基本污染物一致，也可以不同。总之，调查因子应不少于评价因子。

水文参数调查包括水文地质条件调查和环境水文地质问题调查，如评价范围内的地质地貌特征、岩石土壤基本特征等。

地下水污染源调查主要是指调查能够对地下水产生影响的工业污染源、固体堆场源和农业污染源等。

在上述调查的基础上，根据拟建项目所在区域的水环境功能区要求，按照《地下水质量标准》(GB/T 14848—2017)中规定的标准限值，开展地下水环境质量现状评价。在现状评价的基础上，开展拟建项目的环境影响评价。为此，在开展现状调查前，需要知道拟建项目的环境影响评价等级。

2．调查方法

地下水环境现状调查主要采用资料收集法，若数据不能满足要求，则通过现场监测与环境水文地质调查获取相关数据。

（二）地下水环境影响评价等级的划分

建设项目的地下水环境影响评价工作等级分为一级、二级和三级（参考《环境影响评价技术导则 地下水环境》（HJ 610—2016）），主要是根据拟建项目所在区域地下水环境的敏感程度（敏感、较敏感和不敏感），以及建设项目的类型（Ⅰ类、Ⅱ类或Ⅲ类建设项目）进行确定。地下水环境影响评价工作等级划分详见表 3-4。

表 3-4　地下水环境影响评价工作等级划分

环境敏感程度	项目类别		
	Ⅰ类项目	Ⅱ类项目	Ⅲ类项目
敏感	一级	一级	二级
较敏感	一级	二级	三级
不敏感	二级	三级	三级

在地下水环境影响评价中，Ⅰ类建设项目是指在项目建设、生产营运和服务期满后的各个阶段，都可能存在污染地下水的风险的建设项目；Ⅱ类建设项目是指在项目建设、生产营运和服务期满后的各个阶段，都可能引起地下水流场或地下水水位发生变化并导致环境水文地质出现问题的建设项目；Ⅲ类建设项目是指同时具备Ⅰ类和Ⅱ类的环境影响特征的建设项目。不同类的建设项目，其环境影响评价范围因评价工作等级的不同而不同。即使是相同的评价工作等级，其评价范围也不一定相同。

（三）地下水环境质量现状调查与评价范围

1．调查与评价原则

地下水环境现状调查与评价工作应遵循资料搜集与现场调查相结合、项目所在场地调查与类比考察相结合、现状监测与长期动态资料分析相结合的原则。

地下水环境现状调查与评价工作的深度应满足相应的工作级别要求。当现有资料不能满足要求时，应组织现场监测及环境水文地质勘察与试验。

对于地面工程建设项目，应监测潜水含水层以及与其有水力联系的含水层，兼顾地表水体；对于地下工程建设项目，应监测调查受其影响的相关含水层；对于评价工作等级为一级和二级的技改或扩建类建设项目，应监测调查现有工业场地的包气带区域。

对于生态影响型的线状建设工程（如西气东输工程、石油管道输送等），调查与评价的重点应该放在服务站、场站等可能对地下水造成影响的区域。

2．调查与评价范围

（1）基本要求。

地下水环境现状调查与评价的范围以能说明地下水环境的基本状况为原则，并应满足环境影响预测和评价的要求。

（2）Ⅰ类建设项目。

Ⅰ类建设项目地下水环境现状调查与评价的范围可参考表 3-5 确定。此调查评价范围应包括与建设项目相关的环境保护目标和敏感区域，必要时还应扩展至完整的水文地质单元。

表 3-5 Ⅰ类建设项目地下水环境现状调查与评价范围参考表

评价等级	调查评价范围/km²	备　　注
一级	≥50	环境水文地质条件复杂、含水层渗透性能较强的地区（如砂卵砾石含水层、岩溶含水系统等），调查评价范围可取较大值，否则可取较小值
二级	20～50	
三级	≤20	

当Ⅰ类建设项目位于基岩地区时，一级评价以同一地下水文地质单元为调查评价范围；二级评价原则上以同一地下水文地质单元或某地下水单元段为调查评价范围；三级评价以能说明地下水环境的基本情况，并满足环境影响预测和分析的要求为原则确定调查评价范围。

（3）Ⅱ类建设项目。

Ⅱ类建设项目地下水环境现状调查与评价的范围应包括项目建设、生产运行和服务期满后三个阶段的地下水水位变化的影响区域，其中应特别关注相关的环境保护目标和敏感区域，必要时应扩展至完整的水文地质单元，以及可能与建设项目所在的水文地质单元存在直接补排关系的区域。

（4）Ⅲ类建设项目。

Ⅲ类建设项目地下水环境现状调查与评价的范围应同时包括Ⅰ类和Ⅱ类建设项目中所确定的范围。

（四）水文基本特征调查

1. 水文地质条件调查

水文地质条件的调查内容包括：①气象、水文、土壤和植被状况；②地层岩性、地质构造、地貌特征与矿产资源；③包气带岩性、结构、厚度；④含水层的岩性组成、厚度、渗透系数和富水程度，隔水层的岩性组成、厚度、渗透系数；⑤地下水类型、地下水补给、径流和排泄条件；⑥地下水水位、水质、水量、水温；⑦泉的成因类型、出露位置、形成条件及泉水的流量、水质、水温、开发利用情况；⑧集中供水水源地和水源井的分布情况（包括开采层的成井的密度、水井结构、深度以及开采历史）；⑨地下水现状监测井的深度、结构以及成井历史、使用功能；⑩地下水环境现状值（或地下水污染对照值）。实际调查时应该根据建设项目的类型和评价等级，取部分或全部内容进行调查。

2. 环境水文地质问题调查

环境水文地质问题调查的主要内容包括：①原生环境水文地质问题，包括天然劣质水分布状况以及由此引发的地方性疾病等环境问题；②地下水开采过程中水质、水量、水位的变化情况，以及引起的环境水文地质问题；③与地下水有关的其他人类活动情况调查，如保护区划分情况等。

（五）地下水环境污染源调查

1. 调查原则

（1）对于已有污染源调查资料的地区，一般可通过搜集现有资料解决。

（2）对于没有污染源调查资料，或已有部分调查资料，尚需补充调查的地区，可与环境水文地质问题调查同步进行。

（3）对调查区内的工业污染源，应按《工业污染源调查技术要求及其建档技术规定》的要求进行调查。对分散在评价区的非工业污染源，可根据污染源的特点，参照上述规定进行调查。

2. 调查对象

污染源类型包括工业污染源、生活污染源和农业污染源。污染源调查重点主要包括评价范围内的废水排放口、渗坑、渗井、污水池、排污渠、污灌区，以及已被污染的河流、湖泊、水库和固体废物堆放（填埋）场等。

3. 调查因子

地下水污染源调查因子应根据拟建项目的污染特征因子进行选择。

（六）地下水环境现状监测方法

通过开展地下水环境现状监测，以便了解和查明地下水水流与地下水化学组分的空间分布现状和发展趋势，为地下水环境现状评价和环境影响预测提供基础资料。

1. 监测因子的确定

监测因子应根据建设项目行业污水特点、评价等级、存在或可能引发的环境水文地质问题来确定。评价等级较高、环境水文地质条件复杂的地区可适当多取，反之可适当减少。

对于Ⅰ类和Ⅱ类建设项目，监测因子均包括地下水水位以及相应的地下水水质指标。其中水质指标应包括《地下水质量标准》（GB/T 14848—2017）中的一般指标，若一般指标中不含建设项目排放的特征污染物，则应该补充特征污染物。

2. 现状监测井点的布设原则

若场地有可以利用的地下水监测点位，则可以直接利用；若没有，则需要布设监测井点。布设原则如下：

（1）采用控制性布点与功能性布点相结合的布设原则。监测井点应主要布设在建设项目场地、周围环境敏感点、地下水污染源、主要现状环境水文地质问题对确定边界条件有控制意义的地方。

（2）监测井点的层位应以潜水和可能受建设项目影响的有开发利用价值的含水层为主。潜水监测井不得穿透潜水隔水底板，承压水监测井中的目的层与其他含水层之间应止水良好。

（3）一般情况下，地下水水位监测点数应是相应评价级别地下水水质监测点数的 2 倍以上。对于一级评价，含水层的水质监测点应不少于 7 个/层。评价区面积大于 100 km² 时，每增加 15 km²，水质监测点至少应增加 1 个/层。一般要求建设项目场地上游和两侧的地下水水质监测点均不少于 1 个/层，而下游影响区的地下水水质监测点不得少于 3 个/层。

对于二级评价,含水层的水质监测点应不少于 5 个/层。当评价区面积大于 100 km² 时,每增加 20 km²,水质监测点至少应增加 1 个/层。一般要求建设项目场地上游和两侧的地下水水质监测点均不少于 1 个/层,而下游影响区的地下水水质监测点不得少于 2 个/层。

对于三级评价,含水层的水质监测点应不少于 3 个/层。一般要求建设项目场地上游水质监测点不少于 1 个/层,其下游影响区的地下水水质监测点不得少于 2 个/层。

3. 监测点取样的深度要求

地下水水样的采集深度通常根据评价等级进行确定。

(1) 对于一级评价的Ⅰ类和Ⅱ类建设项目,在地下水监测井点应进行定深水质取样,具体要求如下:

①地下水监测井中水深小于 20 m 时,取两个水质样品,取样点应分别在井水位以下 1.0 m 之内和井水位以下约井水深度的 3/4 处。

②地下水监测井中水深大于 20 m 时,取三个水质样品,取样点应分别在井水位以下 1.0 m 之内、井水位以下约井水深度的 1/2 处和井水位以下约井水深度的 3/4 处。

(2) 对于评价级别为二级、三级的Ⅰ类和Ⅲ类建设项目和所有评价级别的Ⅱ类建设项目,只取一个水质样品,取样点应在井水位以下 1.0 m 之内。

4. 监测制度

监测制度是依据地下水环境影响评价工作等级确定的。对于一级评价,应该在一个连续水文周期年内的枯水期、平水期和丰水期分别进行监测;对于二级评价,应该在一个连续水文周期年内的枯水期和丰水期进行监测;对于三级评价,尽可能在枯水期进行监测。

5. 采样频次

对于一级评价,应该在一个连续水文周期年内的枯水期、平水期和丰水期至少开展一次地下水水位和水质因子的监测。对于二级评价的新建项目,若有可利用的近 3 年内一个连续水文周期年的枯水期和丰水期监测资料,则在评价期内至少进行一次地下水水位和水质因子的监测。对于改、扩建项目,若有现有工程建成后近 3 年内一个连续水文周期年的枯水期和丰水期的监测资料,也应在评价期内至少进行一次地下水水位和水质因子的监测。若已有的监测资料不能满足上述要求,则应该在一个连续水文周期年的枯水期和丰水期至少开展一次地下水水位和水质因子的监测。

对于评价等级为三级的建设项目,至少在评价期内监测一次地下水水位和水质因子,并尽可能在枯水期进行。

四、土壤环境质量现状调查方法

(一) 土壤环境质量现状调查的基本内容

1. 调查内容

土壤环境质量现状调查内容包括建设项目所在区域的土壤基本特性、影响土壤性质的污染源、建设项目的排放特征因子,以及土壤环境质量功能区划等内容。同时,还需要开展建设项目所在地及其周边区域土壤环境敏感程度的调查。

土壤环境质量现状调查是指在土壤剖面或点位,调查《土壤环境质量 建设用地土壤污染风险管控标准(试行)》(GB 36600—2018)或《土壤环境质量 农用地土壤污染风险管控标准(试行)》(GB 15618—2018)中规定的基本项污染物的浓度,包括:重金属六价铬、汞、铜、镍、铅、镉、砷等,挥发性有机物萘、萘并蒽、硝基苯、二苯并蒽、苯并芘等,以及半挥发性有机物苯、甲苯、乙苯、1,2-二氯丙烷、氯甲烷、二氯甲烷等。其中,农用地和建设用地的调查因子存在明显不同。

　　在上述调查的基础上,根据拟建项目所在区域的土壤环境功能区要求,按照《土壤环境质量 建设用地土壤污染风险管控标准(试行)》(GB 36600—2018)或《土壤环境质量 农用地土壤污染风险管控标准(试行)》(GB 15618—2018)中规定的标准限值,开展土壤环境质量现状评价。在现状评价的基础上,开展拟建项目的环境影响评价。为此,在开展现状调查前,需要知道拟建项目的土壤环境影响评价等级。

　　2. 调查方法

　　土壤环境质量现状调查主要采用资料收集与现场调查相结合的方法,以及资料分析与现场监测相结合的方法。在《土壤环境监测技术规范》(HJ/T 166—2004)中给出了基本调查要求,其采样点的布设按照以下原则进行:

　　(1)采样点选在被采土壤类型特征明显的地方,以及地形相对平坦、稳定、植被良好的地点。

　　(2)采样点离铁路、公路至少300 m以上;采样点以剖面发育完整、层次较清楚、无侵入体为准。

　　(3)选择不施或少施化肥、农药的地块作为采样点,以使采样点尽可能少受人为活动的影响。

　　(4)坡脚、洼地等具有从属景观特征的地点不设采样点。

　　(5)城镇、住宅、道路、沟渠、粪坑、坟墓附近等处人为干扰大,失去土壤的代表性,不宜设采样点。

　　(6)在多种土类、多种母质母岩交错分布地段、面积较小的边缘地区不布设采样点。

　　(7)在水土流失严重或表土被破坏处不设采样点。

　　(8)采样点可采表层样或土壤剖面。一般监测采集表层土,采样深度为0～20 cm,有特殊要求的监测(土壤背景、环评、污染事故等),必要时选择部分采样点采集剖面样品。剖面的规格一般为长1.5 m、宽0.8 m、深1.2 m。挖掘土壤剖面要使观察面向阳,表土和底土分两侧放置。

　　(二)土壤环境影响评价等级的划分

　　建设项目的土壤环境影响评价工作等级分为一级、二级和三级(参考《环境影响评价技术导则 土壤环境(试行)》(HJ 964—2018)),主要根据建设项目的类型和用途,以及建设项目所在地土壤环境敏感程度划分。土壤环境影响评价工作等级划分如表3-6所示。

表 3-6　土壤环境影响评价工作等级划分

环境敏感程度	项目类别		
	Ⅰ类项目	Ⅱ类项目	Ⅲ类项目
敏感	一级	一级	二级
较敏感	一级	二级	三级
不敏感	二级	三级	三级

(三) 现状调查范围

土壤环境的现状调查范围应覆盖评价对象所涉及的影响范围,调查范围一般不小于评价范围。因此,调查范围将主要依据评价对象的评价等级确定。各评价等级对应的评价范围可以依据《环境影响评价技术导则　土壤环境(试行)》(HJ 964—2018)的规定确定,并可以根据实际情况进行适当调整,如改、扩建类建设项目的现状调查范围还应兼顾现有工程可能影响的范围。

建设项目(除线状工程外)土壤环境现状调查范围可根据建设项目影响类型、污染途径、气象条件、地形地貌、水文地质条件等确定并说明,或参考表 3-7 确定。

表 3-7　土壤现状调查范围

评价工作等级	影 响 类 型	调查范围[a]	
		占地[b]范围内	占地范围外
一级	生态影响型	全部	5 km 范围内
	污染影响型		1 km 范围内
二级	生态影响型		2 km 范围内
	污染影响型		0.2 km 范围内
三级	生态影响型		1 km 范围内
	污染影响型		0.05 km 范围内

注:[a] 涉及大气沉降途径影响的,可根据主导风向下风向的最大落地浓度点适当调整。

　　[b] 矿山类项目指开采区与各场地的占地,改、扩建类的指现有工程与拟建工程的占地。

当建设项目同时涉及土壤环境生态影响与污染影响时,应各自确定调查评价范围。

对于危险品、化学品或石油等输送管线工程,应以建设工程的边界两侧向外延伸 0.2 km 作为调查评价范围。

(四) 现状调查步骤

1. 资料收集内容

按照土壤环境调查的工作方法,建议首先根据建设项目特点、可能产生的环境影响和当地环境特征,有针对性地收集调查评价范围内的相关资料,主要的资料包括:①土地利用现状图、土地利用规划图、土壤类型分布图;②气象资料、地形地貌特征资料、水文及水文地质资料等;③土地利用历史情况;④与建设项目土壤环境影响评价相关的其他资料。

2. 土壤理化特性调查内容

在充分收集相关资料的基础上,根据土壤环境影响类型、建设项目特征与评价需要,有针对性地选择土壤理化特性调查内容,主要包括土体构型、土壤结构、土壤质地、阳离子交换量、氧化还原电位、饱和导水率、土壤容重、孔隙度等。如果建设项目还涉及生态影响方面的内容,则还应调查植被、地下水位埋深、地下水溶解性总固体等。

如果评价工作等级为一级,则还应该填写土壤剖面调查表,详见《环境影响评价技术导则 土壤环境(试行)》(HJ 964—2018)的附录 C.2。

3. 污染源调查

污染源调查是指调查与建设项目排放一样,也可能对土壤环境造成相同影响后果的其他污染源及其排放情况。这些污染源通常具有与建设项目相同的特征排放因子。

改、扩建的污染影响型建设项目,其评价工作等级为一级、二级的,应对现有工程的土壤环境保护措施情况进行调查,并重点调查主要装置或设施附近的土壤污染现状。

(五) 土壤环境现状调查监测方法

与空气、地表水和地下水环境可能具有常年的自动监测站点不同,目前还没有常年自动监测土壤环境现状的自动监测站点。为此,对于评价对象所在区域的土壤环境现状调查监测,应根据拟建项目的影响类型、影响途径,有针对性地开展土壤环境的监测工作,了解或掌握调查评价范围内土壤环境现状。

1. 监测因子的确定

监测因子或调查因子应不少于评价因子,通常选择《土壤环境质量 建设用地土壤污染风险管控标准(试行)》(GB 36600—2018)或《土壤环境质量 农用地土壤污染风险管控标准(试行)》(GB 15618—2018)中规定的基本因子,以及建设项目的特征因子。

2. 布点原则

土壤环境现状调查监测点的布设,需要根据建设项目用地类型、建设项目的环境影响类型和评价工作等级确定。一般的布点原则如下:

(1)采用均布性与代表性相结合的原则,充分反映建设项目调查评价范围内的土壤环境现状,可根据实际情况优化调整。

(2)调查评价范围内的每种土壤类型至少应设置1个表层样监测点,应尽量设置在未受人为污染或相对未受污染的区域。其中:

①生态影响型建设项目应根据建设项目所在地的地形特征、地面径流方向设置表层样监测点。涉及地面漫流途径影响的,应结合地形地貌,在占地范围外的上、下游各设置1个表层样监测点。

②涉及入渗途径影响的,主要产污装置区应设置柱状样监测点,采样深度需至装置底部与土壤接触面以下,并根据可能影响的深度适当调整。

③涉及大气沉降途径影响的,应在占地范围外主导风向的上、下风向各设置1个表层样监测点,可在最大落地浓度点增设表层样监测点。

(3)线状工程应重点在站场位置(如输油站、泵站、阀室、加油站及维修场所等)设置监测点。若涉及危险品、化学品或石油等输送管线的,则应根据评价范围内土壤环境敏感目标或厂区内的平面布局情况确定监测点布设位置。

（4）评价工作等级为一级、二级的改、扩建项目，应在现有工程厂界外可能产生影响的土壤环境敏感目标处设置监测点。其中，涉及大气沉降途径影响的改、扩建项目，可在主导风向下风向适当增加监测点，以反映大气降尘可能对土壤环境造成的影响。

（5）建设项目占地范围及其可能影响区域的土壤环境已存在污染风险的，应结合用地历史资料和现状调查情况，在可能受影响最重的区域布设监测点。

（6）其他方面，现状监测点设置尽可能地兼顾土壤环境影响跟踪监测计划。

取样深度根据可能影响的情况确定。

3. 现状监测点数量要求

建设项目各评价工作等级的监测点数量可以按照表3-8所示的要求确定。其中：生态影响型建设项目可优化调整占地范围内、外监测点数量，但布点总数不变，占地范围超过5000 hm^2 的，每增加1000 hm^2 需增加1个监测点；对于污染影响型建设项目占地范围超过100 hm^2 的，每增加20 hm^2 需增加1个监测点。

表 3-8 土壤环境现状监测布点类型与数量

评价工作等级		占地范围内	占地范围外
一级	生态影响型	5个表层样点[a]	6个表层样点
	污染影响型	5个柱状样点[b]，2个表层样点	4个表层样点
二级	生态影响型	3个表层样点	4个表层样点
	污染影响型	3个柱状样点，1个表层样点	2个表层样点
三级	生态影响型	1个表层样点	2个表层样点
	污染影响型	3个表层样点	—[c]

注：[a] 表层样应在深度为0~0.2 m取样。

[b] 柱状样通常在深度为0~0.5 m、0.5~1.5 m、1.5~3 m分别取样，3 m以下每3 m取1个样，可根据基础埋深、土体构型适当调整。

[c] 表示无现状监测布点类型与数量的要求。

4. 土壤环境现状监测频次

对于标准规定的基本因子：评价工作等级为一级的，应至少开展1次现状监测；评价工作等级为二级、三级的，若已掌握近3年至少1次的监测数据，可不再进行现状监测，但引用的监测数据应能满足现状评价和影响评价的相关要求，并说明数据有效性。

对于建设项目的特征因子，至少开展1次现状监测。

五、声环境质量现状调查方法

（一）声环境质量现状调查的基本内容

1. 调查内容

根据《声环境质量标准》（GB 3096—2008），以及《环境影响评价技术导则 声环境》（HJ 2.4—2009）中的相关规定，对可能引起环境噪声污染的要素进行现状调查。声环境现状调查内容如下：

(1) 影响声波传播的环境要素调查。调查建设项目所在区域的主要气象特征：年平均风速和主导风向、年平均气温、年平均相对湿度等。

(2) 声敏感目标的调查。调查评价范围内的敏感目标的名称、规模、人口的分布等情况，并以图表的方式说明敏感目标与建设项目的关系(如方位、距离、高差等)。

(3) 现状声源的调查。建设项目所在区域的声环境功能区的声环境质量现状超过相应标准要求或噪声值相对较高时，需对区域内的主要声源的名称、数量、位置、影响的噪声级等相关情况进行调查。对于有厂界(或场界、边界)噪声的改、扩建项目，应说明现有建设项目厂界(或场界、边界)噪声的超标、达标情况及超标原因。

(4) 声环境功能区划调查。依据当地环境保护部门制定的声环境功能区，调查评价范围内不同区域的声环境功能区划情况，调查各声环境功能区的声环境质量现状。

在上述调查的基础上，根据拟建项目所在区域的声环境功能区要求，按照《声环境质量标准》(GB 3096—2008)、《建筑施工场界环境噪声排放标准》(GB 12523—2011)，或《工业企业厂界环境噪声排放标准》(GB 12348—2008)等中规定的标准限值，开展声环境质量现状评价。在现状评价的基础上，开展拟建项目的声环境影响评价。为此，在开展现状调查前，需要知道拟建项目的声环境影响评价工作等级。

2. 调查方法

根据《环境噪声监测技术规范 城市声环境常规监测》(HJ 640—2012)中要求的方法，开展整个评价区域的噪声总体水平现状调查。基本方法包括资料收集法、现场调查法和现场测量法。评价时，通常应根据评价工作等级的要求确定需采用的具体方法，其中对属于一级评价的声环境现状应该实测。

(二) 声环境影响评价工作等级的划分

建设项目的声环境影响评价工作等级分为一级、二级和三级(参考《环境影响评价技术导则 声环境》(HJ 2.4—2009))，主要根据建设项目的规模大小、所在区域的声环境功能区及声环境敏感目标，以及项目建设前后受影响区域噪声级的变化进行确定。具体如下：

(1) 一级评价。对于大、中型建设项目，属于规划区(包括规划的建成区和未建成区)内的建设工程；或受噪声影响的范围内有适用于《声环境质量标准》(GB 3096—2008)中规定的 0 类标准及以上需要特别安静的地区，以及对噪声有特别限制要求的保护区等噪声敏感目标；或建设项目建设前后评价范围内敏感目标噪声级增高量达 5 dB(A)以上(不含 5 dB(A))或受影响人口数量显著增多时，按一级评价要求对建设项目的声环境影响进行评价。

(2) 二级评价。对于新建、扩建及改建的大、中型建设项目，若建设项目所处的声环境功能区为《声环境质量标准》(GB 3096—2008)中规定的 1 类、2 类地区，或建设项目建设前后评价范围内敏感目标噪声级增高量达 3 dB(A)～5 dB(A)(含 5 dB(A))或受噪声影响人口数量增加较多时，按二级评价要求对建设项目的声环境影响进行评价。

(3) 三级评价。当中型建设项目所处的声环境功能区为《声环境质量标准》(GB 3096—2008)中规定的 3 类、4 类地区以及小型建设项目所处的声环境功能区为《声环境质量标准》(GB 3096—2008)中规定的 1 类、2 类地区；或大、中型建设项目建设前后评价范围内敏感目标噪声级增高量在 3 dB(A)以下(不含 3 dB(A))且受影响人口数量变化不大时,按三级评价要求对建设项目的声环境影响进行评价。

(三) 声环境质量现状调查范围

声环境质量现状调查范围应覆盖评价对象所涉及的影响范围,调查范围一般不小于评价范围。因此,调查范围将主要依据评价对象的评价等级确定。各评价等级对应的评价范围可以依据《环境影响评价技术导则 声环境》(HJ 2.4—2009)的规定确定,并可以根据实际情况进行适当调整。具体如下:

(1) 对于以固定声源为主的建设项目,如工厂、港口、施工工地和铁路站场等,其一级评价一般以建设项目边界向外 200 m 为评价范围;其二级、三级评价则可根据建设项目所在区域和相邻区域的声环境功能区类别及敏感目标等实际情况适当缩小范围。若依据建设项目声源计算得到的贡献值,到 200 m 处仍不能达到相应功能区标准值,则应将评价范围扩大到满足标准值要求的距离。

(2) 对于以流动声源为主的建设项目,如城市道路、公路、铁路、城市轨道交通地上线路和水运线路等建设项目,其一级评价一般以道路中心线两侧各 200 m 内为评价范围;其二级和三级评价则可根据建设项目所在区域和相邻区域的声环境功能区类别及敏感目标等实际情况适当缩小范围。如果按照建设项目声源计算得到的贡献值,到 200 m 处仍不能达到相应功能区标准值,则应将评价范围扩大到满足标准值要求的距离。

(3) 对特殊行业的建设项目,如机场,其评价范围应取根据飞行量计算得到 LWECPN(计权等效连续感觉噪声级)为 70 dB 的区域。对于一级评价,一般以主要航迹离跑道两端各 5～12 km、侧向各 1～2 km 的范围为评价范围;对于二级和三级评价,可根据建设项目所处区域的声环境功能区类别及敏感目标等实际情况适当缩小范围。

(四) 声环境现状监测

1. 监测布点原则

(1) 布点应覆盖整个评价范围,包括厂界(或场界、边界)和敏感目标。当敏感目标高于(含)三层建筑时,还应选取有代表性的不同楼层设置测点。

(2) 当评价范围内没有明显的声源(如工业噪声、交通运输噪声、建设施工噪声、社会生活噪声等),且声级较低时,可选择有代表性的区域布设测点。

(3) 当评价范围内有明显的声源,并对敏感目标的声环境质量有影响,或建设项目为改、扩建工程时,应根据声源种类采取不同的监测布点原则。具体如下:

①当声源为固定声源时,现状测点应重点布设在可能既受到现有声源影响,又受到建设项目声源影响的敏感目标处,以及有代表性的敏感目标处。为满足预测需要,也可在距离现有声源不同距离处设置衰减测点。

②当声源为流动声源,且呈现线声源特点时,现状测点的位置选取应兼顾敏感目标的分布状况、工程特点及线声源噪声影响随距离衰减的特点,布设在具有代表性的敏感目标处。为满足预测需要,也可选取若干线声源的垂线,在垂线上距声源不同距离处布设监测点。其余敏感目标的现状声级可通过具有代表性的敏感目标实测噪声声级的验证并结合计算求得。

③对于改、扩建机场工程，测点一般布设在主要敏感目标处，测点数量可根据机场飞行量及周围敏感目标情况确定。现有单条跑道、双条跑道或三条跑道的机场可分别布设 3～9 个、9～14 个或 12～18 个飞机噪声测点，跑道增多可进一步增加测点。其余敏感目标的现状飞机噪声声级可通过测点飞机噪声声级的验证和计算求得。

2. 监测频次

由于不同声源的声测量执行标准不一样，如机场周围飞机噪声、工业企业厂界环境噪声、社会生活环境噪声、建筑施工场界噪声、铁路边界噪声和城市轨道交通车站站台噪声等，其声源的测量均执行相应的测量标准。按照《声环境质量标准》(GB 3096—2008)要求，在每个监测点位对环境噪声进行监测，监测时间为两天，并且分为昼夜进行。其中，昼间是指 6:00 至 22:00 之间的时段，夜间是指 22:00 至 6:00 之间的时段。每天昼间监测 2 次，夜间监测 2 次，每次测量 20 min。

六、生态环境质量现状调查方法

(一) 生态环境质量现状调查的基本内容

1. 调查内容

根据《环境影响评价技术导则 生态影响》(HJ 19—2011)中的相关规定，对可能引起生态环境质量下降的要素进行现状调查。由于生态现状调查是生态现状评价、影响预测的基础和依据，因此调查的内容和指标应能反映评价工作范围内的生态背景特征和现存的主要生态问题。对于生态保护目标中敏感性高的区域（如特殊生态敏感区和重要生态敏感区），或其他有特别保护要求的对象，应做专题调查。建设项目所涉及的生态环境现状调查内容如下：

（1）生态背景调查。

根据生态影响的空间和时间尺度特点，调查影响区域内涉及的生态系统类型、结构、功能和过程，以及相关的非生物因子特征（如气候、土壤、地形地貌、水文及水文地质等），重点调查受保护的珍稀濒危物种、关键种、土著种、建群种和特有种，以及天然的重要经济物种等。若涉及国家级和省级保护物种、珍稀濒危物种和地方特有物种，应逐个或逐类说明其类型、分布、保护级别、保护状况等；若涉及特殊生态敏感区和重要生态敏感区，应逐个说明其类型、等级、分布、保护对象、功能区划、保护要求等。

（2）主要生态问题调查。

调查影响区域内已经存在的制约本区域可持续发展的主要生态问题，如水土流失、沙漠化、石漠化、盐渍化、自然灾害、生物入侵和污染危害等，指出其类型、成因、空间分布、发生特点等。

不同的评价工作等级，其生态现状调查内容不同，其中：一级评价应该调查评价范围内的生物量、物种多样性，并结合有关资料给出主要生物物种名录、受保护的野生动植物物种清单；二级评价的生物量和物种多样性调查可依据已有资料推断，或实测一定数量的、具有代表性的样方予以验证；三级评价可充分借鉴已有资料进行说明。

2. 生态现状调查方法

生态现状调查通常采用资料收集和现场调查相结合的方法，一般是在收集资料的基础上

开展现场工作,具体包括:

(1) 资料收集法。使用资料收集法时,应保证资料的时效性,引用资料必须建立在现场校验的基础上。

(2) 现场勘察法。通过对影响区域的实际踏勘,核实收集资料的准确性,以获取实际资料和数据。

(3) 专家和公众咨询法。通过咨询有关专家,收集评价工作范围内的公众、社会团体和相关管理部门对项目影响的意见,发现现场勘察中遗漏的生态问题。专家和公众咨询通常与资料收集和现场勘察同步开展。

(4) 生态监测法。该方法是在资料收集、现场勘察、专家和公众咨询提供的数据无法满足评价的定量需要,或项目可能产生潜在的或长期累积效应时选用的一种方法。生态监测方法与技术要求须符合国家现行的有关生态监测规范和监测标准分析方法的要求。对于生态系统生产力的调查,必要时需现场采样、实验室测定。

(5) 遥感调查法。当涉及区域范围较大或主导生态因子的空间尺度较大,通过人力踏勘较为困难或难以完成评价时,可采用遥感调查法。遥感调查过程必须辅助必要的现场勘察工作。

(6) 其他方法。对于海洋生态调查和湖库渔业资源的生态调查,可以参考《海洋生态调查指南》(GB/T 12763.9—2007)和《水库渔业资源调查规范》(SL 167—2014)中的有关方法。

(二) 生态环境影响评价工作等级的划分

建设项目的生态环境影响评价工作等级分为一级、二级和三级(参考《环境影响评价技术导则 生态影响》(HJ 19—2011)),主要根据建设项目的规模大小、所在区域的生态环境功能区及生态环境敏感目标,以及项目建设前后受影响区域生态环境的变化进行确定。生态环境影响评价工作等级划分如表 3-9 所示。

表 3-9 生态环境影响评价工作等级划分

影响区域生态敏感性	工程占地(含水域)范围		
	面积≥20 km² 或长度≥100 km	面积 2～20 km² 或长度 50～100 km	面积≤2 km² 或长度≤50 km
特殊生态敏感区	一级	一级	一级
重要生态敏感区	一级	二级	三级
一般区域	二级	三级	三级

对表 3-9 的几点说明:

(1) 位于原厂界(或永久占地)范围内的工业类改、扩建项目,可做生态影响分析。

(2) 当工程占地(含水域)范围的面积或长度分别属于两个不同评价工作等级时,原则上应按其中较高的评价工作等级进行评价。改、扩建工程的工程占地范围以新增占地(含水域)面积或长度计算。

(3) 在矿山开采可能导致矿区土地利用类型明显改变,或拦河闸坝建设可能明显改变水文情势等情况下,评价工作等级应上调一级。井工矿占地范围按地表工业场地范围计算,露天矿占地面积就是井田及排土场面积,等级不需要上调。

（三）生态环境质量现状调查范围

生态环境质量现状调查范围应覆盖评价对象所涉及的影响范围，不管是陆生生态还是水生生态，其调查范围一般均不小于评价范围。同时，调查范围的确定还需要考虑评价对象的评价等级。

评价工作范围应依据评价项目对生态因子的影响方式、影响程度和生态因子之间的相互影响和相互依存关系确定。可综合考虑评价项目与项目区的气候过程、水文过程、生物过程等生物地球化学循环过程的相互作用关系，以评价项目影响区域所涉及的完整气候单元、水文单元、生态单元、地理单元界限为参照边界。各评价等级对应的评价范围可以依据《环境影响评价技术导则 生态影响》(HJ 19—2011)的规定确定，并可以根据实际情况进行适当调整。

（四）生态环境现状监测

1. 监测原则

当调查范围或评价范围的现有资料数据无法满足评价的定量需要，或项目可能产生潜在的或长期累积效应时，通常需要进行生态现状监测。生态现状监测的方法与技术要求可以查阅国家现行的有关生态监测规范和监测标准分析方法。

《环境影响评价技术导则 生态影响》(HJ 19—2011)中所要求的生态现状监测主要是针对一级评价，即通过采样地样方实测、遥感等方法，测定其生物量和物种多样性等数据。

2. 监测频次

根据调查和监测对象的不同来确定监测频次。例如评价区域鸟类的监测、陆地动物的迁徙监测、海洋生物和水库鱼类的监测等，通常选择适当的季节，至少进行一次监测。

第三节 环境质量现状评价方法

一、大气环境质量现状评价方法

基于现状调查数据及日常监测数据，根据评价目的，按照《环境空气质量指数（AQI）技术规定（试行）》(HJ 633—2012)和《环境空气质量评价技术规范（试行）》(HJ 663—2013)，以及《环境空气质量标准》(GB 3095—2012)中的相关规定，开展评价范围内的大气环境质量现状评价工作。

（一）评价方法及评价标准

1. 空气质量现状评价方法

常见的方法包括：单项指数法或标准指数法、超标倍数法或超标率法、综合污染指数法和空气质量指数法等。

（1）单项指数法。

单项指数法适用于不同地区间单项污染物污染状况的比较评价。评价时，污染物 i 的单项指数按式(3-5)计算：

$$I_i = \max\left(\frac{C_{i,a}}{S_{i,a}}, \frac{C_{i,d}^{\mathrm{per}}}{S_{i,d}}\right) \tag{3-5}$$

式中：I_i 为污染物 i 的单项指数；$C_{i,a}$ 为污染物 i 的浓度均值；$S_{i,a}$ 为污染物 i 的浓度均值二级标准；$C_{i,d}^{\mathrm{per}}$ 为污染物 i 的 24 小时平均浓度的特定百分位数浓度；$S_{i,d}$ 为污染物 i 的 24 小时平均浓度二级标准。

(2) 标准指数法。

对于建设项目,根据监测结果可以对评价区域内的环境空气质量现状进行评价,计算公式为

$$I_i = \frac{C_i}{C_{0i}} \tag{3-6}$$

式中：I_i 为第 i 种污染物的质量指数,$I_i < 1$ 表示清洁,$I_i \geqslant 1$ 表示超标或污染；C_i 为第 i 种污染物的监测值,$\mathrm{mg/m^3}$；C_{0i} 为第 i 种污染物的环境质量限值标准,$\mathrm{mg/m^3}$。

根据评价结果,确定评价区域主要污染物,对于超标的,要分析超标原因。

(3) 超标倍数法。

超标项目 i 的超标倍数按式(3-7)计算：

$$B_i = \frac{C_i - S_i}{S_i} \tag{3-7}$$

式中：B_i 为超标项目 i 的超标倍数；C_i 为超标项目 i 的浓度均值；S_i 为超标项目 i 的浓度限值标准,一类区采用一级浓度限值标准,二类区采用二级浓度限值标准。

(4) 综合污染指数法。

综合污染指数是各项空气污染单因子的指数之和,可以直观、定量地描述和比较环境空气污染的程度,用以评价环境空气质量总体状况。空气综合污染指数数值越大,表示空气污染程度越严重,空气质量越差。

空气综合污染指数的数学表达式如下：

$$P = \sum_{i=1}^{n} P_i \tag{3-8}$$

$$P_i = \frac{C_i}{C_{i0}} \tag{3-9}$$

$$F_i = \frac{P_i}{P} \tag{3-10}$$

式中：P 为空气综合污染指数；P_i 为第 i 项空气污染物的分指数；F_i 为第 i 项空气污染物的负荷系数；C_i 为第 i 项空气污染物的年均浓度值；C_{i0} 为第 i 项空气污染物的环境质量年均浓度限值二级标准；n 为空气污染物项目数。

(5) 空气质量指数法。

空气质量指数又称 AQI 指数,通常分为六级,即 0~50、51~100、101~150、151~200、201~300 和大于 300 这六个级别,对应的空气质量级别分别为优、良好、轻度污染、中度污染、重度污染和严重污染。指数越大,级别越高,说明污染越严重,对人体健康的影响也越明显。

AQI 指数是一种用来定量描述空气质量状况的无量纲指数。AQI 指数只用来评价日空气质量状况和小时空气质量状况,按照《环境空气质量指数(AQI)技术规定(试行)》(HJ 633—2012)的规定,通常需要将常规空气污染物(SO_2、NO_2、PM_{10}、$PM_{2.5}$、CO、O_3 等)的浓度简化为

无量纲指数值形式,再进行分级,从而更直观地表示空气质量情况。

AQI 指数计算参考的标准是《环境空气质量标准》(GB 3095—2012),参与评价的污染物为 SO_2、NO_2、PM_{10}、$PM_{2.5}$、O_3、CO 等六项。按照《环境空气质量指数(AQI)技术规定(试行)》(HJ 633—2012)的规定,AQI 指数计算的数学表达式为

$$IAQI_p = \frac{IAQI_{Hi} - IAQI_{Lo}}{BP_{Hi} - BP_{Lo}}(C_p - BP_{Lo}) + IAQI_{Lo} \tag{3-11}$$

式中:$IAQI_p$ 为污染物项目 p 的空气质量分指数;C_p 为污染物项目 p 的质量浓度值;BP_{Hi} 为表 3-10 中与 C_p 相近的污染物浓度限值的高位值;BP_{Lo} 为表 3-10 中与 C_p 相近的污染物浓度限值的低位值;$IAQI_{Hi}$ 为表 3-10 中与 BP_{Hi} 对应的空气质量分指数;$IAQI_{Lo}$ 为表 3-10 中与 BP_{Lo} 对应的空气质量分指数。

计算出各个污染物项目的空气质量分指数后,其中最大值即为要求的 AQI 值,计算公式如式(3-12)所示。

$$AQI = \max\{IAQI_1, IAQI_2, IAQI_3, \cdots, IAQI_n\} \tag{3-12}$$

式中:IAQI 为空气质量分指数;n 为污染物项目数。

当 AQI>50 时,IAQI 最大的污染物为首要污染物。当 IAQI 最大的污染物为两项或两项以上时,将其并列为首要污染物。IAQI>100 的污染物为超标污染物。空气质量分指数及对应污染物项目的浓度限值如表 3-10 所示。

表 3-10　空气质量分指数及对应污染物项目的浓度限值

空气质量分指数(IAQI)	污染物项目的浓度限值									
	SO₂ 24 小时平均/(μg/m³)	SO₂ 1 小时平均/(μg/m³)	NO₂ 24 小时平均/(μg/m³)	NO₂ 1 小时平均/(μg/m³)	PM₁₀ 24 小时平均/(μg/m³)	CO 24 小时平均/(mg/m³)	CO 1 小时平均/(mg/m³)	O₃ 1 小时平均/(μg/m³)	O₃ 8 小时平均/(μg/m³)	PM₂.₅ 24 小时平均/(μg/m³)
0	0	0	0	0	0	0	0	0	0	0
50	50	150	40	100	50	2	5	160	100	35
100	150	500	80	200	150	4	10	200	160	75
150	475	650	180	700	250	14	35	300	215	115
200	800	800	280	1200	350	24	60	400	265	150
300	1600	—	565	2340	420	36	90	80	800	250
400	2100	—	750	3090	500	48	120	1000	—	350
500	2620	—	940	3840	600	60	150	1200	—	500
说明	(1)SO_2、NO_2、CO 的 1 小时平均浓度限值仅用于时报,在日报中需使用相应污染物的 24 小时平均浓度限值。 (2)SO_2 的 1 小时平均浓度值高于 800 μg/m³ 时,不再进行其空气质量分指数计算,SO_2 空气质量分指数按 24 小时平均浓度计算的分指数报告。 (3)O_3 的 8 小时平均浓度值高于 800 μg/m³ 时,不再进行其空气质量分指数计算,O_3 空气质量分指数按 1 小时平均浓度计算的分指数报告。										

2. 评价因子

环境空气质量现状评价因子通常选择《环境空气质量标准》(GB 3095—2012)中涉及的常规六项，即 SO_2、NO_2、CO、O_3、PM_{10} 和 $PM_{2.5}$。另外，若涉及建设项目的特征因子，还需要对特征因子进行现状评价，如异味气体 NH_3、H_2S 和 VOCs 等也需要作为评价因子。

3. 评价标准

评价时首先需要确定评价区域所属的环境空气质量功能区。根据《环境空气质量标准》(GB 3095—2012)，一般城市的居住区、商业交通居民混合区、文化区、工业区和农村地区为二类环境空气质量功能区。因此，采用《环境空气质量标准》(GB 3095—2012)中的二级浓度限值标准。某种污染物的浓度小于或等于《环境空气质量标准》(GB 3095—2012)中对应平均时间的浓度限值标准即为达标，否则为不达标。

根据《环境空气质量评价技术规范(试行)》(HJ 663—2013)，城市环境空气质量除要求各污染物年平均浓度达标外，还要求特定的日均值百分位数浓度小于或等于日均值标准。基于《环境空气质量标准》(GB 3095—2012)和《环境空气质量评价技术规范(试行)》(HJ 663—2013)的要求，以及评价目的，即可开展针对某种或某几种污染物，如 SO_2、NO_2、CO、O_3、PM_{10} 和 $PM_{2.5}$ 的评价工作。

(二) 数据来源及处理

空气质量现状评价数据来源于两个方面：一是生态环境保护单位设立的国家或地方环境空气质量监测网的监测数据，其特点是数据量大而全；二是评价单位自己根据评价需要开展监测得到的数据，其特点是监测项目具有针对性，既有常规或基本的污染物监测数据，也有特征污染物监测数据。

1. 基本污染物环境质量现状数据取舍方法

基本大气污染物是指《环境空气质量标准》(GB 3095—2012)中规定的常规六项污染物：SO_2、NO_2、PM_{10}、$PM_{2.5}$、CO 和 O_3。目前，各地设置的大气环境地面自动监测站中均有能够常年监测常规六项污染物的仪器。利用这些监测站的监测数据时，建议考虑以下事项：

(1) 当进行项目所在区域环境空气质量现状达标判定时，建议优先采用国家或地方生态环境主管部门公开发布的评价基准年环境质量公告或环境质量报告中的数据或结论。

(2) 采用评价范围内国家或地方环境空气质量监测网中评价基准年连续 1 年的监测数据，或采用生态环境主管部门公开发布的环境空气质量现状数据。

(3) 如果项目或规划区域评价范围内没有环境空气质量监测网数据或公开发布的环境空气质量现状数据，可选择符合《环境空气质量监测点位布设技术规范(试行)》(HJ 664—2013)规定，并且与评价范围地理位置邻近，地形、气候条件相近的环境空气质量城市点或区域点监测数据。

(4) 对于位于环境空气质量一类区的环境空气保护目标或网格点，各污染物环境质量现状浓度可取符合《环境空气质量监测点位布设技术规范(试行)》(HJ 664—2013)规定，并且与评价范围地理位置邻近，地形、气候条件相近的环境空气质量区域点或背景点监测数据。

2. 其他污染物环境质量现状数据

(1) 优先采用评价范围内国家或地方环境空气质量监测网中评价基准年连续 1 年的监测

数据。

（2）当评价范围内没有环境空气质量监测网数据或公开发布的环境空气质量现状数据时，可收集评价范围内近 3 年与项目排放的其他污染物有关的历史监测资料。

（3）在没有以上相关监测数据或监测数据不能满足评价要求时，应进行补充监测。

3. 空气质量现状监测数据的有效性分析方法

在对现有监测站（点）的例行监测数据进行分析时，首先需要对数据进行有效性分析。有效性分析请参考《环境空气质量标准》（GB 3095—2012）中污染物的数据统计的有效性规定，如表 3-11 所示。

表 3-11　污染物浓度数据有效性的最低要求

污染物项目	平均时间	数据有效性规定
二氧化硫（SO_2）、二氧化氮（NO_2）、颗粒物（PM_{10}、$PM_{2.5}$）、氮氧化物（NO_x）	年平均	每年至少有 324 个日均浓度值；每月至少有 27 个日均浓度值（二月至少有 25 个日均浓度值）
二氧化硫（SO_2）、二氧化氮（NO_2）、颗粒物（PM_{10}、$PM_{2.5}$）、氮氧化物（NO_x）	24 小时平均	每日至少有 20 个小时平均浓度值
臭氧（O_3）	8 小时平均	每 8 小时至少有 6 个小时平均浓度值
二氧化硫（SO_2）、二氧化氮（NO_2）、颗粒物（PM_{10}、$PM_{2.5}$）、氮氧化物（NO_x）	1 小时平均	每小时至少有 45 分钟的采样时间
总悬浮颗粒物（TSP）、苯并[a]芘、铅（Pb）	年平均	每年至少有分布均匀的 60 个日均浓度值；每月至少有分布均匀的 5 个日均浓度值
铅（Pb）	季平均	每年至少有分布均匀的 15 个日均浓度值；每月至少有分布均匀的 5 个日均浓度值
总悬浮颗粒物（TSP）、苯并[a]芘、铅（Pb）	24 小时平均	每日应有 24 个小时的采样时间

4. 其他数据分析方法

对于环境空气保护目标及网格点的环境监测数据的处理，可以采用以下方法得到评价区域内的环境质量现状浓度数据。

（1）多个长期监测点位数据的处理。

取各污染物相同时刻各监测点位的浓度平均值，作为评价范围内环境空气保护目标及网格点环境质量现状浓度，计算方法如式（3-13）所示。

$$C_{现状(x,y,t)} = \frac{1}{n} \sum_{j=1}^{n} C_{监测(j,t)} \tag{3-13}$$

式中：$C_{现状(x,y,t)}$ 为环境空气保护目标及网格点 (x,y) 在 t 时刻的环境质量现状浓度，$\mu g/m^3$；$C_{现状(j,t)}$ 为第 j 个监测点位在 t 时刻的环境质量现状浓度（包括短期浓度和长期浓度），$\mu g/m^3$；n 为长期监测点位数。

（2）现状补充监测数据的处理。

取各污染物不同评价时段监测浓度的最大值，作为评价范围内环境空气保护目标及网格点环境质量现状浓度。对于有多个监测点位数据的，先计算相同时刻各监测点位平均值，再取各监测时段平均值中的最大值。计算方法如式（3-14）所示。

$$C_{现状(x,y)} = \max\{\frac{1}{n}\sum_{j=1}^{n} C_{监测(j,t)}\} \tag{3-14}$$

式中：$C_{现状(x,y)}$ 为环境空气保护目标及网格点 (x,y) 的环境质量现状浓度，$\mu g/m^3$；$C_{现状(j,t)}$ 为第 j 个监测点位在 t 时刻的环境质量现状浓度（包括 1 小时平均、8 小时平均或日平均质量浓度），$\mu g/m^3$；n 为长期监测点位数。

另外，对照各污染物有关的环境空气质量标准，分析其年际、月际和日际变化趋势，以及长期浓度（年均浓度、季均浓度、月均浓度）、短期浓度（日平均浓度、小时平均浓度）的达标情况。若监测结果出现超标，应分析其超标率、最大超标倍数以及超标原因。

（三）项目所在区域达标判断

（1）城市环境空气质量达标情况评价指标涉及 SO_2、NO_2、PM_{10}、$PM_{2.5}$、CO 和 O_3，采用上述评价方法时，只有这六项污染物的浓度全部达标，才能表明城市环境空气质量达标。

（2）根据国家或地方生态环境主管部门公开发布的城市环境空气质量达标情况，判断项目所在区域是否属于达标区。如果项目评价范围涉及多个行政区（县级或以上，下同），需分别评价各行政区的达标情况，若存在不达标行政区，则判定项目所在评价区域为不达标区。

（3）国家或地方生态环境主管部门未发布城市环境空气质量达标情况的，可按照《环境空气质量评价技术规范（试行）》（HJ 663—2013）中各评价项目的年评价指标进行判定。当年评价指标中的年均浓度和相应百分位数 24 小时平均或 8 小时平均质量浓度，均满足《环境空气质量标准》（GB 3095—2012）中的浓度限值要求时，才能判断为达标。

二、水环境质量现状评价方法

基于现状调查数据及日常监测数据，根据评价目的，按照《地表水环境质量评价办法（试行）》（2011），《地表水环境质量标准》（GB 3838—2002），以及《地下水质量标准》（GB/T 14848—2017）等的相关规定，开展评价范围内的水环境质量现状评价工作。

（一）地表水评价方法及评价标准

1. 地表水环境质量评价方法

地表水环境质量评价方法主要包括单因子评价法或标准指数法、超标倍数法或超标率法、综合污染指数法，以及定性描述评价方法等。目前，对于建设项目的环境影响评价，通常采用《地表水环境质量评价办法（试行）》（2011）中规定的单因子评价法进行断面水质评价、河流和湖库等的水质评价。

（1）单因子评价法。

对于一般的水质因子（即随着浓度的增加，水质变差的水质因子），可以采用单因子评价法，其计算公式如式（3-15）所示。

$$S_{i,j} = \frac{C_{i,j}}{C_{s,j}} \tag{3-15}$$

式中：$S_{i,j}$ 为水质评价参数 i 在第 j 点上的污染指数；$C_{i,j}$ 为水质评价参数 i 在第 j 点上的监测浓度，mg/L；$C_{s,j}$ 为水质评价参数 i 的评价标准，mg/L。

（2）特殊因子的标准指数法。

对于特殊水质因子溶解氧（DO）和酸碱度（pH），通常采用下列方法求解计算。

①DO 的标准指数按式（3-16）、式（3-17）和式（3-18）计算：

$$S_{DO,j} = \frac{|DO_f - DO_j|}{DO_f - DO_s}, DO_j \geqslant DO_s \tag{3-16}$$

$$S_{DO,j} = 10 - 9\frac{DO_j}{DO_s}, DO_j < DO_s \tag{3-17}$$

$$DO_f = 468/(31.6 + T) \tag{3-18}$$

式中：DO_f 为饱和溶解氧的浓度，mg/L；DO_s 为溶解氧的评价标准，mg/L；DO_j 为 j 点的溶解氧浓度，mg/L；T 为水温，℃。

②pH 值的标准指数按式（3-19）和式（3-20）计算：

$$S_{pH,j} = \frac{7.0 - pH_j}{7.0 - pH_{sd}}, pH_j \leqslant 7.0 \tag{3-19}$$

$$S_{pH,j} = \frac{pH_j - 7.0}{pH_{su} - 7.0}, pH_j > 7.0 \tag{3-20}$$

式中：pH_j 为河流上游或湖（库）、海的 pH 值；pH_{sd} 为地表水水质标准中规定的 pH 下限值；pH_{su} 为地表水水质标准中规定的 pH 上限值。

另外，当水质监测数据量少，而水质浓度变化幅度大的时候，采用极值法；当水质监测数据量多，且水质浓度变化幅度不大时，采用均值法；当水质监测数据较多，但水质浓度变化幅度较大时，为了突出高值的影响可采用内梅罗（Nemerow）平均值。内梅罗平均值的计算式为

$$C = \left(\frac{C_{极值}^2 + C_{均值}^2}{2}\right)^{1/2} \tag{3-21}$$

式中：C 为某水质监测因子的内梅罗平均值，mg/L；$C_{极值}$ 为某水质监测因子的实测极值，mg/L；$C_{均值}$ 为某水质监测因子的算术平均值，mg/L。

（3）超标倍数法。

在确定主要污染指标的同时，应在指标后标注该指标浓度超过Ⅲ类水质标准的倍数，即超标倍数，如高锰酸盐指数。对于水温、pH 值和溶解氧等项目不计算超标倍数。超标倍数计算如下：

$$超标倍数 = \frac{某指标的浓度值 - 该指标的Ⅲ类水质标准}{该指标的Ⅲ类水质标准} \tag{3-22}$$

（4）断面超标率法。

将水质超过Ⅲ类标准的指标按其断面超标率大小排列，一般取断面超标率最大的前三项为主要污染指标，可以按式（3-23）计算。对于断面数少于 5 个的河流，按断面主要污染指标的确定方法，确定每个断面的主要污染指标。

$$断面超标率 = \frac{某评价指标超过Ⅲ类标准的断面（点位）个数}{断面（点位）总数} \tag{3-23}$$

(5) 断面水质的定性评价方法。

河流断面水质类别评价采用单因子评价法,即根据评价时段内该断面参评的指标中类别最高的一项来确定。描述断面的水质类别时,使用"符合"或"劣于"等词语。评价结果采用优、良好、轻度污染、中度污染和重度污染这五种水质状况等级。

(6) 底泥污染状况评价方法。

对于河流、湖库和近海岸水体,通常还需要对其水系沉积物即底泥的污染现状进行评价,一般采用单项污染指数法评价。底泥污染指数计算公式如式(3-24)所示。

$$P_{i,j} = \frac{C_{i,j}}{C_{si}} \tag{3-24}$$

式中:$P_{i,j}$ 为调查点位 j 处底泥污染因子 i 的单项污染指数,大于 1 表明该污染因子超标;$C_{i,j}$ 为调查点位 j 处污染因子 i 的实测值,mg/L;C_{si} 为污染因子 i 的评价标准值或参考值,mg/L。

底泥污染评价标准值或参考值可以根据土壤环境质量标准或所在水域底泥的背景值来确定。

2. 评价因子

地表水环境质量现状评价因子通常选择《地表水环境质量标准》(GB 3838—2002)中列出的无机和有机污染物,包括总氮、总磷、氨氮、COD、DO 和重金属等。另外,若涉及建设项目的特征因子,还需要在水环境中选择特征因子进行现状特征评价。对于底泥的评价因子,主要包括 pH 值、铜、铅、镉、镍、汞、砷、铬等。

3. 评价标准

采用《地表水环境质量标准》(GB 3838—2002)中对应的限值标准,进行地表水环境质量现状评价。

4. 评价结果

依据《地表水环境质量评价办法(试行)》(2011)中规定的方法,或其他相关的评价方法,结合地表水环境功能区划、《地表水环境质量标准》(GB 3838—2002)中各污染物的限值标准和监测数据,以及水体水质定性评价分级方法,开展地表水监测断面的水质现状评价工作,得到各个监测断面的水质现状分级评价结果,即Ⅰ类、Ⅱ类、Ⅲ类、Ⅳ类、Ⅴ类或劣Ⅴ类水平。

(二) 地下水评价方法及评价标准

1. 地下水环境质量评价方法

地下水环境质量评价方法主要包括单因子评价法或标准指数法、检出率法或超标率法等。目前,对于建设项目的环境影响评价,通常采用《环境影响评价技术导则 地下水环境》(HJ 610—2016)和《地下水质量标准》(GB/T 14848—2017)中推荐的单因子评价法或标准指数法,开展地下水的水质现状评价工作。

根据现状监测结果进行最大值、最小值、均值、标准差、检出率和超标率的分析。采用标准指数法对地下水水质现状进行评价,若标准指数大于 1,则表明该水质因子已超过了规定的水质标准,指数值越大,超标越严重。标准指数计算公式分为以下两种:

(1) 对于评价标准为定值的水质因子,其标准指数计算公式如式(3-25)所示。

$$P_i = \frac{C_i}{C_{si}} \tag{3-25}$$

式中：P_i 为第 i 个水质因子的标准指数；C_i 为第 i 个水质因子的监测质量浓度，mg/L；C_{si} 为第 i 个水质因子的标准质量浓度，mg/L。

（2）对于评价标准为区间值的水质因子（如 pH 值），其标准指数计算公式与地表水标准指数相同，如式（3-19）和式（3-20）所示。

2. 评价因子

地下水环境质量现状评价因子通常选择《地下水质量标准》（GB/T 14848—2017）中列出的无机和有机污染物指标，主要包括 pH 值、总硬度、氨氮、硝酸盐、亚硝酸盐、氟化物、砷、汞、铅、镉、铁和锰等指标。另外，若涉及建设项目的特征因子，还需要在水环境中选择特征因子进行现状特征评价。评价因子的分析方法，主要采用《地下水环境监测技术规范》（HJ/T 164—2020）中规定的相关方法。

3. 评价标准

采用《地下水质量标准》（GB/T 14848—2017）中对应的限值标准，进行地下水环境质量现状评价。

4. 评价结果

利用监测数据和标准指数评价方法，以及《地下水质量标准》（GB/T 14848—2017）中对应的限值标准，结合地下水环境功能区划，开展评价区域的地下水环境质量现状评价工作。当标准指数大于 1 时，表明相应水质因子已超过了规定的水质标准，指数值越大或超标倍数越大，超标越严重。在此基础上，依据地下水质量Ⅰ类、Ⅱ类、Ⅲ类、Ⅳ类和Ⅴ类的分级标准，对评价结果进行分级描述。

三、土壤环境质量现状评价方法

基于现状调查数据，根据土地利用类型和评价目的，按照《土壤环境质量 建设用地土壤污染风险管控标准（试行）》（GB 36600—2018），或《土壤环境质量 农用地土壤污染风险管控标准（试行）》（GB 15618—2018）中规定的标准限值，以及《环境影响评价技术导则 土壤环境（试行）》（HJ 964—2018）中的相关规定，开展拟利用土壤类型区域的土壤环境质量现状评价工作。

（一）土壤评价方法及评价标准

1. 土壤环境质量评价方法

土壤环境质量评价方法主要包括单因子污染指数法或标准指数法、最大值法、单因子累积指数法、方差分析法、综合污染指数法，以及定性描述评价法等。利用监测分析数据，结合以上方法即可开展某一点位或某区域的土壤环境质量现状评价工作。

（1）单因子污染指数法。

对某一点位，若仅存在一项污染物，采用单因子污染指数法进行现状评价，其计算公式如式（3-26）所示。

$$P_i = \frac{C_i}{S_i} \tag{3-26}$$

式中：P_i 为土壤中污染物 i 的单因子污染指数；C_i 为土壤中污染物 i 的含量，单位与 S_i 的保持一致（农用地采用表层土壤污染物含量数据，建设用地应分层分别计算）；S_i 为土壤污染物 i 的评价标准。

（2）最大值法。

对某一点位，若存在多项污染物，分别采用单因子污染指数法计算后，取单因子污染指数中的最大值，即

$$P = \max\{P_i\} \tag{3-27}$$

式中：P 为土壤中多项污染物的污染指数；P_i 为土壤中污染物 i 的单因子污染指数。

（3）单因子累积指数法。

对于存在累积性污染的土壤地块，可以采用单因子累积指数法进行土壤的污染累积情况评价。累积性评价依据或累积性评价的初始点，通常是该土地利用起始时间确定的土壤环境本底值。如果未确定土壤环境本底值，可根据土壤类型相同、未受污染影响的周边土壤污染物本底含量，或者调查区内无污染的、同母质的下层土壤的污染物含量值来确定土壤环境本底值。一般情况下，应至少获取 5 个点的含量数据，取均值与两倍标准差之和作为评价依据。

对于存在累积性污染的某一区域土壤，同样可以采用单因子累积指数法进行评价。累积性评价依据或累积性评价的初始点，通常采用该区域的土壤环境背景值，其次可采用包括该区域在内的较大范围的区域土壤环境背景值。

如果本底调查的标准差很大，说明土壤本来的差异性就大。累积性评价以本底调查样本和评价样本的方差分析结果为准。

①单项污染物单因子累积指数法。

对于某种污染物的累积，其计算公式如式（3-28）所示。

$$A_i = \frac{C_i}{B_i} \tag{3-28}$$

式中：A_i 为土壤中污染物 i 的单因子累积指数；C_i 为土壤中污染物 i 的含量，单位与 B_i 的保持一致；B_i 为土壤污染物 i 的累积性评价依据。

②多项污染物单因子累积指数法。

多项污染物综合累积指数按单因子累积指数中最大值计，其计算公式如式（3-29）所示。

$$A = \max\{A_i\} \tag{3-29}$$

式中：A 为土壤中多项污染物的综合累积指数；A_i 为土壤中污染物 i 的单因子累积指数。

（4）方差分析法。

方差分析法通常用来进行区域土壤污染物累积性评价，其显著性水平通常设定为 0.05。将评价数据样本与背景含量数据样本进行相关分析，或者进行成对数据的对比检验，以检验两个样本均值是否一致，或均值间的差异是否具有统计学意义，即成对数据间是否存在显著性差异。

2．评价标准

对于农用地，土壤污染物超标评价的评价标准应执行《土壤环境质量 农用地土壤污染风险管控标准（试行）》（GB 15618—2018）中规定的限值标准。若存在该标准中未规定的项目，

可执行地方土壤环境质量标准或参照执行其他标准。对于明显砂性的土壤,由于其吸附能力较差(即阳离子交换量 CEC≤5 cmol(+)/kg),该标准中无机元素的含量限值按标准内数值的50%计算。

对于建设用地,土壤污染物超标评价的评价标准应执行《土壤环境质量 建设用地土壤污染风险管控标准(试行)》(GB 36600—2018)中规定的限值标准。若存在该标准中未规定的项目,可执行地方土壤环境质量标准或参照执行其他标准。

3. 评价因子

根据土壤的使用用途,确定土壤环境质量现状的评价因子。

(1)农用地的评价因子。

农用地土壤环境质量评价因子一般应包括《土壤环境质量 农用地土壤污染风险管控标准(试行)》(GB 15618—2018)中规定的土壤污染物基本因子,即总镉、总汞、总砷、总铅、总铬、总铜、总镍、总锌。根据实际情况,可选择该标准中的其他土壤污染物项目或自定土壤污染物项目作为评价项目。

(2)建设用地评价因子。

若现在或历史评价范围内及周边存在可疑点源污染源,根据《建设用地土壤污染状况调查技术导则》(HJ 25.1—2019)筛选确定评价因子。若现在或历史评价范围内及周边无可疑点源污染源,可选择总镉、总汞、总砷、总铅、总铬、总铜、总镍、总锌和苯并[a]芘作为评价因子。

(二)土壤污染物超标统计

1. 农用地土壤污染物超标统计

(1)单项污染物超标统计。

根据 P_i 值的大小,将农用地土壤单项污染物超标程度分为5级,如表3-12所示。在此基础上,统计污染物因子不同超标程度的点位数和比例,如果点位能代表确切的面积,则可同时统计面积比例。

表3-12 单元内土壤单项污染物超标评价结果统计(农用地)

超标等级	P_i值	超标程度	点位数/个	点位比例/(%)
Ⅰ	$P_i \leqslant 1.0$	未超标		
Ⅱ	$1.0 < P_i \leqslant 2.0$	轻微超标		
Ⅲ	$2.0 < P_i \leqslant 3.0$	轻度超标		
Ⅳ	$3.0 < P_i \leqslant 5.0$	中度超标		
Ⅴ	$P_i > 5.0$	重度超标		

(2)多项污染物超标统计。

若存在多项污染物,则可根据 P 值的大小,将农用地土壤多项污染物超标程度分为5级,如表3-13所示。在此基础上,统计污染物因子不同超标程度的点位数和比例,如果点位能代表确切的面积,则可统计其面积比例。

表 3-13　单元内土壤多项污染物超标评价结果统计（农用地）

超 标 等 级	P 值	超 标 程 度	点位数/个	点位比例/(%)
Ⅰ	$P \leqslant 1.0$	未超标		
Ⅱ	$1.0 < P \leqslant 2.0$	轻微超标		
Ⅲ	$2.0 < P \leqslant 3.0$	轻度超标		
Ⅳ	$3.0 < P \leqslant 5.0$	中度超标		
Ⅴ	$P > 5.0$	重度超标		

2. 建设用地土壤污染物超标统计

（1）单项污染物超标统计。

根据 P_i 值的大小，将建设用地土壤单项污染物超标情况分为超标和未超标，如表 3-14 所示。在此基础上，按污染物因子统计不同超标情况的点位数和比例，如果点位能代表确切的面积，则可同时统计面积比例。

表 3-14　单元内土壤单项污染物超标评价结果统计（建设用地）

评 价 因 子	P_i 值	超 标 情 况	点位数/个	点位比例/(%)
评价因子 1	$P_i \leqslant 1$	未超标		
	$P_i > 1$	超标		
评价因子 2	$P_i \leqslant 1$	未超标		
	$P_i > 1$	超标		
……	$P_i \leqslant 1$	未超标		
	$P_i > 1$	超标		

（2）多项污染物超标统计。

若存在多项污染物，根据 P 值的大小，将建设用地土壤多项污染物超标情况分为超标和未超标，如表 3-15 所示。在此基础上，按点位统计污染物因子不同超标情况的点位数和比例，如果点位能代表确切的面积，则可统计其面积比例。

表 3-15　单元内土壤多项污染物超标评价结果统计（建设用地）

P 值	超 标 情 况	点位数/个	点位比例/(%)
$P \leqslant 1$	未超标		
$P > 1$	超标		

（三）土壤环境质量评价结果

利用调查检测分析数据和评价统计结果，分别给出农用地和建设用地的土壤环境质量评价结果。

1. 农用地土壤环境质量评价

（1）基于采样点位检测分析结果的土壤环境质量等级划分。

根据采样点位单项污染物超标评价和累积性评价的结果，按表 3-16 将土壤环境质量划分为Ⅰ类、Ⅱ类、Ⅲ类和Ⅳ类 4 个类别。

表 3-16　调查点位的土壤环境质量分类表

超标评价	累积性评价	
	无明显累积	有明显累积
未超标	Ⅰ类	Ⅱ类
超标	Ⅲ类	Ⅳ类

Ⅰ类:土壤污染物无明显累积,也没有污染物超标现象,一般认为土壤环境质量状况较好,应加强土壤环境质量保护。

Ⅱ类:土壤污染物有明显累积,但并未超过土壤浓度限值标准,此时应查清并管控污染源,遏制土壤污染物的累积污染增长趋势。

Ⅲ类:土壤污染物无明显累积,但有污染物超标现象,此时应查清超标原因(如自然背景值高等),加强土壤风险管控。

Ⅳ类:土壤污染物有明显累积,并且同种污染物也存在超标现象,需要启动详细调查与风险评价,确定是否需要修复。

对于Ⅰ类、Ⅱ类和Ⅲ类点位所代表的区域,若有证据表明存在农作物危害效应(如某种农作物产量明显下降或农产品中污染物含量超标),则农用地土壤环境质量状况调整为Ⅳ类。

(2)评价范围内土壤环境质量状况描述。

依据表 3-12 至表 3-15 所示单元内土壤污染物超标评价结果的统计,参照表 3-17,对评价范围内所有点位的统计结果进行整合,可以得到不同土壤环境质量等级的点位,或其代表的面积比例;也可同时统计单项污染物评估的级别和综合多项污染物后的级别比例。

表 3-17　评价范围内土壤环境质量现状一览表

序号	统计单元	统计项目	土壤环境质量类别				
			Ⅰ类	Ⅱ类	Ⅲ类	Ⅳ类	单元小计
1	统计单元 1	点位数/个					
		点位比例/(%)					100
2	统计单元 2	点位数/个					
		点位比例/(%)					100
⋮	⋮	点位数/个					
		点位比例/(%)					100
n	统计单元 n	点位数/个					
		点位比例/(%)					100
合计		点位数/个					
		点位比例/(%)					100

2. 建设用地土壤环境质量评价

(1)不存在点位超标情况。

根据超标评价结果,若不存在点位污染物超标,则可认为评价对象对人体健康的风险在可接受范围内;若存在点位污染物超标,则将该种污染物确定为关注污染物,启动土壤污染风险评估。健康风险评估可以按照《建设用地土壤污染风险评估技术导则》(HJ 25.3—2019)中的相关规定开展。如需进行补充调查,则可按照《建设用地土壤污染状况调查技术导则》(HJ 25.1—2019)中的相关规定进行。

(2)点位超标情况。

根据超标评价结果,若超标污染物是由于累积而造成的,应当重点关注。必要时按照污染程度提出风险管控措施,如需进行修复,则可按照《建设用地土壤修复技术导则》(HJ 25.4—2019)中的相关规定进行。

四、声环境质量现状评价方法

基于现状调查数据,根据评价目的,按照《声环境质量标准》(GB 3096—2008)和《环境影响评价技术导则 声环境》(HJ 2.4—2009)中的相关规定,开展声环境质量现状评价工作。

1. 声环境质量评价方法

声环境质量评价方法主要包括标准指数法、图示法和列表清单法等,利用这些方法可以进行区域声环境质量现状评价。

(1)标准指数法。

标准指数的计算式如下:

$$S = \frac{C}{S_0} \tag{3-30}$$

式中:S 为标准指数;C 为监测值,dB(A);S_0 为对应的限值标准,dB(A)。

当 $S \leqslant 1$ 时,表明声环境质量没有超标;当 $S > 1$ 时,表明声环境质量已经超标,此时需要计算其超标倍数。统计各监测点位的超标情况,计算出区域测点的声环境质量超标率。

(2)图示法。

评价某区域受环境噪声影响的人口或敏感目标时,通常采用等声级线图方法,等声级线间隔不大于 5 dB(A)。对于等效连续 A 声级 L_{Aeq},最小等声级线为 35 dB(A),最高可画到 75 dB(A)的等声级线,一般需与项目所涉及的声环境功能区的昼夜间标准值要求对应;对于计权等效连续感觉噪声级 L_{WECPN},一般应有 70 dB(A)、75 dB(A)、80 dB(A)、85 dB(A)、90 dB(A)的等值线。

(3)列表清单法。

列表清单法是将各测量点位的测量值进行列表,并与限值标准进行比较,同时可以给出超标倍数或标准指数。

2. 评价因子

通常采用等效连续 A 声级 L_{Aeq},对于机场航空噪声则采用 L_{WECPN}。

3. 评价标准

依据声环境评价区域所在区域的声环境功能区划,采用《声环境质量标准》(GB 3096—2008)中所对应的声环境功能区限值标准。其中:主次干道两侧区域通常执行声环境标准中的 4a 类标准,铁路干线两侧区域则执行声环境标准中的 4b 类标准。

4. 评价结果

将测量的声环境现状值与声环境功能区划所对应的声环境限值标准进行对比,给出声环境功能区内各敏感目标的超、达标情况,说明其受到现有主要声源影响的状况。

(1)评价区域的声环境总体水平描述。

根据《环境噪声监测技术规范 城市声环境常规监测》(HJ 640—2012)中要求的方法,首先计算整个评价区域的噪声总体水平,然后将整个评价区域全部测点测得的等效声级分昼间和夜间进行算术平均运算,所得到的昼间平均等效声级 S_d 和夜间平均等效声级 S_n,代表该评价区域的环境噪声总体水平。因此,整个评价区域的声环境总体水平按照表 3-18 进行评价。

表 3-18 城市区域环境噪声总体水平等级划分 （单位:dB(A)）

等　　级	一　　级	二　　级	三　　级	四　　级	五　　级
昼间平均等效声级 S_d	≤50.0	50.1～55	55.1～60.0	60.1～65.0	＞65.0
夜间平均等效声级 S_n	≤40.0	40.1～45	45.1～50.0	50.1～55.0	＞55.0

城市区域环境噪声总体水平等级从一级至五级,对应的程度分别为好、较好、一般、较差和差。

(2)评价结果的分析内容。

①以图表结合的方式给出评价范围内的声环境功能区及其划分情况,以及现有敏感目标的分布情况;

②分析评价范围内现有主要声源种类、数量及相应的噪声级、噪声特性等,明确主要声源分布,评价厂界(或场界、边界)超、达标情况;

③分别评价不同类别的声环境功能区内各敏感目标的超、达标情况,说明其受到现有主要声源影响的状况;

④给出不同类别的声环境功能区噪声超标范围内的人口数及分布情况。

五、生态环境质量现状评价方法

在区域生态基本特征现状调查的基础上,对评价区的生态现状进行定量或定性的分析评价。评价一般采用文字和图样相结合的表现形式。

1. 评价内容

评价内容包括以下几个方面中的部分或全部内容:

(1)在阐明生态系统现状的基础上,分析影响区域内生态系统状况的主要原因。评价生态系统的结构与功能状况(如水源涵养、防风固沙、生物多样性保护等主导生态功能)、生态系统面临的压力和存在的问题、生态系统的总体变化趋势等。

(2)分析和评价受影响区域内动、植物等生态因子的现状组成和分布。当评价区域涉及受保护的敏感物种时,应重点分析该敏感物种的生态学特征;当评价区域涉及特殊生态敏感区或重要生态敏感区时,应分析其生态现状、保护现状和存在的问题等。

2. 评价方法

生态环境质量现状评价方法包括列表清单法、图形叠置法、生态机理分析法、指数法、植被覆盖度法和生物多样性评价法等。评价者可以根据评价的需要选择不同的评价方法。以下对其中部分方法进行介绍。

(1) 列表清单法。

列表清单法的基本思路是将拟建项目的影响因素与可能受影响的环境因子分别列在同一张表格的行与列中,逐点进行对比分析,并逐条阐明影响的性质、强度等,由此分析拟建项目的生态影响。

(2) 图形叠置法。

该方法是把两个以上的生态信息叠加到一张生态底图上,构成复合图,用以表示生态变化的方向和程度。有以下两种基本制图方法:

① 指标法。

对拟评价的生态系统、生态因子或生态问题建立表征其特性的指标体系,并通过定性分析或定量方法对指标赋值或分级,再依据指标值进行区域划分,最后将区划信息绘制在生态底图上。

② 3S 叠图法。

将植被覆盖、动物分布、河流水系、土地利用和特别保护目标等主要生态因子信息绘制在地形图、地理地图或遥感影像图上,生成生态底图。在此基础上,将影响因子图和底图进行叠加,得到生态影响评价图。

(3) 指数法。

指数法是利用同度量因素的相对值来表明因素变化状况的方法,是建设项目环境影响评价中规定的评价方法,因此同样可将其拓展到生态影响评价中。典型的生态现状评价常采用单因子指数法进行。

采用单因子指数法进行现状评价时,首先需要选定合适的评价标准,采集拟评价项目区的现状资料,如以同类型立地条件的森林植被覆盖率为标准,可评价建设项目区的植被覆盖现状情况。

除此之外,指数法还有生境质量指数、植被敏感性指数和生态隔离度指数等。在《生态环境状况评价技术规范》(HJ 192—2015)中,给出了评价城市生态环境状况的指数方法。

(4) 植被覆盖度法。

植被覆盖度定义为植被冠层在地面上垂直投影面积占统计面积的百分比,是反映地表生态系统和环境质量的重要监测指标。对植被覆盖度变化进行评价,既有助于探究植被生长的影响因子,又有利于分析生态环境变化状况。目前,可以利用遥感监测影像进行大尺度的生态环境现状评价。

通常情况下,可以将植被覆盖度分为Ⅰ~Ⅴ五个级别,级别越高,表明生态环境状况越好。

(5) 生物多样性评价法。

生物多样性评价是指通过实地调查,分析生态系统和生物物种的历史变迁、现状和存在的主要问题,评价目的是有效保护生物多样性。

生物多样性通常用香农-威纳指数表征,计算式如下:

$$H = - \sum_{i=1}^{S} (P_i \ln P_i) \qquad (3\text{-}31)$$

式中：H 为样品的信息含量（彼得/个体），即群落的多样性指数；S 为种数；P_i 为样品中属于第 i 种的个体比例，如样品总个体数为 N，第 i 种个体数为 n，则 $P_i = n/N$。

H 越大表明某区生态系统的生物多样性越丰富。

3. 评价因子

生态环境质量现状评价没有统一的评价因子，可以根据生态系统类型及评价目的选择相应的评价因子。

4. 评价标准

可以根据生态系统类型和评价因子的不同，选择与评价因子对应的评价标准进行生态环境质量现状评价。

第四节　规划项目的环境质量现状评价实践

一、工业集聚区规划项目的环境质量现状评价实践

东莞市为了实施产业结构升级转型和工业集聚区建设，编制完成了面积约为 1 km² 的西湖工业集聚区规划。目前该市经济增长的主要拉动力是第二产业，第三产业紧跟其后。该市受季风环流控制，盛行风向有明显的季节变化，全年最多风向为东风，其次是东南风、东北风，最少的是偏西风。其中空气污染较为严重的冬季受东北季风控制。依据《中华人民共和国环境影响评价法》的规定，在该规划实施前，需要对该工业集聚区规划进行环境影响评价。

该规划的产业类型以电子信息产品、光学产品、医疗制药和食品饮料生产等制造业为主。该规划区周边人口密度大。该规划区位于东莞市北部，地处广深经济走廊，东江下游，北靠广州，南临深圳，东接惠州，铁路从其西北约 200 m 处经过。规划区地处东江南支流南岸，地势平坦，地质结构稳定，为东江冲积平原，土壤主要有黄壤、红壤、赤红壤和潜育型水稻土等，其成土母质种类繁多，类型复杂，主要有砂页岩和花岗岩风化物、河流冲积物和滨海沉积物等。规划区域植被主要为人工种植的绿化植被。

规划区排放的大气污染物，在春夏季节容易受南风或东南风的影响，可能对其下风向的商贸区和居民区产生一定影响。规划中的西湖工业集聚区外围的东江为 Ⅱ 类水体，属于水资源一级保护区。规划中的西湖工业集聚区距东江南支流的西湖水厂水源保护区的直线距离为 1.1～2.0 km，属于生态保护红线。

请回答以下问题：

问题一　该规划的环境质量现状评价涉及的环境质量标准有哪些？

问题二　环境质量现状评价内容有哪些？环境质量现状评价的重点是什么？

问题三　大气、地表水和声环境质量现状监测方法各是什么？

问题四　可以采用哪种方法进行该规划区域的声环境质量现状评价？

参考答案

问题一　该规划的环境质量现状评价涉及的环境质量标准有哪些？

由于东江为Ⅱ类水体，属于水资源一级保护区。因此，东江南支流的评价标准采用《地表水环境质量标准》(GB 3838—2002)，地下水现状评价采用《地下水质量标准》(GB/T 14848—2017)中的Ⅲ类标准。

规划区为二类环境空气质量功能区，评价时采用《环境空气质量标准》(GB 3095—2012)中的浓度限值二级标准。

规划区工业用地与物流仓储用地，均执行《声环境质量标准》(GB 3096—2008)中的3类标准；区域内居住、商业、工业混杂区执行《声环境质量标准》(GB 3096—2008)中的2类标准；交通干线两侧执行《声环境质量标准》(GB 3096—2008)中的4a类标准，其划分范围参照《声环境功能区划分技术规范》(GB/T 15190—2014)。具体如下：

(1)若临街建筑以高于三层(含三层)楼房以上的建筑为主，将第一排建筑物面向道路一侧的区域划为4a类标准适用区域。

(2)若临街建筑以低于三层楼房的建筑(含开阔地)为主，将向道路两侧纵深一定距离以内的区域划分为4类标准适用区域。依据《东莞市市区环境空气适用区划》和《东莞市市区环境噪声适用区划》，距离的确定方法如下：

相邻区域为1类标准适用区域时，纵深距离50 m以内的区域(含50 m处的建筑物)划分为4类标准适用区域；相邻区域为2类标准适用区域时，纵深距离35 m以内区域(含35 m处的建筑物)划分为4类标准适用区域；相邻区域为3类标准适用区域时，纵深距离25 m以内区域(含25 m处的建筑物)划分为4类标准适用区域。

规划区目前已经有一些企业存在，也有少量农用地。该规划实施后，均为工业用地。因此，规划区土壤环境质量现状评价采用标准为《土壤环境质量 建设用地土壤污染风险管控标准(试行)》(GB 36600—2018)。必要时也可以参考《土壤环境质量 农用地土壤污染风险管控标准(试行)》(GB 15618—2018)进行适当说明。

问题二　环境质量现状评价内容有哪些？环境质量现状评价的重点是什么？

环境质量现状评价内容包括大气环境质量现状评价、东江南支流的水环境质量现状评价、地下水环境质量现状评价、土壤环境质量现状评价、声环境质量现状评价，以及生态环境质量现状评价。

环境质量现状评价重点为大气环境质量现状评价、东江南支流的水环境质量现状评价，以及声环境质量现状评价。原因如下：

(1)规划区排放的大气污染物，在春夏季节容易受南风或东南风的影响，可能对其下风向的商贸区和居民区产生一定影响。

(2)规划中的西湖工业集聚区外围的东江为Ⅱ类水体，属于水资源一级保护区；规划中的西湖工业集聚区距东江南支流的西湖水厂水源保护区的直线距离为1.1～2.0 km，属于生态保护红线。

(3)规划区周边人口密度大。

问题三　大气、地表水和声环境质量现状监测方法各是什么？

1. 大气环境质量现状监测方法

根据拟规划建设西湖工业集聚区附近的环境情况和项目大气污染物特征，同时参考东莞市的风玫瑰图,即按当地主导风向、次主导风向等情况,确定监测布点和监测项目。本次评价设置 3 个监测点:距离新城区东江边金沙湾公园 2 km 处;园区所在地内的上侧风向,距离园区边界约 50 m 处;园区边界外的下侧风向,距离园区边界约 200 m 处。

大气环境质量现状连续监测 7 天,采样时间和频次按照数据的有效性规范要求进行安排,即 SO_2、NO_2 小时浓度值每天监测 4 次,每次至少 45 min;SO_2、NO_2 日均浓度每天采样 18 h;PM_{10} 和 $PM_{2.5}$ 日均浓度每天采样 12 h,每天监测 1 次;总挥发性有机物(TVOC)每天采样 8 h,每天监测 1 次。

2. 地表水环境质量现状监测方法

在东江南支流西湖水厂上游 500 m 处设置一个常规水质监测断面,以进行东江南支流地表水环境质量现状评价。监测采样时间通常按照平水期、丰水期和枯水期分别进行。若时间紧迫,则至少开展枯水期的水样品采集与分析。

东江南支流水质监测断面形状近似于矩形,河宽大于 50 m。因此,在取样断面的主流线上及距两岸不小于 0.5 m 并有明显水流的地方,各设一条取样垂线,即共设 3 条取样垂线。

由于所选择的取样垂线处的水深均大于 5 m,因此在水面以下 0.5 m 处和距河底 0.5 m 处各取一个水样,这样断面共有 6 个水样。冬季枯水期对东江南支流河流的水质现状调查需要采集 6 个水样,一年需要采集 18 个水样。

3. 声环境质量现状监测方法

规划区声环境质量现状监测点布置以及监测方法,将依据《环境噪声监测技术规范 城市声环境常规监测》(HJ 640—2012)中的相关规定执行,选择网格法进行布点测量。总计布设 41 个左右的监测点。

进行声环境现状调查的户外昼间现场调查和夜间现场调查时,每组调查人员为两人。根据选定的监测点及监测时间,进行环境噪声的现场监测。在选定的 41 个噪声监测点,对每个环境噪声点监测 10 min,每 10 s 为一个计数单位,记下相对应的等效声级 L_{eq}。在交通噪声点,每个点监测 20 min,记录等效声级 L_{eq},并按机动车类型(大型车、中型车和小型车)记录机动车的流量。

问题四 可以采用哪种方法开展该规划区域的声环境质量现状评价?

根据《声环境质量标准》(GB 3096—2008)中要求的方法,开展该规划区域的声环境质量现状评价。由于该标准中所指的声环境功能区的环境质量评价量为昼间等效声级(L_d)和夜间等效声级(L_n)。因此,采用等效连续 A 声级 L_{Aeq} 作为评价声环境质量好坏的特征值。

1. 对照法

按照《声环境质量标准》(GB 3096—2008)中的规定,各个监测点位可以进行单独评价,以等效连续 A 声级 L_{Aeq} 作为评价各个监测点位声环境质量是否达标的基本依据。若一个功能区中有多个监测点位,则应该按照点位数分别统计昼间平均等效声级 S_d 和夜间平均等效声级 S_n。

首先计算整个评价区域的噪声总体水平。将整个规划区域评价范围内全部测点测得的等效声级分昼间和夜间进行算术平均运算,所得到的昼间平均等效声级 S_d 和夜间平均等效声级 S_n,代表该评价区域的环境噪声总体水平。规划区域评价范围环境噪声总体水平按照表 3-19 进行评价。

表 3-19　城市区域环境噪声总体水平等级划分　　　　　　（单位:dB(A)）

等　　级	一　级	二　级	三　级	四　级	五　级
昼间平均等效声级 S_d	≤50.0	50.1～55	55.1～60.0	60.1～65.0	>65.0
夜间平均等效声级 S_n	≤40.0	40.1～45	45.1～50.0	50.1～55.0	>55.0

城市区域环境噪声总体水平等级从一级至五级,对应的程度分别为好、较好、一般、较差和差。

2. 超标倍数评价法

按照测量值及声功能区所对应的昼间和夜间的标准值,超标倍数计算如下:

$$P = \frac{L_{Aeq} - L_s}{L_s} \tag{3-32}$$

式中:P 为超标倍数;L_{Aeq} 为监测点位的昼间等效声级(L_d)或夜间等效声级(L_n),也可以是昼间平均等效声级 S_d 和夜间平均等效声级 S_n;L_s 为声功能区所对应的《声环境质量标准》(GB 3096—2008)中的限值标准。

3. 标准指数法

按照测量值及声功能区所对应的昼间和夜间的标准值,标准指数计算如下:

$$S = L_{Aeq}/L_s \tag{3-33}$$

式中:S 为标准指数;L_{Aeq} 为监测点位的昼间等效声级(L_d)或夜间等效声级(L_n),也可以是昼间平均等效声级 S_d 和夜间平均等效声级 S_n;L_s 为声功能区所对应的《声环境质量标准》(GB 3096—2008)中的限值标准。

当 $S>1$ 时,表明声环境质量超标;当 $S≤1$ 时,表明声环境质量达标。

4. 累积百分声级特征值法

当监测点位的监测值变化比较大或起伏很大时,如城市或乡村的交通噪声,在进行声环境质量现状评价时,可以按照《声环境质量标准》(GB 3096—2008)中的规定,采用累积百分声级特征值法开展声环境质量现状评价。累积百分声级特征值是一个用于评价测量时间段内噪声强度时间统计分布特征的指标,指占测量时间段一定比例的累积时间内 A 声级的最小值,用 L_N 表示,单位为 dB(A)。最常用的是 L_{10}、L_{50} 和 L_{90},其中:

L_{10} 为在测量时间内有 10% 的时间 A 声级超过的值,相当于噪声的平均峰值;

L_{50} 为在测量时间内有 50% 的时间 A 声级超过的值,相当于噪声的平均中值;

L_{90} 为在测量时间内有 90% 的时间 A 声级超过的值,相当于噪声的平均本底值。

如果数据采集是按等间隔时间进行的,则 L_N 也表示有 N% 的数据超过的噪声级。

二、某港湾经济开发新区总体规划的环境质量现状评价实践

某港湾经济开发新区位于北部湾临海区域,属南亚热带海洋性气候,温暖潮湿,总体规划面积为 105 km², 包括南北两个产业园区。规划区南部产业园周边村庄的饮用水源均以井水为主,规划区用水需从合浦水库引水,部分地形为近岸滨海滩涂;北部产业园用水及周边村庄

的饮用水源则以白沙河河水为主,但其水环境质量不能稳定达到《地表水环境质量标准》(GB 3838—2002)中的Ⅲ类标准。该规划区的主导产业为高端装备制造、再生资源加工和临港重化工业下游产业,另外还规划建设特色经济产业、海洋经济产业及现代服务产业。规划目标是将该新区打造成北部湾新兴临港工业基地、北部湾生态滨海新城和现代服务中心。基于此,该总体规划提出配套建设一条从该新区西侧南北向穿过、对外连接其他铁路的新铁路干线,并在该新区中部新建一座客运站;进一步补充和完善规划区内的陆路和水路交通干线,以及临近近海区域的码头、堆场和港口物流等临港工业航运区建设。

该规划区域含有白沙河及其支流长岭溪和尖岭河,其中:白沙河位于两个产业园区之间,长岭溪位于北部产业园规划区,尖岭河位于北部产业园东北侧。白沙河与其支流长岭溪汇合处的下游建有水东水闸,尖岭河向西南流入水东水闸下游的白沙河,白沙河河水最终汇入大海。目前在水东水闸上游约 30 m 处建有山口镇水厂取水口,在水东水闸上游约 5 km 处的茅坡水坝的上游约 1 km 处建有白沙镇集中饮用水取水口。白沙河与长岭溪和尖岭河的水环境功能为工业、农业、渔业用水,水质目标为Ⅲ类,执行《地表水环境质量标准》(GB 3838—2002)中的Ⅲ类标准。规划区内工业废水及生活污水须在企业内预处理,达到《污水综合排放标准》(GB 8978—1996)中的三级标准,然后送入统一的污水集中处理厂进行达标处理后排放。其中,北部产业园区的污水处理厂排污口位于长岭溪。

该规划区毗邻山口红树林国家级生态自然保护区和合浦儒艮国家级自然保护区,这两个自然保护区分别用于保护红树林生态系统和保护以儒艮(儒艮是世界上最古老的海洋动物之一,属国家一级濒危珍稀哺乳类保护动物)和中华白海豚(属国家一级保护动物)为主的珍稀海洋生物及其栖息环境。该总体规划将占用一定数量的红树林林地。同时,港湾临海区域的海水养殖业也是规划区的特色海产品生产基地。因此,规划实施后将对区域的生态环境产生累积性和不可逆的影响。

请回答以下问题:

问题一 规划区域、白沙河、污水处理厂、自然保护区的相关环境质量各应执行何种标准?为什么?

问题二 如何开展地表水环境质量现状评价?

问题三 影响该总体规划实施的环境制约因子是什么?

问题四 如何开展海洋生态环境现状调查与评价?

参考答案

问题一 规划区域、白沙河、污水处理厂、自然保护区的相关环境质量各应执行何种标准?为什么?

对于环境空气质量:评价区域环境空气质量标准应该分别执行《环境空气质量标准》(GB 3095—2012)中的一、二级标准。其中:毗邻的山口红树林生态自然保护区属于环境空气功能区一类区,执行《环境空气质量标准》(GB 3095—2012)中的一级浓度限值标准。其他区域执行二级浓度限值标准。

对于近海海域的河口区域水环境质量:两处自然保护区的海水水质、海洋沉积物和海洋生物均应执行一类标准。因为山口红树林国家级自然保护区的生态保护重点目标为保护红树林及其海洋自然生态系统,提高红树林生态系统的生物多样性,以及保护自然景观。因此,其海水水质、海洋沉积物和海洋生物执行一类标准。对于合浦儒艮自然保护区,其生态保护重点目标为保护以儒艮和中华白海豚为主的珍稀海洋生物及其栖息环境,其水体水质目标要求类型是一类。因此,其海水水质、海洋沉积物和海洋生物也应该执行一类标准。

对于地表水体水环境质量:白沙河、长岭溪和尖岭河执行《地表水环境质量标准》(GB 3838—2002)中的Ⅲ类标准。因为在白沙河的水东水闸上游,分别建有山口镇和白沙镇集中饮用水取水口。

对于城镇污水:规划区污水集中处理厂执行《城镇污水处理厂污染物排放标准》(GB 18918—2002)中的一级 A 标准。

问题二　如何开展地表水环境质量现状评价?

1. 水质监测断面的设置

白沙河水系是规划区的一条主要水系,由长岭溪和尖岭河等支流汇集而成。根据现场踏勘调查结果和这些水体的水流动方向,按照《地表水环境质量评价办法(试行)》(2011)的规定要求、地表水水质监测断面的确定方法,以及水体水质评价目的,确定规划区白沙河及其支流的水质监测断面,具体如下:

对于白沙河地表水体:设置 7 个有代表性的水质监测断面。1♯断面位于白沙河与长岭溪汇入口的白沙河上游 500 m 处,作为山口镇水厂取水口的对照断面。2♯断面位于白沙河与长岭溪汇入口的白沙河下游 1000 m 处(即水东水闸下游),作为控制断面。3♯和 4♯断面分别位于北部产业园区污水处理厂排污口的长岭溪上游和下游各 500 m 处,作为排污口的对照断面和控制断面。5♯断面位于尖岭河与白沙河汇合口白沙河上游 1000 m 处,作为白沙河的消减断面。6♯断面位于尖岭河与白沙河汇合口尖岭河上游 500 m 处,作为尖岭河的对照断面。7♯断面位于尖岭河与白沙河汇合口白沙河下游 1000 m 处,作为白沙河的消减断面。

对于白沙河河口区域水体:至少设置 3 个有代表性的水质监测断面。8♯断面位于白沙河入海口上游 1000 m 处,作为入海口上游的消减断面;9♯和 10♯断面分别位于白沙河入海口上游两个支流距离入海口 2000 m 处,作为入海口上游的控制断面。

2. 确定水质样品采集方案

(1) 采样频次:在枯水期 12 月进行水质样品采集,每天采样 1 次,连续监测 3 天。同时监测河流流速、流量等水文参数。另外,在大潮期间的涨潮和落潮时段,对 8♯和 9♯或 10♯断面取样 1 次。

(2) 确定断面取样垂线:设置的主要依据为河宽。当河流断面形状为矩形或近似于矩形时,可按下列方法布设取样垂线。

①对于小河:在取样断面的主流线上设一条取样垂线。

白沙河支流尖岭河和长岭溪的河宽为 3~10 m,水深为 0.2~1.5 m,流速较慢,调查时流速约为 0.1 m/s,流量为 0.8 m³/s。

②对于大河、中河:河宽小于 50 m 者,在取样断面上距岸边 1/3 水面宽处,各设一条取样垂线(垂线应设在有明显水流处),共设 2 条取样垂线;河宽大于 50 m 者,在取样断面的主流线上及距两岸不小于 5 m 并有明显水流的地方各设一条取样垂线,即共设 3 条取样垂线。

白沙河属于中型河流,平均河宽小于 50 m,故共设 2 条取样垂线。

(3) 确定取样点的水深。

垂线上取样点设置的主要依据为水深。取样原则如下:

①在一条垂线上，水深大于 5 m 时，在水面下 0.5 m 处和在距河底 0.5 m 处各取一个水样。

②水深为 1～5 m 时，只在水面下 0.5 m 处取一个水样。

③水深不足 1 m 时，取样点距水面不应小于 0.3 m，距河底也不应小于 0.3 m。

④对于三级评价的小河，不论河水深浅，只在一条垂线上一个点取一个水样，一般情况下取样点应在水面下 0.5 m 处，距河底也不应小于 0.3 m。

因此，白沙河支流尖岭河和长岭溪水质断面只在水面下 0.5 m 处取一个水样；而白沙河自上游到入海口河口区域的水深深度不同，故在现场采样时根据实际情况确定。

3. 确定水质现状监测因子及其分析方法

对于白沙河地表水体：按照《地表水环境质量标准》(GB 3838—2002)，白沙河及其支流断面的水环境现状监测项目为水温、pH 值、悬浮物(SS)、溶解氧(DO)、化学需氧量(COD)、五日生化需氧量(BOD_5)、高锰酸盐指数、挥发酚、硫化物、氨氮、硫酸盐、镍、铜、镉、砷、六价铬、汞、铅、锌、石油类共 20 项指标。其中化学需氧量、氨氮、生化需氧量 3 项为白沙河流域的特征污染因子。

对于白沙河河口区域水体：按照《海水水质标准》(GB 3097—1997)要求，选取监测因子包括水温、盐度、pH 值、悬浮物、DO、COD_{Mn}、无机氮(硝酸盐氮、亚硝酸盐氮、氨氮)、非离子氨、活性磷酸盐、石油类、色度、总磷、总氮、BOD_5、挥发酚、硫化物、汞、铅、镉、六价铬、总铬、砷、铜、锌等共 24 项指标。其中：化学需氧量、无机氮、活性磷酸盐、石油类这几项是该海域的特征污染因子。

当各断面的盐度小于 3‰时，按原国家环境保护总局编写的《水和废水监测分析方法》(第四版)和《地表水和污水监测技术规范》(HJ/T 91.1—2019)中的有关规定进行监测采样和分析。

对于 8♯～10♯断面，当盐度大于或等于 3‰时，按《海洋监测规范 第 3 部分：样品采集、贮存与运输》(GB 17378.3—2007)和《海洋监测规范 第 4 部分：海水分析》(GB 17378.4—2007)规定的方法进行监测采样和分析。

4. 评价标准

(1) 对于白沙河地表水体：当各断面盐度小于 3‰时，执行《地表水环境质量标准》(GB 3838—2002)中的Ⅲ类标准。其中悬浮物浓度参考《地表水资源质量标准》(SL 63—1994)三级标准；硫酸盐、锰参考《地表水环境质量标准》(GB 3838—2002)中的集中式生活饮用水地表水源地补充项目限值标准；镍暂无环境质量标准，仅留本底值，不做评价。

(2) 对于白沙河河口水体：当 8♯～10♯断面盐度大于或等于 3‰时，执行《海水水质标准》(GB 3097—1997)中的第三类水质标准。

5. 水质现状评价方法

按照《环境影响评价技术导则 地表水环境》(HJ/T 2.3—2018)所推荐的单项目水质参数评价法进行评价(具体见本章第三节)。当水质参数的标准指数大于 1 时，表明该水质参数超过了规定的水质限值标准，已经不能满足水质功能要求。水质参数的标准指数越大，说明该水质参数超标越严重。

问题三　影响该总体规划实施的生态环境制约因子是什么？

规划区南部产业园周边村庄的饮用水源均以井水为主，规划区用水需从合浦水库引水；同时,规划区部分地形为近岸滨海滩涂,使得管网施工存在较大的难度。现状调查发现,白沙河水环境质量不能稳定达到《地表水环境质量标准》(GB 3838—2002)中的Ⅲ类标准,水环境容量有限。因此,水资源是规划区的主要环境制约因子之一。

规划区的最终纳污水体为近海海域,这些海域靠近山口红树林国家级自然保护区和广西合浦儒艮国家级自然保护区,海洋生态环境敏感程度高。其区域海水水质应该执行《海水水质标准》(GB 3097—1997)中的第一类标准,但由于受白沙河、海水养殖等影响,水质不能稳定达到第一类标准。因此,这是规划区的另一个主要环境制约因子。

规划区涉及填海工程,会改变现有岸线及湿地生态系统,对港口的潮流、水势造成一定影响;规划区会占用一定面积的红树林,对生态系统的影响是不可逆的,这也是规划区的主要环境制约因子之一。

问题四　如何开展海洋生态环境现状调查与评价?

1. 确定调查内容

调查内容主要包括初级生产力、叶绿素、浮游植物、浮游动物、底栖生物、潮间带生物。

2. 设置调查站位

在现场踏勘的基础上,根据《海洋工程环境影响评价技术导则》(GB/T 19485—2014)、《海域使用论证技术导则》和《建设项目对海洋生物资源影响评价技术规程》(SC/T 9110—2007)中所规定的标准,设置调查站位。其中:潮间带设 3 个调查断面(每个断面在高、中、低潮带各设 1 个站位);海洋生态环境、鱼卵仔稚鱼、渔业资源现状和海洋生物质量现状的调查站位主要设置在山口红树林国家级自然保护区和合浦儒艮国家级自然保护区,以及省级自然保护区内;站位数则依保证样本数的最低代表性而定。

3. 采样方法和频率

(1) 采样方法。

现场采样按照《海洋监测规范》(GB 17378—2007)、《海洋调查规范》(GB/T 12763—2007)的要求进行。

(2) 采样频率。

海洋生态:对表层和底层的叶绿素 a 和初级生产力、浮游植物、浮游动物和底栖生物进行一个航次的调查,采样 1 次(不分涨潮和落潮)。

潮间带生物:潮间带断面走向与海岸垂直,潮间带每条断面分高潮区、中潮区和低潮区,并在每个潮区布设 1 个站位,进行一个航次的调查。

生物体残毒:进行 1 个航次的调查,采集潮间带断面或渔业资源拖网的生物样品(每个站位尽量包括鱼类、虾类、贝类样品)。

渔业资源:对鱼卵、仔稚鱼和游泳生物进行一个航次的调查(不分涨潮和落潮)。

4. 分析与评价方法

海洋生物质量分析项目及方法参照《海洋监测规范 第 6 部分:生物体分析》(GB 17378.6—2007)中的规定。

海洋生态参照《海洋监测规范 第 7 部分:近海污染生态调查和生物监测》(GB 17378.7—2007)中规定的方法对叶绿素 a、浮游植物、浮游动物和底栖生物进行分析与评价。

生物体污染物残留量分析与评价方法:贝类样品残毒含量的评价按照《海洋生物质量》(GB 18421—2001)中的相应标准进行;鱼类、甲壳类和头足类样品残毒(除石油烃外)含量的评价标准采用《全国海岸带和海涂资源综合调查简明规程》中规定的生物质量标准；鱼类、甲壳类和头足类样品石油烃含量的评价标准采用《第二次全国海洋污染基线调查技术规程》（第二分册）中规定的生物质量标准。

　　5．结果分析

　　（1）海域叶绿素a和初级生产力评价。

　　根据调查结果，调查期间叶绿素a含量中等偏低，表、底层叶绿素a的分布较为均匀，其高值区均出现在西南部水域。初级生产力总体为中等，变化范围为 $46.60 \sim 324.14$ mg·C/（m^2·d）；其空间分布上与叶绿素a相似，初级生产力的高值区也出现在西南部水域。总体来看，整个调查海域叶绿素a含量中等，海域初级生产力水平为中等。

　　（2）浮游植物评价。

　　浮游植物优势种有3种：硅藻门的萎软几内亚藻（guinardia flaccida）、翼根管藻纤细变型（rhizosolenia alata f. gracillima）和甲藻门的夜光藻（noctiluca scintillans），它们在大部分调查站位均有分布，其丰度之和占总丰度的83.78％。其中翼根管藻纤细变型为第一优势种，夜光藻次之。

　　浮游植物丰度处于中等水平，其丰度变化范围为 $11.76 \times 10^4 \sim 1228.88 \times 10^4$ cell/m^3，平均为 220.81×10^4 cell/m^3。调查海域的中部偏东区域浮游植物丰度较高。

　　浮游植物种类站间分布不均匀，多样性指数平均为1.58，均匀度指数平均为0.46，多样性阈值均值为0.86。因此，除中部和东南角海域浮游植物多样性较差外，评价范围内其余大部分海域浮游植物多样性一般。

　　（3）浮游动物评价。

　　总体上浮游动物的多样性属较好水平。其中：全海域丰富度指数、香农-维纳多样性指数、皮卢均匀度指数和多样性阈值分别为2.96、3.44、0.72和2.46。栖息密度变化幅度较大，在 $228.33 \sim 40705.00$ ind/m^2 之间变化，平均为 13352.38 ind/m^2；生物量变化范围为 $57.68 \sim 3048.54$ mg/m^2，平均值为 1250.04 mg/m^2。

　　评价范围内浮游动物的优势种组成简单，由夜光虫和中华哲水蚤2种组成，且夜光虫的优势地位极为显著。

　　（4）底栖生物评价。

　　底栖生物多样性指数变化范围较大，在 $1.2957 \sim 3.0270$ 之间，平均为2.12；均匀度分布范围在 $0.75 \sim 1.00$ 之间，平均为0.92。均匀度属较高水平，多样性指数属于中等水平。

　　底栖生物的总平均生物量为 89.20 g/m^2，平均栖息密度为 92.50 尾/m^2。生物量的组成以蠕虫动物最高，为 40.09 g/m^2，占总生物量的44.95％；其次为鱼类、节肢动物、星虫动物、软体动物和棘皮动物。栖息密度以环节动物、节肢动物和软体动物相对最高，分别占总栖息密度的23.42％、18.92％和18.02％。

　　底栖生物的优势种共有4种，分别为裸盲蟹、洼颚倍棘蛇尾、无沟纽虫 sp. 和厦门文昌鱼。

　　（5）潮间带生物评价。

　　多样性指数的变化范围较大，在 $1.12 \sim 2.98$ 之间，平均值为2.03；均匀度的变化范围为 $0.66 \sim 0.97$，平均值为0.82。

　　潮间带生物平均生物量为 514.72 g/m^2，平均栖息密度为 789.33 ind/m^2。栖息密度以软体动物最高,其次为节肢动物。在垂直分布上,生物量高低排序为低潮区＞中潮区＞高潮区,栖息密度高低排序为高潮区＞中潮区＞低潮区。

潮间带生物的优势种有 6 种,分别为黑口滨螺、珠带拟蟹守螺、三角藤壶、日本大眼蟹、蛛网玉螺和隔贻贝。

(6) 生物体污染物残留量评价。

在浅海拖网生物中监测的残毒因子包括铜(Cu)、锌(Zn)、铅(Pb)、镉(Cd)、铬(Cr)、砷(As)、汞(Hg)和总石油烃(TPHs)。其中:Cu、Zn、Pb、Cr 和 TPHs 的检出率为 100%,Cd 的检出率为 80.0%,As 的检出率为 46.7%,Hg 的检出率为 53.3%。

评价结果表明,采集到的所有样品中除 1 个鱼类样品的 TPHs 轻微超标外,其余样品所有残毒因子均没有超标情况出现。总体来看,本海域属于较为清洁的海域。

(7) 鱼卵、仔稚鱼情况现状评价。

调查中采集到的鱼卵和仔稚鱼数量较少,优势种类不明显,以多鳞鱚、鲾属和鲷科数量较多。鱼卵数量以鲾属最多,其次是多鳞鱚和鲷科;仔稚鱼出现数量最多的是小公鱼,其次是多鳞鱚和鲷科。

平均密度鱼卵为 1511 粒/1000 m³,仔稚鱼为 27.9 尾/1000 m³;鱼卵在所有站位均有分布,仔稚鱼数量分布相对比较均匀。

第五节　建设项目的环境质量现状评价实践

一、某医药行业技改项目的环境质量现状评价实践

某制药公司位于某市的工业集聚区内,主要生产原料药和中间体。为满足日益增长的市场需求,拟对现有设备陈旧、工艺落后的生产线进行提升改造和产品结构调整,淘汰厂区现有原料药生产线,准备在原厂区内投资建设年产 1500 t 非离子型 CT 造影剂、450 t 左氧氟沙星及 100 t 洛索洛芬钠原料药的生产线,配套建设溶剂回收车间,联产 1500 t 醋酸甲酯、530 t 冰醋酸、350 t 碘,并将碘佛醇水解物扩产至 200 t。按照相关规定,该技改项目需要编制环境影响报告书。

该工业集聚区位于某中型河流北岸,距离县城 10 km,其 N、W、NW、NW 和 S 方向分别有一所小学和四个村组,河流南岸 SW 方向也有一个村组,中型河流的水质要求达到Ⅲ类标准。这些村组到工业集聚区边界的距离介于 150～2000 m 之间,人口密度较大。厂区西侧大道对面为热力生产公司、联明化工、君业药业等企业,西北角为污水处理厂,北面、东面为规划的绿地,东北角为住宅用地,南临丰收西路。该区域大气稳定度全年以中性 D 类稳定度为主,出现频率为 60.8%,全年主导风向为东风,风速小于 1.1 m/s。该公司边界 2 km 范围内有一处大气环境地面自动监测站,在其监测的 2015—2018 年的污染物浓度和气象数据中,2017 年的数据相对完整。

本项目实施后,公司全厂 COD、氨氮、粉尘排放量在原总量控制范围内,新增的 NO_x、SO_2、VOCs 总量通过工业集聚区调剂解决。生产工艺废气主要是含有甲醇、乙醇、醋酐、乙二醇单甲醚、二氯甲烷、二甲基亚砜(DMSO)、乙酸乙酯、乙酸、正丁醇、二甲基乙酰胺(DMAC)

等溶剂的有机废气。盐酸使用过程中会产生少量氯化氢废气。危险废物堆场中危险废物夹带的溶剂挥发会产生混合型恶臭废气,废水处理站运行过程中会产生氨、H_2S 等恶臭性废气。产品干燥及 GMP(优质制造标准)车间内产品破碎、包装等过程中会产生粉尘。

请回答以下问题:

问题一　该技改项目的环境保护目标有哪些?

问题二　该技改项目的大气环境和土壤环境现状评价因子有哪些?

问题三　大气环境质量现状评价的基准年取哪一年比较合适?为什么?

问题四　大气环境质量现状监测如何布点?

参考答案

问题一　该技改项目的环境保护目标有哪些?

大气环境保护目标是 5 个村组和小学,水环境保护目标是水质要求达到 Ⅲ 类标准的某中型河流。

问题二　本技改项目的大气环境和土壤环境现状评价因子有哪些?

1. 大气环境现状评价因子

大气环境现状评价因子包括常规污染物和特征大气污染物。其中:

常规污染物是指《环境空气质量标准》(GB 3095—2012)中规定的 6 项污染物,包括 SO_2、NO_2、PM_{10}、$PM_{2.5}$、CO 和 O_3;特征污染物是指该医药化工企业生产工艺过程中排放的大气污染物,包括氯化氢、三氯甲烷、醋酸、醋酸甲酯、甲醇、DMAC、二氯甲烷、甲苯、乙酸乙酯、异丙醇、DMF(二甲基甲酰胺)、氨,以及臭气。

2. 土壤环境现状评价因子

按照《土壤环境质量 建设用地土壤污染风险管控标准(试行)》(GB 36600—2018)中第二类用地标准的要求,土壤环境现状评价因子包括重金属和无机物,以及挥发性有机物和半挥发性有机物两大类,总共 45 种污染物。具体包括:

砷、镉、六价铬、铜、铅、汞、镍;四氯化碳、氯仿、氯甲烷、1,1-二氯乙烷、1,2-二氯乙烷、1,1-二氯乙烯、顺-1,2-二氯乙烯、反-1,2-二氯乙烯、二氯甲烷、1,2-二氯丙烷、1,1,1,2-四氯乙烷、1,1,2,2-四氯乙烷、四氯乙烯、1,1,1-三氯乙烷、1,1,2-三氯乙烷、三氯乙烯、1,2,3-三氯丙烷、氯乙烯、苯、氯苯、1,2-二氯苯、1,4-二氯苯、乙苯、苯乙烯、甲苯、间/对二甲苯、邻二甲苯;硝基苯、苯胺、2-氯酚、苯并[a]蒽、苯并[a]芘、苯并[b]荧蒽、苯并[k]荧蒽、䓛、二苯并[a,h]蒽、茚并[1,2,3-cd]芘、萘。

另外,还有该项目特有的碘化物,通常还可以加上土壤的 pH 值。

问题三　大气环境质量现状评价的基准年取哪一年比较合适?为什么?

在 2015—2018 年的监测数据中,由于 2017 年的 6 项大气污染物的浓度监测数据和气象数据相对完整,根据《环境影响评价技术导则 大气环境》(HJ 2.2—2018)的规定,综合考虑评价所需环境空气质量现状及气象资料等数据的质量及代表性,选取数据相对完整的 2017 年作为该技改项目的大气环境质量现状评价的基准年,以评价该项目周边基本 6 项污染物的环境空气质量现状。

问题四　大气环境质量现状监测如何布点？

1. 对于基本大气污染物

由于该技改项目边界 2 km 范围内有一处大气环境地面自动监测站,为此可以以大气环境地面自动监测站为基本大气污染物的监测点位。因此,可以直接采用 2017 年大气自动监测数据来评价环境空气质量现状。基本 6 项污染物的年平均质量浓度,SO_2、NO_2 第 98 百分位日平均浓度,PM_{10}、$PM_{2.5}$、CO 第 95 百分位日平均浓度,以及 O_3 第 90 百分位 8 h 平均浓度满足《环境空气质量标准》(GB 3095—2012)中各浓度限值要求。

2. 对于特征大气污染物

至少应该在 5 处村庄敏感点布置监测点位,进行连续 7 天的特征大气污染物监测采样。每天监测 4 次小时值,每次采样时间不少于 45 min。

将各监测点的特征大气污染物的监测结果,与各自相对应的限值标准进行比较,以判断它们是否满足相应环境空气功能区的要求。

二、武汉机场河水环境治理工程环境质量现状评价实践

机场河全长 11.4 km,最宽处小于 15 m,明渠水深最深处为 5.4 m,是武汉市汉口地区的一条主要城市内河水系,由明渠和地下箱涵组成,其中明渠(东渠)长约为 3.4 km,箱涵段长度为 8.0 km。机场河水体水质较差,对周边居民的生产和生活造成了严重影响。为此,政府决定对机场河的水环境进行综合治理。综合治理工程任务包含:旱季截污工程、污水和雨水合流制(简称 CSO)溢流污染控制工程、生态补水工程、景观绿化工程、水生态修复工程和河道水环境监控与综合调度工程。水环境目标是水环境质量达到城市景观用水水质要求,水质指标达到地表水 V 类标准,其中主要水质指标力争实现地表水 IV 类标准。利用汉西污水处理厂尾水作为机场河明渠的生态补水工程的补水水源。

机场河目前仍属于雨污合流制排水系统,合流制溢流污染通过设计 CSO 调蓄池＋低位箱涵＋末端 CSO 污水处理厂解决,排放标准为一级 A 标准。CSO 污水处理厂设在地下,其运行过程中产生的废气采用生物滴滤塔处理后对空排放。

请回答以下问题:

问题一　该项目环境质量现状调查的主要内容有哪些?

问题二　简述该项目生态环境现状调查方法、调查内容及评价方法。

问题三　如何开展机场河水环境质量现状评价?

问题四　如何开展该 CSO 污水处理厂大气环境质量现状评价?

问题五　如何开展机场河 CSO 污水处理厂厂址的土壤环境质量现状评价?

参考答案

问题一　该项目环境质量现状调查的主要内容有哪些?

该项目的环境质量现状调查的主要内容如下:

(1) 地理位置。机场河水系所处的经纬度、行政区位置和交通位置,并附地理位置图。

(2) 地质环境。根据国土资源厅的地质调查资料,详细描述机场河水系的地质构造、断裂、塌陷、地面沉降等不良地质构造。若没有这些资料,需要进行一定的地质结构调查。

（3）地形地貌。机场河水系所在地区的海拔高度、地形特征、相对高差和周边的地貌类型。

（4）气象与气候。武汉是一个高湿高温地区,四季分明、雨季分明、降雨充沛、季风明显。

（5）地表水环境。机场河水系分布特征、水文特征;地表水资源分布及利用情况;水质现状特征及污染来源,以及水环境容量等。

（6）地下水环境。武汉城市区域的地下水水位低,地表水与地下水的相互补充有可能造成地下水的污染。

（7）大气环境。根据项目周边的大气环境状况,调查常规大气污染物的浓度、污染物的来源,以及大气环境容量等。

（8）声环境。机场河水系周边区域可能受到天河机场航空噪声及道路机动车等声源的影响,为此,需要调查现有声源的种类、受影响的人口与面积等。

（9）土壤与水土流失。机场河水系堤坝长期得不到有效维护,加上武汉城市区域的降水量大等因素,很容易造成机场河项目周围的水土流失。为此,需要调查土壤类型及其分布、成土母质以及土壤厚度等。

（10）生态调查。调查机场河及其周边的陆生动植物和水生生物多样性。

（11）社会经济。调查机场河水系周边区域的经济指标、人口、工业与能源结构、农业与土地利用和交通运输等。

（12）景观调查。机场河及其周边区域的自然遗迹、人文遗迹,以及是否存在风景名胜区和古建筑等需要保护的自然和人文景观等。

问题二　简述该项目生态环境现状调查方法、调查内容及评价方法。

采用野外调查与室内资料分析相结合的方法,开展评价区内生态环境现状调查。在此基础上,进行评价区的陆生动植物和水生生物的多样性现状分析。

1. 陆生生物调查方法及调查内容

1）调查方法

在对评价区陆生生物资源历年资料进行检索分析的基础上,根据调查方案确定路线走向及考察时间,开展现场调查。

在陆生动物调查过程中,要确定评价区内动物的种类、资源状况及生存状况,尤其是重点保护种类。调查方法主要有样线法、样点法、资料收集法。

样线法是沿着预先设计的一定路线,边走边进行观察,统计鸟类数量与名称,借助望远镜确定种类。左右肉眼能见度为这个带状样方的宽度,乘上样线长度即是这个带状样方的面积。

在无法设计样带的地方,则采用样点法;以一个中心点为圆心,调查周围能见距离内的鸟类数量与种类。两栖类与爬行类动物的活动能力相对较差,调查时主要在有水域之处及其他适合其生存的生境中采用样点法,观察其种类与数量。

资料收集法主要收集近年来公开发表的描述项目所在区域生态环境状况的文献资料。例如《武汉城市乡村聚落植物物种组成与多样性研究》(武欣,2010)、《武汉市城市湖泊湿地植物多样性研究》(宋广莹,2008)等。

从上述调查得到的种类之中,对相关重点保护物种进行进一步调查与核实,确定其种类及数量。

2) 陆生植物多样性现状

根据现场踏勘,评价范围内植被以栽培植被为主,野生或次生性质的自然植被仅见于草本和灌木,连片分布面积一般不大。就植物种类而言,评价区内的植物多系人工栽培,主要为苗圃和农作物物种。常见野生植物主要有艾蒿(artemisia argyi)、一年蓬(erigeron annuus)、荩草(arthraxon hispidus)、商陆(phytolacca acinosa)、葛藤(pueraria lobata)、构树(broussonetia papyrifera)、苍耳(xanthium sibiricum)、葎草(humulus scandens)、杠板归(polygonum perfoliatum)、苦楝(melia azedarach)、狗牙根(cynodon dactylon)、狼尾草(Pennisetum alopecuroides)、平车前(plantago depressa)、白茅(imperata cylindrica)等;主要农作物品种有水稻(oryza sativa)、棉花(gossypium hirsutum)、红薯(ipomoea batatas)等。另外项目评价区域还有大量苗圃,用来培育园林绿化和城市行道植物,主要物种有广玉兰(magnolia grandiflora)、樟树(cinnamomum camphora)、银杏(ginkgo seed)、木樨(桂花)(osmanthus fragrans)等。

根据现场踏勘,按照《中国植被》(1980 年)的分类系统,评价范围中的自然植被可划分为 1 个植被型组、2 个植被型、4 个群系,栽培植被类型有 3 个群系,具体清单略。

通过野外实地调查和查阅资料,按照现行的《中华人民共和国野生植物保护条例》《国家重点保护野生植物名录(第一批)(1999)》《全国古树名木普查建档技术规定》以及其他相关规定,在本次调查中未见有国家重点保护野生植物和古树名木的分布。

3) 陆生动物多样性现状

评价范围内共有陆生脊椎动物 11 目 17 科 21 种,其中两栖动物 1 目 3 科 4 种,爬行动物 1 目 2 科 3 种,鸟类 6 目 9 科 9 种,兽类 3 目 3 科 5 种。

评价范围内没有发现国家级重点保护陆生野生脊椎动物分布,有湖北省重点保护陆生野生脊椎动物 12 种,其中两栖类 4 种,爬行类 1 种,鸟类 7 种。具体清单略。

2. 陆生生物多样性现状评价

(1) 项目所在地植物物种多样性相对邻近区域持平,以栽培植物为主,无国家重点保护野生植物分布,无古树名木分布。

(2) 评价区域存在少量原始植被。评价范围内植被以栽培植被为主,有苗圃和农作物植被等;自然植被以灌丛和灌草丛为主,主要有构树灌丛、白茅灌草丛、艾蒿灌草丛等,无乔木类型的自然植被分布。

(3) 项目不涉及地方生态公益林区。

(4) 评价范围内陆生脊椎动物主要以野生动物为主,野生脊椎动物多为与人类关系密切的种类,共计 11 目 17 科 21 种,其中两栖动物 1 目 3 科 4 种,爬行动物 1 目 2 科 3 种,鸟类 6 目 9 科 9 种,兽类 3 目 3 科 5 种。评价范围内没有发现国家级重点保护陆生野生脊椎动物分布,有湖北省重点保护陆生野生脊椎动物 12 种。

3. 水生生物调查方法及调查内容

1) 调查方法

水生生物调查包括浮游动植物、藻类、底栖无脊椎动物的种类和数量、水生生物群落结构等方面。由于机场河水质状况差,目前其水产品的价值低,故本次评价仅采用定性方法开展水生生物的调查,主要是在查阅评价区水生生物资源历年资料的基础上进行现场调查,即采用资料收集法和现场调查法相结合的方法。

2）水生生物多样性现状

本次水生生物现状调查的对象主要为项目所在地临近水域,调查结果如下:

（1）鱼类。

通过实地踏勘及访问调查发现,机场河鱼类种类和数量较少,主要为鲫鱼、白条鱼等小型鱼类。项目评价范围内无鱼类产卵、索饵、越冬等"三场"及重要洄游通道分布。

（2）浮游生物。

评价范围内浮游植物种类以绿藻为主,还有蓝藻和硅藻等。浮游动物主要有轮虫,还有少量的枝角类、原生动物和桡足类。

（3）底栖动物。

评价范围内的水田中底栖动物以中华田螺和水蛭为主,池塘有少量的克氏原螯虾和霍甫丝蚓等。

（4）水生植物。

评价区内发现有少量沉水植物如苦草（vallisneria natans）、狐尾藻（myriophyllum verticillatum）等分布,但一般不形成群落。

4. 水生生物多样性现状评价

（1）评价范围内水生生物资源均以地区常见种为主,种类和数量相对邻近区域持平。

（2）评价范围内没有鱼类产卵、索饵、越冬等"三场"及重要洄游通道分布,鱼类主要为鲫鱼、白条鱼等小型鱼类,没有发现国家及湖北省重点保护鱼类;浮游植物以绿藻为主,浮游动物主要有轮虫等;底栖动物以中华田螺和水蛭为主;水生植物主要有苦草、狐尾藻等。

问题三 如何开展机场河水环境质量现状评价?

1. 评价时段

按照武汉市地区水文时期划分,5—9月为丰水期、12月至次年2月为枯水期,其余时间为平水期。考虑到武汉市的梅雨季节,本次评价将丰水期的水质采样时间选择在8月份,将枯水期的水质采样时间选择在1月份。

连续监测3天,每天采样1次。

2. 确定评价范围

全长11.4 km的机场河为评价范围,其中明渠（东渠）长约为3.4 km,箱涵段长度为8.0 km。

3. 确定评价因子及评价标准

监测水质指标为:温度、pH值、DO、COD、氨氮、总氮（库,以N计）、石油类、粪大肠菌群。

根据湖北省人民政府办公厅鄂政办函〔2000〕74号《省人民政府办公厅关于武汉市地表水环境功能区类别和集中式地表水饮用水水源地保护区级别规定有关问题的批复》的有关规定,机场河河段执行《地表水环境质量标准》（GB 3838—2002）中的V类标准。

4. 确定监测断面

根据《环境影响评价技术导则 地表水环境》（HJ 2.3—2018）的要求:"应布设对照断面、控制断面;水污染影响型建设项目在拟建排放口上游应布置对照断面（宜在500 m以内）,根据受纳水域水环境质量控制管理要求设定控制断面。"由于汉西污水处理厂生态补水点位于机场河明渠起端,铁路桥地下净化水厂排放口位于黄孝河的起端,不存在排放口上游500 m的情形,故根据实际情况未设置对照断面。

考虑机场河水环境质量要求,评价区域内无功能区划及水质控制断面,且评价区域内无水环境保护目标。为综合分析汉西污水处理厂和铁路桥地下净化水厂排放对机场河水环境的影响,以及污水处理厂尾水入机场河后对府河的影响,同时根据模拟预测工作需要,在机场河设置6个监测断面:机场河常青北路段东渠断面、机场河常青北路段西渠断面、机场河常青队处东渠断面、机场河常青队处西渠断面、机场河西渠入府河处断面和机场河东渠终点处断面。

5. 确定评价方法

采用《环境影响评价技术导则》中推荐的单项标准指数法进行评价。

(1) 标准指数。

一般性水质因子(随着浓度增加而水质变差的水质因子)的指数计算公式如式(3-15)所示。

(2) 特征指数。

特征指数包括DO和pH值,其计算公式分别如式(3-16)至式(3-18),以及式(3-19)和式(3-20)所示。

将8月丰水期和1月枯水期采集的样品按照规定的方法在实验室进行分析,分别得到丰水期的水质监测数据和枯水期的水质监测数据。根据《环境影响评价技术导则》中推荐的单项标准指数法,开展机场河各处断面的水质评价工作。机场河地表水水质监测结果及评价如表3-20和表3-21所示(表中各浓度的单位与相关标准中的一致)。

表 3-20　丰水期机场河水质监测结果及评价

监测项目		pH值	DO	COD	氨氮	总氮	石油类	粪大肠杆菌
4#机场河常青北路段东渠	监测值	6.21	4.60	23.00	9.56	15.5	ND	5300
	Ⅴ类标准值	6~9	≥2	≤40	≤2.0	≤2.0	≤1.0	≤40000
	S_{ij}	0.79	—	0.58	4.78	7.75		0.13
5#机场河常青北路段西渠	监测值	7.21	4.70	23.33	8.35	11.67	ND	3367
	Ⅴ类标准值	6~9	≥2	≤40	≤2.0	≤2.0	≤1.0	≤40000
	S_{ij}	0.11	—	0.58	4.18	5.84		0.08
6#机场河常青队处东渠	监测值	7.23	4.73	25.00	7.14	12.50	ND	6367
	Ⅴ类标准值	6~9	≥2	≤40	≤2.0	≤2.0	≤1.0	≤40000
	S_{ij}	0.12	—	0.63	3.57	6.25		0.16
7#机场河常青队处西渠	监测值	7.17	4.70	18.33	8.85	16.50	ND	4633
	Ⅴ类标准值	6~9	≥2	≤40	≤2.0	≤2.0	≤1.0	≤40000
	S_{ij}	0.085	—	0.46	4.43	8.25		0.12
8#机场河西渠入府河处	监测值	7.19	4.63	23.0	8.29	13.43	ND	6767
	Ⅴ类标准值	6~9	≥2	≤40	≤2.0	≤2.0	≤1.0	≤40000
	S_{ij}	0.095	—	0.58	4.15	6.72	—	0.17
9#机场河东渠终点处	监测值	7.14	4.53	21.0	8.25	12.50	ND	3967
	Ⅴ类标准值	6~9	≥2	≤40	≤2.0	≤2.0	≤1.0	≤40000
	S_{ij}	0.07	—	0.53	4.13	6.25		0.10

表 3-21　枯水期机场河水质监测结果及评价

监　测　项　目		pH 值	DO	COD	氨氮	总氮	总磷	BOD$_5$
4#机场河常青北路段东渠	监测值	8.28	7.42	52	9.65	17.5	0.8	14
	V 类标准值	6～9	≥2	≤40	≤2.0	≤2.0	≤0.4	≤10
	S_{ij}	0.64	—	1.3	4.825	8.75	2	1.4
5#机场河常青北路段西渠	监测值	7.82	6.92	32	14.4	17.7	0.28	7.8
	V 类标准值	6～9	≥2	≤40	≤2.0	≤2.0	≤0.4	≤10
	S_{ij}	0.41	—	0.8	7.2	8.85	0.7	0.78
6#机场河常青队处东渠	监测值	8.35	7.44	51	10.7	15.2	0.78	15.0
	V 类标准值	6～9	≥2	≤40	≤2.0	≤2.0	≤0.4	≤10
	S_{ij}	0.68	—	1.275	5.35	7.6	1.95	1.5
7#机场河常青队处西渠	监测值	8.14	6.98	43	14.3	18.2	0.22	11
	V 类标准值	6～9	≥2	≤40	≤2.0	≤2.0	≤0.4	≤10
	S_{ij}	0.57	—	1.075	7.15	9.1	0.55	1.1
8#机场河西渠入府河处	监测值	8.2	6.71	36	14.3	19.2	0.32	8.4
	V 类标准值	6～9	≥2	≤40	≤2.0	≤2.0	≤0.4	≤10
	S_{ij}	0.6	—	0.9	7.15	9.6	0.8	0.84
9#机场河东渠终点处	监测值	8.19	7.48	47	10.2	16.6	0.82	10.5
	V 类标准值	6～9	≥2	≤40	≤2.0	≤2.0	≤0.4	≤10
	S_{ij}	0.59	—	1.175	5.1	8.3	2.05	1.05

　　由表 3-20 可知,丰水期机场河地表水体 6 个监测点位中,除氨氮和总氮均不能满足《地表水环境质量标准》(GB 3838—2002)中的 V 类水质标准要求外,其他监测因子均能满足《地表水环境质量标准》(GB 3838—2002)中的 V 类水质标准要求。超标原因主要是污水未经处理直接溢流到机场河,雨天合流制区域雨污合流污水溢流到明渠,污染明渠水质。

　　由表 3-21 可知,枯水期机场河地表水体 6 个监测点位中,氨氮、总氮、COD、总磷均不能满足《地表水环境质量标准》(GB 3838—2002)中的 V 类水质标准要求。超标原因主要是旱天截污不彻底。

问题四　如何开展该 CSO 污水处理厂大气环境质量现状评价?

1. 确定评价范围

将以机场河 CSO 污水处理厂项目厂址为中心、边长为 5 km 的矩形范围作为大气环境质量现状评价范围。

2. 开展大气环境质量现状调查

监测项目包括常规因子和特征因子两个方面。其中:常规因子通常是指《环境空气质量标准》(GB 3095—2012)中规定的 6 项污染物,即二氧化硫(SO$_2$)、二氧化氮(NO$_2$)、一氧化碳(CO)、PM$_{10}$、PM$_{2.5}$ 和 O$_3$。

特征因子通常是指建设项目排放的污染物,这里是指 CSO 污水处理厂排放的大气污染物,主要包括硫化氢(H_2S)和氨(NH_3)。

监测上述 SO_2、NO_2、CO、PM_{10}、$PM_{2.5}$、O_3、H_2S 和 NH_3 的 1 小时平均浓度值及 24 小时平均浓度值。

各污染物的监测频率:连续监测 7 天,1 小时平均浓度值采样时刻为 02:00、08:00、14:00、20:00。

3. 气象要素调查

在监测 SO_2、NO_2、CO、PM_{10}、$PM_{2.5}$、O_3、H_2S 和 NH_3 浓度的同时,需要同步调查监测时间点的风向、风速、温度、湿度、辐射强度和能见度等气象要素。

4. 确定评价标准

根据武汉市人民政府办公厅文件武政办〔2013〕129 号《市人民政府办公厅关于转发武汉市环境空气质量功能区类别规定的通知》,项目所在区域环境空气质量功能区类别为二类区,执行《环境空气质量标准》(GB 3095—2012)中的二级标准。

评价标准:SO_2、NO_2、CO、PM_{10}、$PM_{2.5}$ 和 O_3 污染的评价采用《环境空气质量标准》(GB 3095—2012)中的二级标准;H_2S 和 NH_3 污染的评价采用《恶臭污染物排放标准》(GB 14554—1993)中的二级标准。

5. 评价方法

采用单因子标准指数评价方法或超标倍数评价方法。当标准指数小于 1 或超标倍数为 0 时,表明环境空气质量满足二级标准要求。

问题五 如何开展机场河 CSO 污水处理厂厂址的土壤环境质量现状评价?

因机场河 CSO 污水处理厂厂址原为工业厂房,为避免施工期开挖对环境及人员安全造成影响,需要开展该厂址的土壤环境质量现状评价。

1. 确定评价范围

机场河水环境综合整治项目为三级建设项目,根据《环境影响评价技术导则 土壤环境(试行)》(HJ 964—2018)中的调查评价范围以及现状监测要求,土壤环境现状调查评价范围需要根据污染途径进行确定。针对建设项目区域内的污染来源,分别在悦康药业、来多汽车支架制造、斯大厂房地区布设监测点位。因此,评价范围至少应该包括这三家工厂构成的边界范围。

2. 开展土壤环境质量现状调查

根据土壤监测要求,至少需要一期的土壤环境监测数据。为此,在每个工厂区范围内至少选取 1 处地方采集土壤样品,即至少需要在 3 个地方采集土壤样品,分别记为 1#、2# 和 3#。每个地方需要在不同的深度处采集 1~3 个样品。采样深度按相关要求确定,如 0.5 m、1 m、2 m 或 3 m 等(表层、中层和底层),具体在现场调查后确定。

3. 确定评价因子及评价标准

根据《土壤环境质量 建设用地土壤污染风险管控标准(试行)》(GB 36600—2018)的规定,评价因子包括三个方面的内容:重金属和无机物、挥发性有机物、半挥发性有机物。其中:重金属和无机物为六价铬、汞、铜、镍、铅、镉、砷;挥发性有机物为萘、苯并蒽、硝基苯、二苯并蒽、苯并芘等;半挥发性有机物为苯、甲苯、乙苯、1,2-二氯丙烷、氯甲烷、二氯甲烷等。

4. 确定评价方法

采用单因子标准指数评价方法或超标倍数评价方法。当各项目监测结果均低于《土壤环

境质量 建设用地土壤污染风险管控标准(试行)》(GB 36600—2018)中的第二类建设用地规定浓度或限值要求时,认为建设区土壤环境水平整体较好,符合《土壤环境质量 建设用地土壤污染风险管控标准(试行)》(GB 36600—2018)中的用地要求。

三、某精加工钒生产线项目的环境质量现状评价实践

该建设项目位于某县经济开发区综合产业园内,厂区总占地面积为 33500 m²。项目所在地区为城市建成区,西侧临崇青大道。厂界 200～2000 m 范围内东南西北有 14 个村庄,有一条自西南向东北流动的陆水河,属于中等河流。周边地貌类型为城市人工地貌,大部分区域已做硬化覆盖处理,地形平坦。建设项目属于合金冶炼行业,主要生产钒氮合金和 80 钒铁合金产品。其中:钒氮合金主要生产工艺包括粉磨、制球、焙烧等;80 钒铁合金主要生产工艺包括混料、反应、成品破碎等。购入的如五氧化二钒、脱氧剂等主要生产原料,以及运出的主要产品成品和废渣等物资,均放在相应的储运场地或车间。

本项目运行期无生产废水排放,外排废水主要为食堂废水和生活污水,废水总排量约为 1500 m³/a。工厂设有化粪池和废水总排污口,受纳水体为陆水河,是长江一支流,属于Ⅲ类水体。项目排水采用雨污分流制。

请回答以下问题:

问题一　该项目的主要环境问题包括哪些?

问题二　项目的主体工程是什么?

问题三　如何开展该项目的环境空气、地表水和声环境质量的现状评价监测?

问题四　雨水和废水通过何种方法处理?

参考答案

问题一　该项目的主要环境问题包括哪些?

该项目的主要环境问题包括:粉磨粉尘、料粉尘、破碎粉尘、推板窑焙烧废气、反应炉烟气等对当地大气环境、水环境和声环境的影响。

问题二　项目的主体工程是什么?

该项目的主体工程包括钒氮合金生产线、80 钒铁合金生产线以及相应的辅助生产设施、公用工程(配电工程和给排水工程等)、环保工程,以及配套的办公生活设施等。

问题三　如何开展该项目的环境空气、地表水和声环境质量的现状评价监测?

对于环境空气:根据评价范围内环境空气敏感目标的分布情况,至少应该选择最不利气象条件下的一个季节进行监测,监测因子包括 $PM_{2.5}$、PM_{10}、SO_2、NO_2、O_3 和 CO。选择在冬季 11 月份,分别在其上风方向距村庄最近的地方至少布设 1 个点、在其下风方向距离村庄最远的地方至少布设 2 个点,即总共至少布设 3 个环境空气监测点,连续监测 7 天。评价标准为《环境空气质量标准》(GB 3095—2012)中的二级标准。

对于地表水体陆水河:根据评价范围内Ⅲ类水体陆水河的水质要求,至少应该在枯水期开展一次监测。监测项目包括 pH 值、DO、COD、BOD_5、氨氮和总磷等。在污水处理厂废水排放口的上下游各设置一个水质监测断面,连续监测 7 天。评价标准为《地表水环境质量标准》(GB 3838—2002)中的Ⅲ类标准。

对于声环境:根据评价范围内声环境保护目标分布情况,项目共布设 5 个声环境监测点位:东面厂界、北面厂界、西面厂界、西面居民区、南面厂界。采用等效连续 A 声级进行声环境质量现状评价。评价标准:项目运行期北面厂界噪声应达到《工业企业厂界环境噪声排放标准》(GB 12348—2008)中的 4 类标准,其余厂界噪声应达到《工业企业厂界环境噪声排放标准》(GB 12348—2008)中的 3 类标准。

问题四　雨水和废水通过何种方法处理?

初期雨水经沉淀后外排至市政污水管网,清净雨水收集后排入厂内雨排系统,采用明沟排放。

食堂废水经隔油池预处理后汇合生活污水进入化粪池处理,进一步处理达到《污水综合排放标准》(GB 8978—1996)中的三级标准后外排至园区污水管网。污水通过园区污水管网进入园区污水处理厂,处理达标后外排至陆水河。

四、湖北龙感湖风力发电项目建设的环境质量现状评价实践

湖北省黄冈市龙感湖国家级自然保护区管理区一带因风能分布集中、风力资源丰富、风速日变化平稳,具备建设大型风电场的开发条件,而且对外交通便利,并网条件好。因此,决定在该区域开展风力发电场工程建设。项目工程区域属于农业生态系统服务功能区,位于龙感湖国家级自然保护区的西侧,不占用保护区面积。工程与保护区边界的最近距离为 431 m。龙感湖国家级自然保护区内有长江中游淡水湿地生态系统——龙感湖湿地,以及重要湿地鸟类和稻田湿地。保护区内有各种野生动物 484 种,其中有国家一级重点保护动物黑鹳、白鹤、大鸨、东方白鹳、白头鹤共 5 种,国家二级重点保护动物小天鹅、黄嘴白鹭、白琵鹭等 32 种,列入《濒危野生动植物种国际贸易公约》附录的有白眉鸭、东方白鹳等 28 种,列入《中日保护候鸟及其栖息环境的协定》的有金腰燕、灰鹤、白头鹞等 73 种,列入《中澳保护候鸟及其栖息环境的协定》的有白眉鸭、水雉等 22 种。国家二级保护植物有水莲、野菱、粗梗水蕨、秤锤树和樟树。此外,列于湖北省重点保护鸟类的有 37 种。

项目工程总投资约 46000 万元,其中环保投资约 920 万元。项目将建设 19 台风力发电机组,单台风力发电机组占地面积约 300 m^2,19 台风力发电机组基础总挖方为 22700 m^3,总填方为 11620 m^3。项目工程组成:主体工程包括风电场、升压站和集电线路;施工辅助工程包括施工检修道路、施工生产生活区、施工吊装场地、弃渣场、料场及临时堆土场;公用工程包括给水、排水和供电工程;环保工程包括污水处理工程(升压站建设化粪池 1 座)、水土保持工程(设置排水沟、挡土墙、护坡、植物防护措施等),以及事故油池工程(升压站内设事故油池 1 座)。

请回答以下问题:

问题一　该项目所涉及的主要环境敏感目标是什么?

问题二　如何开展该项目的生态环境现状评价?

问题三　项目施工期和营运期的主要环境问题是什么?

参考答案

问题一　该项目所涉及的主要环境敏感目标是什么?

该项目涉及的主要环境敏感目标包括声环境敏感目标和龙感湖国家级自然保护区周边不

同季节的国家一级和二级保护鸟类,以及湖北省重点保护鸟类和兽类。

声环境敏感点包括洋湖分场一队、洋湖三叉港、洋湖古港分场六队、芦柴湖分场八队、一分场九队、升压站站址、沙湖分场五队、沙湖朱湖分场四队、四分场四队(龙感湖中学)、桥头居民点、塞南东侧居民点,以及升压站南侧居民点等。

国家一级重点保护鸟类 5 种,分别为大鸨、白头鹤、白鹤、黑鹳、东方白鹳;国家二级重点保护鸟类 25 种,分别为大天鹅、小天鹅、灰鹤、白琵鹭、白尾鹞、黑鸢、普通鵟、斑头鸺鹠、长耳鸮、短耳鸮、东方草鸮、红隼、红脚隼等。国家重点保护鸟类主要分布于龙感湖国家级自然保护区的核心区及其周边的库塘、稻田等区域,在风机点位处主要为白尾鹞、黑鸢、普通鵟、领角鸮、斑头鸺鹠、长耳鸮、东方草鸮、红隼及红脚隼等活动范围相对较广的猛禽的游荡区域。另外,评价区域内有湖北省重点保护鸟类 37 种。

国家二级保护植物包括粗梗水蕨、水莲、野菱、黄梅秤锤树、樟树这 5 种植物。

问题二 如何开展该项目的生态环境现状评价?

首先需要开展该风电场工程所涉及区域的野外现场踏勘结果分析,进行评价区域的生态系统划分,然后开展不同生态系统的生态环境现状调查。在此基础上,开展典型生态系统的生态环境现状评价。

为了开展生态环境质量现状评价,根据项目陆地建设、区域土地利用现状、动植物分布等野外现场踏勘结果,首先对评价区域的生态系统进行划分。根据生态系统划分方法,将湖北省黄冈市龙感湖管理区内的生态系统划分为自然生态系统和人工生态系统。自然生态系统又分为林草地生态系统和湿地生态系统;人工生态系统包括农田生态系统和村落生态系统。评价区域内的生态系统以农田生态系统和湿地生态系统为主。实地踏勘调查时,采用问询当地居民,对照网上给出的植物标识软件,参考《中国植被》和《湖北植被区划》等方法,开展陆地生态系统调查。

1. 林草地生态系统调查

林草地生态系统主要分布在龙感湖国家级自然保护区内,包括自然植被类型和人工植被类型。其中:自然植被类型为灌丛和灌草丛,包括树灌丛、牡荆灌丛和白背叶灌丛。牡荆占绝对优势,伴生种主要有白背叶、乌桕、毛竹,零星分布有马尾松、构树、化香等。草地植被以中生或旱中生多年生草本植物为主,如薹草、狗尾草、悬钩子、车前草、阿拉伯黄背草、黄花蒿、白茅、海金沙、艾蒿、早熟禾、全叶马兰和鸡眼草等,草地植被中散生一些灌木植物。人工植被类型为人工林地及农作物,主要有意杨林、水稻、小麦、棉花、花生、大豆等。意杨林、灌丛和灌草丛主要分布在路边、农田与建筑用地的过渡地带,是评价区内分布的重要林草地生态系统。

通过实地调查及查询相关资料可知,评价区内未发现国家重点保护野生动物和古树名木,但存在国家二级保护植物,包括粗梗水蕨、水莲、野菱、黄梅秤锤树、樟树这 5 种植物。

林草地生态系统是各种动物良好的避难所,也是野生动物的主要活动场所。两栖类中的陆栖型如中华蟾蜍、泽陆蛙;林栖傍水型爬行类如赤链蛇、王锦蛇;鸟类中的猛禽如赤腹鹰、长耳鸮,攀禽如棕腹啄木鸟,鸣禽如大山雀、喜鹊、大杜鹃和丝光椋鸟;哺乳类如灰麝鼩和花面狸等。

2. 湿地生态系统调查

评价区域内的湿地生态系统主要分布在龙感湖国家级自然保护区内。湿地生态系统主要以池塘和沟渠为主,其生物群落由水生和陆生生物组成。

湿地生态系统主要的水生生物包括：浮游植物（以绿藻、硅藻和蓝藻为主）、浮游动物（主要有轮虫、枝角类和桡足类）、底栖动物（以腹足类和瓣鳃类为主），以及鱼类和两栖类。

湿地生态系统中分布的鸟类主要为水鸟，包括小鸊鷉、红嘴鸥、鸿雁、斑嘴鸭、红脚鹬、鹤鹬、白腰草鹬、凤头麦鸡、普通鸬鹚、白鹭、苍鹭、大白鹭、白琵鹭、小天鹅、白头鹤等，数量较多。

3. 农田生态系统调查

农田生态系统是评价区域内面积最大的生态系统。农业植被分为粮食作物和经济作物。其中粮食作物主要有水稻、玉米、豆类、红薯类等；经济作物主要有油茶、棉花、花生、各种蔬菜瓜果等。

农田生态系统属人工控制的生态系统，与人类伴居的动物多活动于此，如：鸟类中的常见鸣禽（如八哥、喜鹊、麻雀、山麻雀等）；哺乳类中的部分半地下生活型种类，主要为家野两栖的小型啮齿动物（如小家鼠、褐家鼠、东方田鼠等）。

农田生态系统的主要生态功能体现在农产品及副产品生产，包括为人们提供农产品以及生物能源等。此外，农田生态系统也具有养分循环、水分调节、传粉播种、病虫害控制、生物多样性及基因资源等功能。

4. 村落生态系统调查

评价区域内村落生态系统主要包括建筑用地和裸地。村落是一个高度复合的人工生态系统，与自然生态系统在结构和功能上都存在明显差别。

村落生态系统中自然植被较少，其植被类型简单，以人工种植的绿化植被为主，主要包括樟树、桂花树和竹类等。

村落生态系统中的动物种类较少，主要为傍人生活的种类，如：鸟类的鸣禽（如麻雀、灰喜鹊、喜鹊等）；哺乳类中的部分半地下生活型种类，主要为小型啮齿动物（如黄胸鼠、褐家鼠等），与农田生态系统的动物种类相似。

5. 陆生生态系统中的动物调查

1）陆生脊椎动物（不包含鸟类）调查

陆生生态系统中的动物调查主要用基础资料收集、野外调查、室内资料分析和专家咨询的方法。其中：兽类主要采用文献调研、现场的环境调查、野外踪迹调查（如足迹链、窝迹、粪便），再结合访问调查确定种类及数量等。两栖类与爬行类的活动能力相对较差，调查时主要在有水域之处及其他适合其生存的生境中采用样点法观察其种类与数量。从上述调查得到的种类之中，对相关重点保护物种通过走访当地村民进行进一步调查与核实，确定其种类及数量。对有疑问的动物、重点保护动物尽量采集凭证标本并拍摄照片。

评价区内两栖类有1目3科7种，占湖北省两栖动物总种数69种（亚种）的10.15%。其中蛙科种类最多，共4种，占两栖类种数的57.14%。其中：无国家级重点保护的两栖类动物；有省级重点保护的两栖动物7种，分别为中华大蟾蜍、金线侧褶蛙、泽陆蛙、沼水蛙、湖北侧褶蛙、饰纹姬蛙和合征姬蛙。

评价区内爬行类共有2目6科7种，占湖北省爬行动物总种数78种的8.97%，包括多疣壁虎、中国石龙子、蓝尾石龙子、黑眉锦蛇、竹叶青蛇、鳖和乌龟。

通过实地调查及查询相关资料可知，评价区内无国家级重点保护爬行类，湖北省重点保护蛇类有1种，为黑眉锦蛇。

评价区内哺乳类共有4目6科13种，分别为普通伏翼、东方田鼠、黑线姬鼠、小家鼠、褐家

鼠、黄胸鼠、拟家鼠、刺猬、豹猫、果子狸、黄鼬、猪獾和狗獾,它们占湖北省哺乳动物总种数 121
种的 10.74%。评价区内哺乳类以啮齿目最多,有 6 种,占总数的 46.15%。

通过实地调查及查询相关资料可知,评价区内无国家级重点保护哺乳类动物,但有省级重
点保护哺乳类 4 种,分别为豹猫、果子狸、猪獾、狗獾。

从上述调查结果可知,重点评价区内陆生脊椎动物(不包含鸟类)中,没有国家级重点保护
的两栖类、爬行类和哺乳类动物,但有湖北省重点保护动物 12 种,其中两栖类 7 种,爬行类 1
种,哺乳类 4 种,分别为:中华大蟾蜍、金线侧褶蛙、泽陆蛙、沼水蛙、湖北侧褶蛙、饰纹姬蛙、合
征姬蛙;黑眉锦蛇;豹猫、果子狸、猪獾、狗獾。

2) 鸟类动物调查

由于鸟类动物存在迁移越冬和繁殖等特性,因此,在春夏秋冬四季均进行了鸟类观测与调
查。调查方法及技术标准参考《生物多样性观测技术导则 鸟类》(HJ 710.4—2014)。根据当
地的实际情况,布设了 10 条调查样线,样线长度为 3~5 km 不等,一般选择在每天早上和傍晚
进行调查。

为了较全面了解评价区域内的鸟类种类及资源状况、珍稀濒危动物的种类及生境等状况,
在进行样线调查的同时,还走访了相关县市林业局、龙感湖保护区鸟类监测人员,以及评价区
及周边的大源湖岸边、刘圩村、陶河村、坨湖闸、泮湖分场一队、铁匠铺、太白湖水产管理处、一
分场九队、五里闸村、石圩、严家闸、桥头、龙费、青泥湖等 14 处的村民及田边村民。通过对照
鸟类图册,向村民了解区域内不同时期鸟类的种类、集群、迁徙现状及分布情况等。

在鸟类调查数据的基础上,利用数理统计方法,开展了种群密度统计、物种多样性指标统
计、均匀性指标的统计和频率指数计算。具体结果如下:

评价区域分布有 193 种鸟类,隶属于 19 目 51 科。其中,以雀形目鸟类最多,共 70 种;其
次为雁形目与鸻形目,各 29 种;鹈形目 12 种,鹤形目 10 种,鹰形目 9 种,鸮形目 6 种,佛法僧
目 5 种,隼形目 4 种,鸽形目、鹃形目、鸡形目各 3 种,鹳鹱目、鸊鷉目、啄木鸟目各 2 种,夜鹰
目、鹃形目、鲣鸟目、犀鸟目各 1 种。

按照鸟类在评价区内四季出现的频率,参考郑光美等编著的《中国鸟类分类与分布名录
(第三版)》(2017),发现在 193 种鸟类中,迁徙鸟类(夏候鸟、冬候鸟和旅鸟)共计 141 种,占评
价区鸟类总种数的 73.06%;繁殖鸟(夏候鸟和留鸟)共计 85 种,占评价区鸟类总种数的
44.04%。

根据张荣祖主编的《中国动物地理》(2011)相关内容,对评价区内 85 种繁殖鸟进行动物地
理区划,其中:东洋界种类 49 种,占评价区繁殖鸟种数的 57.65%;广布种 10 种,占评价区繁
殖鸟种数的 11.76%;古北界种 26 种,占评价区繁殖鸟种数的 30.59%。因此,评价区的鸟类
以东洋界成分占优势,古北界种类占有一定比例,说明评价区域地处东洋界长江沿岸平原省,
鸟类种类以东洋界成分为主。随着时间变迁,部分古北界鸟类南迁进入长江沿岸平原繁殖。

根据实地观测鸟类生活习性的不同,可以将评价区分布的 193 种鸟类分为 6 种生态类型,
即陆禽 6 种、涉禽 46 种、游禽 40 种、猛禽 19 种、攀禽 12 种和鸣禽 70 种。

陆禽是指体格结实、嘴坚硬、脚强而有力,适于挖土的一类鸟类,多在地面活动觅食,如环
颈雉、鹌鹑、黄脚三趾鹑、山斑鸠、火斑鸠和珠颈斑鸠,它们生存于农田、林地及灌丛中。

涉禽是指嘴、颈和脚都比较长,脚趾也很长,适于涉水行进,不会游泳,常用长嘴插入水底
或地面取食的一类鸟类,如黑水鸡、凤头麦鸡、灰头麦鸡、扇尾沙锥、池鹭、白鹭、牛背鹭、夜鹭、

普通燕鸻、灰鸻、黑翅长脚鹬、红脚鹬、鹤鹬、白腰草鹬、矶鹬等，共46种，主要分布于区域内水稻收割后灌渠、鱼塘、湖边等水域及附近。

游禽是指脚趾间有蹼，能游泳，在水中取食的一类鸟类，如鸿雁、豆雁、灰雁、小天鹅、棉凫、斑嘴鸭、绿头鸭、小䴙䴘、普通燕鸥、红嘴鸥等，共40种。其中鸿雁、豆雁、小天鹅等夜宿于评价区域已灌水的稻田中，普通燕鸥等鸥类则主要分布于评价区鱼塘、龙感湖等水域。

猛禽是指具有弯曲如钩的锐利嘴和爪，翅膀强大有力，能在天空翱翔或滑翔，捕食空中或地下活的猎物的一类鸟类，如白尾鹞、黑鸢、普通鵟、领鸺鹠、斑头鸺鹠、长耳鸮、东方草鸮、红隼、红脚隼等，共19种。它们活动范围较广，其中白尾鹞主要分布于龙感湖大堤与鱼塘交界处的草地、农田等地。

攀禽是指嘴、脚和尾的构造都很特殊，善于在树上攀缘的一类鸟类，如普通夜鹰、乌鹃、大杜鹃、四声杜鹃、戴胜、大斑啄木鸟、蓝翡翠、白胸翡翠、普通翠鸟、斑鱼狗等，共12种。其中夜鹰目、鹃形目种类主要分布于林地，戴胜主要分布于居民区与农田区域，蓝翡翠、普通翠鸟与斑鱼狗等主要分布于鱼塘、湖泊等地。

鸣禽是指鸣管和鸣肌特别发达，一般体形较小，体态轻捷，活泼灵巧，善于鸣叫和歌唱，且巧于筑巢的一类鸟类。评价区分布的70种雀形目鸟类均为鸣禽，广泛分布在林地、农田、居民区或灌丛中。

依据《中国鸟类分类与分布名录(第三版)》(2017)可知，评价区域内分布国家重点保护鸟类30种。其中:国家一级重点保护鸟类5种，分别为大鸨、白头鹤、白鹤、黑鹳、东方白鹳;国家二级重点保护鸟类25种，分别为大天鹅、小天鹅、灰鹤、白琵鹭、白尾鹞、黑鸢、普通鵟、斑头鸺鹠、长耳鸮、短耳鸮、东方草鸮、红隼、红脚隼等。国家重点保护鸟类主要分布于龙感湖国家级自然保护区的核心区及其周边的库塘、稻田等区域，在风机点位处主要为白尾鹞、黑鸢、普通鵟、领鸺鹠、斑头鸺鹠、长耳鸮、东方草鸮、红隼及红脚隼等活动范围相对较广的猛禽的游荡区域。

另外，评价区域内有湖北省重点保护鸟类37种，占湖北省重点保护鸟类总种数的51.39%。其中:游禽8种，包括鸿雁、豆雁、灰雁、赤麻鸭、绿头鸭、凤头䴙䴘、普通燕鸥和普通鸬鹚;涉禽7种，包括黑水鸡、凤头麦鸡、水雉、白鹭、苍鹭、大白鹭、中白鹭;陆禽2种，为环颈雉和珠颈斑鸠;攀禽7种，包括普通夜鹰、四声杜鹃、大杜鹃、戴胜、白胸翡翠、蓝翡翠和大斑啄木鸟;鸣禽13种，包括黑枕黄鹂、黑卷尾、棕背伯劳、红尾伯劳、灰喜鹊、喜鹊、大山雀、家燕、金腰燕、画眉、八哥、丝光椋鸟和乌鸫。

问题三 项目施工期和营运期的主要环境问题是什么?

本项目为新建风电场，关注的主要环境问题包括:施工期生态环境影响及污染防治措施、声环境影响及污染防治措施;工程营运后，主要生态影响为风机叶片转动、灯光对过往的鸟类可能产生的不利影响。因此，需要加强声环境影响及污染防治措施，以及对鸟类的影响应采取的防护措施。其中:营运期施工区经土地复垦及植被恢复后，对区域生态环境造成的不利影响将得到减缓。

此外，本项目建成后，可以构成新的人文景观，这种景观具有群体性、可观赏性，对景观的影响将是有利的。

1. 施工阶段的主要环境问题

施工阶段的主要环境问题包括对大气环境的影响、对地表水环境的影响、对声环境的影响、对生态环境的影响等。具体如下：

对大气环境的影响：主要污染物包括颗粒物、氮氧化物、一氧化碳、碳氢化合物等。它们来自施工工地扬尘、燃料使用过程中产生的废气等。风电场工程对空气质量的不利影响主要源自基础土石方开挖、堆放、回填和清运过程中以及建筑材料（水泥、白灰、砂子等）运输、装卸、堆放、拌和过程中产生的扬尘等。

对地表水环境的影响：主要污染物包括 COD、BOD_5、SS、氨氮和油类等。它们主要来自施工过程中的各种施工机械、运输车辆冲洗废水等施工废水，以及施工人员的生活污水。

对声环境的影响：施工期的噪声污染主要来自高噪声固定机械施工产生的固定噪声源，各种运输车辆等产生的流动噪声源等。施工噪声对各种动物的生境产生扰动，主要对鸟类和兽类影响较大，如施工噪声将迫使鸟类远离施工区域，从而导致短期内项目区鸟类分布的种类、数量等发生变化。

对生态环境的影响：施工占用土地对农田生态系统、林草地生态系统、湿地生态系统和各种动物的生境生态系统均会产生影响。其中受工程影响最大的是林草地生态系统，其将在不同程度上对周边动物及其栖息地和繁殖等产生一定影响。由于评价区域的林草地是一些常见的植被，适应性极强，在评价区内均可以生存，因此，随着施工结束，临时占地的植被可得到修复或恢复，林草地中生活的动物又可以迁移至原生境，施工工程对林草地生态系统的影响有限。

此外，还有固体废物对环境的影响：固体废物主要为施工人员产生的生活垃圾、施工现场产生的施工建筑废料、工程开挖产生的表土以及施工机械保养时使用矿物油产生的废油料桶。

同时，夜间施工的照明光源也可能对过往的鸟类造成一定的伤害并干扰其正常飞行。迁徙鸟类在遇大风、雨雾天气以及夜间都会降低飞行高度，无论是进行长距离迁徙的鸟类，还是进行短距离迁飞的当地留鸟，其中大部分种类都具有较强的趋光性。在鸟类迁徙季节里，夜间施工的照明光源可能对候鸟产生一定吸引。因此，光照对鸟类具有较强的影响作用。

2. 营运阶段的主要环境问题

风电场营运期的主要环境问题包括对动物生境环境的影响，以及对陆生生态环境的影响。

营运期风机会产生较大的噪声，如风机在运转过程中其叶片扫风产生的噪声和机组内部的机械运转产生的噪声。由于大多数鸟类和兽类对噪声具有较高的敏感性，当噪声超过某个分贝值时，大多数鸟类和其他动物会选择回避，这将造成动物活动范围的缩减。因此，风机运行产生的噪声将对距离较近及低飞的鸟类以及兽类起到驱赶和惊扰的效应，尤其是风机运行初期，风电场所在区域的鸟类及兽类数量会有所减少。

风力发电场在营运期对鸟类影响最严重的后果是，鸟类飞行中由于不能避让正在旋转中的风机叶片而致死或致伤，尤其是恶劣天气条件下如雾天或雨天能见度低，增加了鸟类撞击的可能性。很强的逆风也会使鸟类降低飞行高度，从而增加飞鸟与风机相撞的概率。

营运期间风机及架空输电线路导线对飞行过程中的鸟类也构成一定的影响。尤其是高压输电线路在运行过程中会产生一定的高频电磁波，有可能对近距离迁徙中鸟类的方向辨别神经系统产生干扰。

风电场建成后，永久占地内的植被将完全被破坏，形成建筑用地类型，但可以通过栽种树木和种植草坪等绿化方式减少由此造成的负面生态效应。因此，总体上营运期间对周围植被或物种多样性不会造成明显影响。

另外,由于风电场营运期间无生产性废气产生,只有员工食堂会产生少量油烟,对环境空气影响较小。营运期间的污水主要为升压站生活污水。营运期间固体废物有办公人员产生的生活垃圾、风机检修时产生的废润滑油和变压器事故状态下产生的废变压器油、升压站及风机机组运行期间产生的废蓄电池。

五、新建高速铁路项目的环境质量现状评价实践

新建河南郑州至山东济南的高速铁路,线路呈西南—东北走向,是设计时速为 350 km/h 的双线 I 级铁路。工程正线全长约 169 km,包括 11 座特大桥、涵洞及其他辅助配套设施;新建车站 4 座以及牵引变电所 4 座。工程总占地面积约为 939 hm²,永久占地面积约为 572 hm²,临时占地面积约为 367 hm²。工程土石方挖填总量约为 1387 万 m³,涉及深挖方、高填方、借方、弃土方和利用土方等土石方。全线设置 1 处取土场、21 处弃土场和 1 处铺轨基地,材料厂、填料搅拌站及混凝土搅拌站根据需要设置。工程拆迁房屋及厂房 354405 m²,总工期 4 年。总投资约 342.3 亿元,其中环保措施投资 63037.5 万元。

该高速铁路沿线没有自然保护区、风景名胜区和森林公园等生态环境敏感目标。受线路走向、工程技术、站址选择、相关规划和地方政府意见等因素影响,该工程线路走向不可避免地穿越了 1 处国家级湿地公园、5 处生态保护红线、5 处生活饮用水水源保护区和 4 处文物保护单位,沿线有多处集中居民区以及学校和医院等环境敏感点或敏感建筑物。

请回答以下问题:

问题一 该项目的环境影响评价重点是什么?

问题二 该项目主要环境影响因子的评价等级及评价范围分别是多少?

问题三 如何开展该高速铁路项目的生态系统现状调查与评价?

问题四 如何开展该项目的声环境现状调查与评价?该项目的主要噪声源有哪些?采取何种措施预防营运期的噪声污染?

问题五 如何开展该项目的振动环境现状调查与评价?其主要振动源有哪些?采取何种措施预防振动环境污染?

问题六 如何开展景观生态现状评价?

参考答案

问题一 该项目的环境影响评价重点是什么?

根据项目的环境影响和沿线环境特点,本项目环境影响评价要素主要涉及生态、噪声、振动、电磁、水、空气和土壤这几个方面。其中评价重点为生态环境影响评价、地表水环境影响评价、声环境影响评价和振动环境影响评价。

问题二 该项目主要环境影响因子的评价等级及评价范围分别是多少?

本项目环境影响评价要素主要涉及生态、噪声、振动、电磁、水、空气和土壤这几个方面。其评价等级及评价范围如下:

1. 生态环境

(1)评价等级。

工程新建正线长度约为 169 km,超过 100 km,涉及生态保护红线、国家湿地公园等重要

生态敏感区,根据《环境影响评价技术导则 生态影响》(HJ 19—2011)中的要求,本工程生态评价等级为一级。

(2)评价范围。

铁路中心线两侧各 500 m 以内区域,临时用地界外 100 m 以内区域,施工便道中心线两侧各 100 m 以内区域,过水桥涵两侧 300 m 以内水域,通航河流桥位上游 500 m,下游 500 m 河段;涉及特殊及重要生态敏感区扩至整个敏感区范围。

2. 声环境

(1)评价等级。

评价等级为一级。该工程沿线所在区域的声环境功能区为《声环境质量标准》(GB 3096—2008)中规定的 2 类、4 类区,工程建成后评价范围内部分敏感目标噪声级增高量达 5 dB(A)以上,受本工程噪声影响的人口数量显著增加。根据《环境影响评价技术导则 声环境》(HJ 2.4—2009),声环境影响评价工作等级确定为一级。声环境的评价因子为等效连续 A 声级 L_{Aeq}。

(2)评价范围。

铁路两侧到外侧轨道中心线 200 m 以内区域。

3. 振动环境

(1)评价等级。

评价等级为一级。理由同声环境影响评价等级。其评价范围不涉及铁路的区域,现状评价执行《城市区域环境振动标准》(GB 10070—1988)中规定的"混合区、商业中心区"和"工业集中区"标准;评价范围内涉及铁路的区域,距铁路外轨中心线 30 m 以外区域,执行《城市区域环境振动标准》(GB 10070—1988)中规定的"铁路干线两侧"标准。振动的评价因子为铅垂向 Z 振级 VLZ_{10}。

(2)评价范围。

铁路两侧到外侧轨道中心线 60 m 以内区域。

4. 电磁环境

(1)评价等级。

评价等级为二级。工程新建莘县、聊城西、茌平南、玉符河共 4 座 20 kV 牵引变电所。电磁环境影响评价等级确定为二级。

(2)评价范围。

牵引变电所评价范围为距变电所围墙 40 m 以内。

5. 地表水环境

(1)评价等级。

评价等级为三级 B。根据《环境影响评价技术导则 地表水环境》(HJ 2.3—2018),本项目沿线 4 个车站的污水均排入市政污水管网,最终纳入污水处理厂,区间排水点定期清掏,属间接排放。因此,其地表水环境评价工作等级确定为三级 B。

(2)评价范围。

施工期为施工污水排放及其主要跨越的水体、水源保护区,营运期评价针对沿线车站污水排放口。

6. 大气环境

(1) 评价等级。

评价等级为三级。由于该项目为电气化铁路工程,不新增锅炉,因此环境空气影响评价等级为三级。

(2) 评价范围。

不设置评价范围。

7. 土壤环境

(1) 评价等级。

评价等级为三级。根据《环境影响评价技术导则 土壤环境(试行)》(HJ 964—2018)附录A对交通运输仓储邮政业的规定,铁路的维修场所属于Ⅲ类。因此,土壤环境影响评价等级为三级。

(2) 评价范围。

根据导则要求,本项目属于污染影响型项目,评价范围为济南地区车场新建的动力集中动车组整备设施占地范围内及占地范围外的 50 m 范围内,聊城西站占地范围内及占地范围外的 50 m 范围内。

问题三　如何开展该高速铁路项目的生态系统现状调查与评价?

1. 现状调查方法

主要生态影响是由铁路施工引起的,包括土地征用、路基填挖、桥梁修建等。调查利用"3S"(GPS、RS、GIS)技术,采用实地调查、样方调查和历史资料调查等方法相结合的方式进行,调查时配合使用照相法、录像法记录生态环境现状。

2. 生态系统现状评价

在调查生态系统类型和基本特征的基础上,采用定性评价方法,开展生态系统现状评价。

该高速铁路沿线评价区内的主要生态系统类型包括农田生态系统、森林生态系统、草地生态系统、水域生态系统和村镇生态系统,其主要特征如表3-22所示。其中:农田生态系统分布在铁路沿线各地;森林生态系统以杨树林等人工林为主,以带状、块状分布;草地生态系统分布于林地和农田之间,多呈带状、块状分布;水域生态系统主要以片状、带状分布;村镇生态系统中住宅用地和交通用地等有序排列。

表 3-22　评价区内主要生态系统类型及特征

序　号	生态系统类型	主要物种	分布特征
1	农田生态系统	小麦、玉米、花生等	片状、块状分布于评价区
2	森林生态系统	杨树、苹果、梨等	带状、块状分布于评价区
3	草地生态系统	白羊草、羊胡子草等	带状、块状分布于评价区
4	水域生态系统	河流、坑塘、水库等	点状、片状、带状分布于评价区
5	村镇生态系统	人工绿化物种	块状、点状、带状分布于评价区

1) 农田生态系统

农田生态系统属于拼块类型的生态系统,也是评价区内主要的生态系统,呈片状分布在评价区内,其面积约占评价区域面积的 60% 以上。农田生态系统的生产力水平相对较高,生产者主要为种植的各种农作物,如小麦、玉米等,消费者主要为农田中的土壤动物和各种鸟类。农田生态系统的生物量是评价区居民的粮食来源之一,也是当地农民收入的重要保障之一,其生产力高低对当地农民生活水平具有一定影响。

2）森林生态系统

森林生态系统属于环境资源型拼块类型,在评价区内处于较主要地位,约占评价区域面积的7.25%,其中人工林占6.28%,果园占0.97%。其生产者主要为各种乔、灌木和果树,消费者主要为一些鸟类和土壤动物。森林生态系统的生产力较高,对于改善局地气候、保持水土、绿化美化环境等具有重要的意义,同时也为当地居民带来一定的经济效益。

3）草地生态系统

草地生态系统主要指荒地、林地和农田之间的自然草本群落,约占评价区域面积的4.95%。主要植物有茅草、蒲公英、车前、野塘蒿、萹草、狗尾草等。

4）水域生态系统

此类生态系统属于环境资源型拼块类型,包括河流、沟渠、水塘、坑洼水面等。该系统在各类拼块中所占比例相对较小,约占评价区域面积的3.07%,但对于调节区域气候、改善生态环境具有非常重要的作用。

水域生态系统在生态系统中占有重要地位。受区域气候、地形的影响,河流生态系统较为单一。河道内植被稀疏,种类贫乏,主要有白茅、芦苇等,河流中鱼、虾、螃蟹等物种较为稀少。

5）村镇生态系统

村镇生态系统属于拼块类的生态系统,是居民聚居地和工矿用地,约占评价区域面积的24.09%。村镇生态系统是受人类干扰最强烈的景观组成部分,为人造生态系统,主要包括评价区内的村庄、道路等。

该类生态系统中作为生产者的绿色植被覆盖率较低,消费者主要是村庄居民和生产、建设施工人员。村镇生态系统以居住和经济生产为主体,呈块状独立分布于评价区内,各级铁路是其主要的联系通道。该类生态系统的典型特征是相对独立分布、居住人群密集、工业经济活动发达、整体生产力水平较高。

问题四　如何开展该项目的声环境现状调查与评价？该项目的主要噪声源有哪些？采取何种措施预防营运期的环境噪声污染？

铁路噪声的环境影响对其沿线区域而言是长期的,这种影响贯彻于施工期和营运期。

1. 声环境现状调查与评价

1）调查与测量方法

采用现场踏勘与最新的遥感卫星照片相结合的方法,确定评价范围内噪声敏感点的分布、房屋结构和规模等。在此基础上,实测各声环境敏感点和敏感建筑物的声环境噪声级。其中:铁路边界噪声测量按照《铁路边界噪声限值及其测量方法》(GB 12525—1990)的有关规定进行,环境噪声测量按照《声环境质量标准》(GB 3096—2008)的有关规定进行。

(1) 环境噪声测量:选择昼间(6:00—22:00)和夜间(22:00—6:00)有代表性的时段,用积分声级计对受既有公路噪声影响区域和无明显声源区域分别连续测量 20 min 和 10 min 等效连续 A 声级,用以代表昼间和夜间的声环境水平;测量的同时记录噪声主要来源(如社会生活噪声、交通噪声等)。

(2) 现有铁路噪声测量:分别在昼间(6:00—22:00)和夜间(22:00—6:00)选择车流接近

平均值的时段进行测量,测量时段不小于1 h,用测量的等效连续 A 声级代表昼、夜间环境噪声等效声级。

2)声环境测点布设原则

在居民房屋等敏感建筑物外1.0 m,距地面高度1.2 m以上处布设监测点,并根据建筑物情况考虑垂直布点。对受铁路、公路等噪声源影响的敏感点,在工程拆迁后距拟建铁路最近处的2类功能区布设监测点。

3)评价方法

采用单因子标准指数法开展声环境质量现状评价。根据声环境现状监测值,对照声环境功能区限值标准,开展声环境达标情况评价。在此基础上,结合现场踏勘调查结果,给出超标原因。

2. 该项目的主要噪声源

(1)施工噪声。

施工现场使用的各类机械设备,如装载车、挖掘机、推土机等均是最主要的施工噪声源。

铁路施工中需拆除征地范围内既有建筑,修筑新的铁路,在拆除和新建过程中均会产生施工噪声。

大型临时施工设施是不可忽视的噪声源,在生产作业过程中将向外界辐射噪声,以敲击、碰撞等间歇性噪声为主,兼有吊车、混凝土搅拌机、内动机具等设备噪声。其中敲击、碰撞噪声源强为80~115 dBA(距声源10 m处)。

在施工过程中,上述噪声源将影响沿线两侧的居民区、学校、医院等敏感点及敏感建筑物的声环境质量。

(2)营运期噪声。

铁路噪声:铁路噪声主要是列车运行过程中机车牵引噪声,列车车厢与轨道相互作用产生的轮轨噪声,列车制动噪声。

动车所固定声源:项目噪声源集中于检修车间等各车间及动车走行线、其他公用设备,主要来自检修车间起重机、空压机等。

3. 高速铁路营运期的环境噪声污染预防措施

根据《地面交通噪声污染防治技术政策》的要求,优先考虑对噪声源和传声途径采取工程技术措施,实施噪声主动控制;对不宜对交通噪声实施主动控制的,对噪声敏感建筑物采取有效的噪声防护措施,保证室内合理的声环境质量。

对于城镇建成区路段,在背景噪声不变的情况下,以控制噪声增量在1 dB以内为治理目标。声环境质量现状达标路段,以功能区达标为治理目标。在非城镇建成区路段,对于超标的敏感点,根据其规模采取声屏障、隔声窗防护措施。基于上述降噪原则要求,确定该项目沿线的声环境质量保障措施。

铁路噪声污染防治一般采用声源控制、声传播途径控制及受声点防护三种方式。声源控制主要有铺设无缝线路、封闭线路、控制随机鸣笛等措施;声传播途径控制有设置声屏障、种植绿化林带等措施;受声点防护有建筑物隔声防护及敏感点改变功能等措施。

1)声源控制

研究表明,铺设无缝线路的铁路在运行时产生的轮轨噪声,比有缝线路动车和普通列车运行时的噪声低3.5~3.8 dB(A),铁路振动可降低约3 dB。因此,该项目将采用铺设无缝线路的方式控制高速铁路运行时产生的轮轨噪声和振动。

2）声传播途径控制

（1）设置声屏障：声屏障是降低地面运输噪声的有效措施之一，可同时改善室内、室外的声环境，又不影响敏感点日常生活、工作和学习。该措施适用于噪声超标且居民分布集中（距线路外侧股道中心线 80 m、铁路纵向长度 100 m 区域内，居民户数大于或等于 10 户），线路形式为路堤和桥梁的敏感点。研究表明，2～3 m 高的声屏障在 30 m 处可使噪声降低 8～9 dB(A)。

（2）种植绿化林带：研究表明，10～20 m 的宽密叶绿化林带在倍频带中心频率为 500 Hz 时的降噪量通常只有 0～1 dB(A)。为此，只有种植较宽的树林带才能取得较好的降噪效果。该措施综合环境效益好，可同时美化环境，然而也需要增加征地和拆迁量。

由于该高速铁路工程涉及生态保护红线和文物保护单位，增加征地困难，因此，对沿线距线路外侧股道中心线 80 m、铁路纵向长度 100 m 区域内，居民户数大于或等于 10 户的声环境敏感点或敏感建筑物区域，将通过设置声屏障方式降低环境噪声。如果在采取声屏障措施后仍然不能满足声环境质量标准，则可以再辅以安装隔声窗措施，使室内声压级降低达标。

3）受声点防护

（1）受声点迁移：将声敏感点迁移到离高速铁路路基较远的低噪声级区域，这样可彻底避免铁路噪声影响。为此，需要重新购地建房对居民进行安置。

（2）建筑物隔声防护（设置隔声窗、隔声走廊、隔声阳台等）：对结构较好的敏感建筑物具有较好的降噪效果，对结构较差的建筑物降噪效果不明显。

现场踏勘表明，高速铁路工程沿线多为砖石结构的房屋，可安装隔声窗。因此，对小规模、零星或采取声屏障措施难以治理的敏感建筑物采用设置隔声窗措施，以降低室内噪声级。

问题五　如何开展该项目的振动环境现状调查与评价？其主要振动源有哪些？采取何种措施预防振动环境污染？

1．振动环境现状调查与评价

（1）调查方法。

采用现场踏勘与最新的遥感卫星照片相结合的方法，确定评价范围内振动敏感点建筑物分布、使用功能、规模大小及其结构类型等情况，并结合设计资料确定其与线路的相对位置关系。在此基础上，对沿线分布的振动敏感点进行现状监测，分析评价环境振动现状。

（2）测量方法及监测量。

环境振动现状监测量均为铅垂向 Z 振级，敏感点现状监测遵照《城市区域环境振动标准》（GB 10071—1988）中的无规振动测量方法进行。测量时记录振动来源。选择昼间（6:00—22:00）和夜间（22:00—6:00）有代表性的时段，开展沿线环境振动现状监测。

（3）环境振动测点布设原则。

通常选择正线两侧有代表性的敏感点布点监测，并布设相应的监测断面。对无交通振动、工业振动或其他振动存在的敏感点选择在工程拆迁后距拟建铁路最近处布设监测点。

（4）振动环境现状评价。

采用单因子标准指数法开展环境振动现状评价。对于居住、文教区，均要求满足《城市区域环境振动标准》（GB 10070—1988）中规定的昼间 70 dB 和夜间 67 dB 限值标准要求；对于其他振动敏感点，均要求满足铁路干线两侧昼间 80 dB、夜间 80 dB 限值标准要求。若满足限值标准要求，表明沿线振动环境现状较好，反之较差。

振动评价时所涉及的参数根据《铁路建设项目环境影响评价噪声振动源强取值和治理原则指导意见(2010年修订稿)》(铁计〔2010〕44号文)中的相关说明选取。

2. 该项目的主要振动源

(1) 施工振动。

施工期间的振动主要来源于挖掘机、推土机、压路机、钻孔-灌浆机、空压机、风镐及重型运输车等。施工期间的振动影响主要表现为强振动施工机械对距离施工场地较近的敏感点的影响。

(2) 铁路振动。

营运期间的振动主要来源于列车运行时车轮与钢轨之间的撞击,撞击经轨枕、道床传递至桥梁基础,再传递至地面,从而引起地面建筑物的振动,对周围环境产生振动干扰,并有可能对沿线基础较差的建筑物造成损害。

3. 高速铁路振动防治措施

1) 施工期振动环境影响防护措施

(1) 施工现场合理布局。

振动大的施工机械远离居民区布置;施工期间各种振动性作业尽量安排在昼间进行,避免夜间施工扰民;对强振动施工机械要加强控制和管理,在敏感点附近要控制强振动作业,同时做好施工期间的振动和地面沉降监控,尽量减少施工对建筑物的影响。在建筑结构较差的房屋附近施工时,应尽量使用低振动设备,或避免振动性作业,减少项目施工对地表构筑物的影响。

(2) 科学管理、做好宣传工作和文明施工。

合理确定施工进度,合理安排施工作业时间,倡导科学管理;尽量向沿线受影响的居民和单位做好宣传工作;做好施工人员的环境保护意识教育;大力倡导文明施工的自觉性,尽量避免人为因素造成施工振动的加重。

2) 营运期振动环境影响防护措施

(1) 严格控制新建居民区、学校、医院等敏感建筑物与本项目之间的距离,从规划建设阶段就避免铁路振动影响。

(2) 营运期线路和车辆的轮轨条件直接关系到铁路振动的大小。线路光滑、车轮圆整等良好的轮轨条件可比一般线路条件降低振动5~10 dB。因此,在营运期要加强轮轨的维护、保养,定期进行轨道打磨和车轮的清洁与旋轮工作,以保证其良好的运行状态,减少附加振动。

(3) 跟踪监测。项目建成营运后,及时对线路两侧的敏感点建筑物进行振动监测,发现振动超标现象,及时采取相应对策措施予以解决。

(4) 搬迁措施。对于在沿线一定范围内无法满足《城市区域环境振动标准》(GB 10070—1988)中规定的昼间70 dB和夜间67 dB限值标准要求的振动敏感点,采取搬迁方法,使其搬迁后环境敏感点振动达标。

问题六　如何开展景观生态现状调查与评价?

1. 调查方法

利用"3S"(GPS、RS、GIS)技术,采用实地调查和历史资料调查等方法相结合的方式进行,调查时配合使用照相法、录像法记录景观生态现状。利用"3S"技术对评价区各拼块进行统计计算,得到评价区现状下各景观类型的景观密度、频度、景观比例和景观优势度数值。

2. 高速铁路沿线景观现状

沿线景观体系主要由农田、人工林、果园、草地、水域、村镇和道路 7 种景观组成。上述景观中，农田景观面积最大，形成了评价区的基质。各类道路和河流形成了评价区的廊道，村镇景观如村庄等分布于农田景观背景中，形成了评价区的斑块。

评价区内的总体景观类型比较单一，大多属人工生态系统类型。其整体结构和功能虽然受人工、自然等多种外来因素的干扰，但整体功能仍然能维持区域生态环境平衡。

3. 景观结构分析

景观类型的多样性主要表现在不同的景观斑块在空间上的镶嵌，形成不同的结构，而各种景观在区域内的频度、密度、优势度不同，形成不同的区域景观结构特征。

区域内景观生态体系的质量现状由区域内的自然环境、生物及人类社会之间复杂的相互作用决定。项目区是明显带有人类长期干扰痕迹的区域，为判断评价区景观生态体系空间结构的合理性，采取优势度 (D_o) 来衡量。优势度由密度 (R_d)、频率 (R_f) 和景观比例 (L_p) 三个参数计算得出，其数学表达式如下：

$$密度\ R_d = \frac{拼块\ i\ 的数目}{拼块总数} \times 100\%$$

$$频率\ R_f = \frac{拼块\ i\ 出现的样方数}{总样方数} \times 100\%$$

$$景观比例\ L_p = \frac{拼块\ i\ 的面积}{样地总面积} \times 100\%$$

$$优势度\ D_o = \frac{(R_d + R_f)/2 + L_p}{2} \times 100\%$$

将调查结果代入上述表达式进行计算，分别得到 7 类景观的优势度。由优势度大小可知，在评价区现状下各景观类型中，农田是优势景观类型，其优势度达到了 60.68%，说明评价区景观受人类活动影响较大。

4. 景观多样性评价

本评价区是明显带有人类长期干扰痕迹的区域，综合分析认为：

（1）评价区人类干扰较严重，人工化、单一化现象比较严重，且生物组分异质化程度较低，因此认为评价区内阻抗肯定性较差。

（2）区域内景观生态体系的质量现状由区域内的自然环境、生物及人类社会之间复杂的相互作用决定。

第四章　环境影响预测与评价实践

在《中华人民共和国环境影响评价法》中,环境影响评价是指对规划和建设项目实施后可能造成的环境影响进行分析、预测和评估,提出预防或者减轻不良环境影响的对策和措施,并进行跟踪监测的方法与制度。因此,环境影响预测与评价是环境影响评价的重要内容,是基于现状评价结果和某些技术方法开展的一项环境影响评价工作,包括规划和建设项目两个方面的内容。

第一节　规划环境影响预测与评价概述

依据《中华人民共和国环境影响评价法》,规划环境影响评价是指在规划编制阶段,对规划实施可能造成的环境影响进行分析、预测和评价,并提出预防或者减轻不良环境影响的对策和措施的过程。基于法律要求以及生态环境保护要求,国务院有关部门、设区的市级以上地方人民政府及其有关部门,应该对其组织编制的"土地利用的有关规划""区域、流域、海域的建设、开发利用规划有关规划",以及"工业、农业、畜牧业、林业、能源、水利、交通、城市建设、旅游、自然资源开发的有关专项规划"开展环境影响评价。在国家的环境影响评价法律中,对县级(含县级市)人民政府编制的规划是否进行规划环境影响评价没有强制要求,各地可以根据区域发展需要,决定是否开展规划的环境影响评价工作。

一、规划的环境影响评价内容

1. 基本内容

规划环境影响评价报告编制机构,在搞清楚规划方案中的发展目标、定位、规模、布局、结构、建设(或实施)时序,以及规划包含的具体建设项目的建设计划等前提下,按照《规划环境影响评价技术导则 总纲》(HJ 130—2019)中规定的内容、工作程序、方法和要求,开展规划环境影响评价技术服务工作。

规划环境影响评价的内容主要体现在 10 个方面:规划概述与分析、现状调查与评价、环境影响识别与评价指标体系构建、环境影响预测与评价、环境风险评价、规划方案综合论证和优化调整建议、环境影响减缓对策和措施、环境监测与跟踪评价、公众参与和评价结论。其基本内容如下:

(1) 规划概述与分析。

规划概述与分析包括规划区概况、规划概述、规划背景分析、规划的协调性分析、规划的不确定性分析、规划区域环境功能区划,以及规划区域资源赋存与利用状况调查和环境敏感区调查等。

（2）现状调查与评价。

现状调查与评价包括自然地理调查和社会经济概况调查。具体包括大气环境、地表水环境、地下水环境、声环境和生态环境质量的现状调查与评价，以及环境制约因素分析等。详细内容可参见第三章。

（3）环境影响识别与评价指标体系构建。

环境影响识别与评价指标体系构建过程包括识别规划目标、指标、方案（包括替代方案）的主要环境问题和环境影响，按照有关的环境保护政策、法规和标准拟定或确认环境目标，选择量化和非量化的评价指标。通常在将环境目标分解成环境质量、生态保护、资源利用，以及社会与经济环境等评价主题的基础上，确定评价指标。

（4）环境影响预测与评价。

通常在规划开发强度分析的基础上，开展规划环境影响预测与评价工作。环境影响预测与评价的内容包括规划区域的资源和环境承载力分析，不同发展情景或不同规划方案（包括替代方案）实施过程对环境保护目标、环境质量和可持续性的影响。具体包括对大气环境、水环境、土壤环境、声环境和生态环境等方面影响的预测和评价。除此之外，还需要考虑规划区建设对周边环境的影响，以及周边环境对规划区环境质量的累积影响。

（5）环境风险评价。

环境风险评价主要包括源项分析、风险预测与分析、风险评价和风险管理及防范措施等。

（6）规划方案综合论证和优化调整建议。

规划方案的综合论证包括环境合理性论证和可持续发展论证两部分内容。其中，前者侧重于从规划实施对资源、环境整体影响的角度，论证各规划要素的合理性，即资源与环境承载力分析；后者则侧重于从规划实施对区域经济、社会与环境效益贡献，以及协调当前利益与长远利益之间关系的角度，论证规划方案的合理性，即规划的环境合理性分析。在此基础上，根据规划方案的环境合理性和可持续发展论证结果，对规划要素提出明确的优化调整建议，确定环境可行的推荐规划方案。

（7）环境影响减缓对策和措施。

规划的环境影响减缓对策和措施是对规划方案中配套建设的环境污染防治、生态保护和提高资源能源利用效率措施进行评估后，针对环境影响评价推荐的规划方案实施后所产生的不良环境影响，提出的政策、管理或者技术等方面的建议。

环境影响减缓对策和措施应具有可操作性，能够解决或缓解规划所在区域已存在的主要环境问题，并使环境目标在相应的规划期限内可以实现。具体包括影响预防、影响最小化及对造成的影响进行全面修复补救等三方面的内容。

（8）环境监测与跟踪评价。

环境监测与跟踪评价包括环境监测、环境管理与跟踪评价等。对于可能产生重大环境影响的规划，在编制规划环境影响评价文件时，应拟订监测和跟踪评价计划，制订环境影响跟踪评价方案。其中包括对规划的不确定性提出管理要求，对规划实施全过程产生的实际资源、环境、生态影响进行跟踪监测及评价。

（9）公众参与。

公众对规划实施过程可能对环境造成的不良影响，以及直接涉及的公众环境权益具有知情权，因此，应当公开征求有关单位、专家和公众对规划环境影响报告书的意见。具体内容包括公众参与调查的目的、公众参与方式、公众参与调查的结果及分析等。

（10）评价结论。

在完成上述内容的基础上，编写规划环境影响评价文件，包括篇章或说明，以及环境影响评价报告书，依法需要保密的除外。规划环境影响评价报告书中必须给出明确的评价结论。该评价结论是对整个评价工作成果的归纳总结，应力求文字简洁、论点明确、结论清晰准确。公开的规划环境影响报告书的主要内容包括：规划概况、规划的主要环境影响、规划的优化调整建议、预防或者减轻不良环境影响的对策与措施、评价结论。

2. 规划环境影响预测与评价的基本要求

规划区的环境影响预测与评价相比建设项目的环境影响预测与评价，存在更多的不确定性，包括进入规划区域建设项目的不确定性，以及规划区为项目带动的滚动发展，施工建设时间会比较长，环境影响会是一个较长期的过程。因此，其环境影响预测与评价内容存在一些特殊性。基于此，在《规划环境影响评价技术导则 总纲》（HJ 130—2019）中，对规划环境影响预测与评价内容提出了如下一些要求。

（1）按照规划中的不同发展情景，开展同等深度的环境影响预测与评价。

规划常常有情景设计，不同情景下的规划实施，有可能带来不同的环境影响，这一点与建设项目内容的确定性存在明显差别。因此，在开展规划环境影响预测与评价时，需要系统分析规划实施全过程对可能受影响的所有资源、环境要素的影响类型和途径，针对环境影响识别确定的评价重点内容和各项具体评价指标，开展不同发展情景下同等深度的规划环境影响预测与评价，明确给出规划实施对评价区域资源、环境要素的影响性质、程度和范围，为提出评价推荐的环境可行的规划方案和优化调整建议提供支撑。

（2）环境影响预测与评价内容。

规划开发强度的分析：开发强度不同，规划项目对环境的影响程度也不同，这方面的内容不同于建设项目。

环境要素方面的影响分析：包括水环境（地表水、地下水、海水）、大气环境、土壤环境、声环境的影响分析，对生态系统完整性及景观生态格局的影响分析，对环境敏感区和重点生态功能区的影响的分析，资源与环境承载能力的评估等内容。

规划项目实施时间方面的分析：规划的环境影响预测与评价又可以分为建设期和营运期的环境影响预测与评价。这一点与建设项目的环境影响预测与评价内容相同。

二、规划环境影响预测与评价方法概述

1. 规划环境影响评价方法概述

由于规划种类繁多（如总体规划、区域规划、专项规划等），涉及国民经济的方方面面，因此目前还没有专门针对各种规划的环境影响评价通用方法。实际工作中，环评技术人员通常将建设项目中的一些方法借用到规划的环境影响评价工作中，取得了与实际相近的结果。

目前，在规划环境影响评价中采用的技术方法大致分为两大类别：一类是在建设项目环境影响评价中采取的一些能够直接用于规划环境影响评价的方法，如环境影响识别的各种方法（清单、矩阵、网络分析）、描述基本现状的基本方法、环境影响预测模型评价方法等；另一类是在经济部门、规划研究中使用的可用于规划环境影响评价的方法，如各种形式的情景和模拟分

析、区域预测、投入产出法、地理信息系统、投资-效益分析、环境承载力分析等。表 4-1 列出了各个评价环节适用的评价方法。

表 4-1 规划环境影响评价各环节适用的方法

评 价 环 节	可采用的主要方式和方法
规划分析	核查表、叠图分析、矩阵分析、专家咨询(如智暴法、德尔斐法等)、情景分析、类比分析、系统分析、博弈论
环境现状调查与评价	现状调查:资料收集、现场踏勘、环境监测、生态调查、问卷调查、访谈、座谈会 现状分析与评价:专家咨询、指数法(单指数、综合指数)、类比分析、叠图分析、生态学分析法(生态系统健康评价法、生物多样性评价法、生态机理分析法、生态系统服务功能评价方法、生态环境敏感性评价方法、景观生态学法等,下同)、灰色系统分析法
环境影响识别与评价指标确定	核查表、矩阵分析、网络分析、系统流图、叠图分析、灰色系统分析法、层次分析、情景分析、专家咨询、类比分析、压力-状态-响应分析
规划开发强度估算	专家咨询、情景分析、负荷分析(估算单位国内生产总值物耗、能耗和污染物排放量等)、趋势分析、弹性系数法、类比分析、对比分析、投入产出分析、供需平衡分析
环境要素影响预测与评价	类比分析、对比分析、负荷分析(估算单位国内生产总值物耗、能耗和污染物排放量等)、弹性系数法、趋势分析、系统动力学法、投入产出分析、供需平衡分析、数值模拟、环境经济学分析(影子价格、支付意愿、费用效益分析等)、综合指数法、生态学分析法、灰色系统分析法、叠图分析、情景分析、相关性分析、剂量-反应关系评价
环境风险评价	灰色系统分析法、模糊数学法、数值模拟、风险概率统计、事件树分析、生态学分析法、类比分析
累积影响评价	矩阵分析、网络分析、系统流图、叠图分析、情景分析、数值模拟、生态学分析法、灰色系统分析法、类比分析
资源与环境承载力评估	情景分析、类比分析、供需平衡分析、系统动力学法、生态学分析法

2. 规划环境影响评价方法选择注意事项

由于规划项目存在许多不确定性,因此,在选择规划环境影响预测的方法时,应充分考虑规划的层级和属性,依据不同层级和属性规划的决策需求,采用定性、半定量、定量相结合的方式。针对对环境质量影响较大、与节能减排关系密切的工业、能源、城市建设、区域建设与开发利用、自然资源开发等专项规划,应进行定量或半定量环境影响预测与评价。

对于资源和水环境、大气环境、土壤环境、海洋环境、声环境指标的预测与评价,一般应采用定量的方式进行。

三、规划环境影响报告书编写的主要内容

规划环境影响报告书主要包括:总则、规划概述、规划区域环境概述、环境现状描述、环境

影响分析与评价、推荐方案与减缓措施、专家咨询与公众参与、监测与跟踪评价、困难和不确定性、执行总结。具体如下：

1. 总则

主要内容包括：规划背景及任务由来、编制依据、评价目的和原则、规划范围与规划时限、评价范围与评价时段、评价内容与评价重点、评价标准、评价方法与评价因子、环境功能区划和环境保护目标。

2. 规划区域环境概况

主要内容包括：自然环境概况、规划区域社会经济概况、规划区域用地构成现状、规划区公共及市政设施建设现状、规划区建筑物现状。

3. 规划概述与分析

主要内容包括：规划概述、与相关规划及政策的协调性分析（与国家、与省（自治区或直辖市）、与市相关规划一致性分析）。

4. 环境质量状况调查与评价

主要内容包括：基于现状情景的水环境质量状况调查与评价、环境空气质量状况调查与评价、声环境质量状况调查与评价、土壤环境质量状况调查与评价、固体废物状况调查与评价、生态环境质量状况调查与评价，以及环境制约因素等方面的分析。

5. 环境影响识别与评价指标

主要内容包括：环境影响识别、环境保护目标与评价指标体系。

6. 环境影响预测与评价

主要内容包括：建设期环境影响分析、地表水环境影响预测与评价（区域水环境特征及水环境功能区划、基于现状情景的规划区污水量核算、基于规划情景的规划末期污水排放量估算、规划展望年污水排放量估算、规划区域污水排放对生活取水口的环境影响预测与评价等）、地下水环境影响预测与评价、大气环境影响预测与评价（污染气象条件分析、基于现状情景的规划区废气污染源估算、基于规划情景的规划区废气污染源估算、基于现状情景的规划区挥发性有机气体排放预测、基于现状情景的规划区颗粒物排放预测、基于现状情景的规划区大气污染物排放量预测结果，以及环境空气质量影响预测分析）、声环境影响预测与评价（规划建设期噪声影响分析、基于现状情景的声环境影响预测与评价）、固体废物环境影响分析（基于现状情景的固体废物产生量预测、固体废物影响分析）、基于现状情景的生态环境影响分析、土壤环境影响分析，以及区域社会经济环境影响分析等。

7. 规划环境风险评价

主要内容包括：环境风险识别、风险源项分析、环境风险影响分析（污水处理厂事故性排放的环境污染风险、废气净化设施事故性排放的环境污染风险、垃圾收集设施内渗滤液泄漏的风险等）、风险防范措施，以及环境风险突发事故应急预案等。

8. 环境承载力分析与污染物总量控制

主要内容包括：评价指标体系的建立、自然资源承载力分析（水资源承载力分析、土地资源承载力分析）、水环境容量与承载力分析、大气环境容量与承载力分析，以及生态环境承载力分析(土地利用生态适宜性分析、土地生态承载力与人口控制规模)。

9. 规划方案综合论证与优化调整建议

主要内容包括:规划方案的环境合理性论证、规划方案的可持续性发展论证、规划方案的优化调整建议,以及规划综合论证结论。

10. 清洁生产与循环经济分析

主要内容包括:清洁生产与循环经济的关系、大力推广清洁生产、大力发展循环经济、项目入驻规划区域的环境准入条件。

11. 环境影响减缓对策与措施

主要内容包括:预防对策和措施、水环境影响最小化对策和措施、地下水环境污染防治对策与措施、大气环境影响最小化对策和措施、声环境影响最小化对策和措施、固体废物污染防治对策与措施、生态环境及土壤环境影响减缓措施、产业类型及项目准入负面清单、入园项目的环境影响评价要求。

12. 环境管理与环境影响跟踪评价

主要内容包括:环境管理、环境监测方案与计划、跟踪评价、近期建设项目环境影响评价指导意见。

13. 公众参与

主要内容包括:公示及结果、问卷调查、对公众意见的采纳情况、相关职能部门及团体的意见及采纳情况,以及公众参与结论。

14. 困难与不确定性分析

主要内容包括:规划基础条件的不确定性、规划具体方案的不确定性、规划不确定性的应对分析。

15. 执行总结

此部分内容是对前面所有内容的一个归纳性总结说明。

一份完整的规划项目的环境影响评价报告书,应该涵盖上述 15 个方面的部分或全部内容,并在报告的最后添加必要的附件,如规划区域的区位图、土地利用现状图、区域环境功能区划图、区域水源保护区位图、环境要素监测点分布图,以及污水工程规划图和雨水工程规划图等。

第二节　规划环境影响预测与评价实践

本节主要通过案例来说明规划项目的大气环境影响预测与评价、声环境影响预测与评价,以及地表水环境影响预测与评价。在每个案例中除了涉及规划对大气环境、水环境和声环境影响的预测与评价外,还包括规划与相关规划的协调性分析方法、环境影响评价重点的确定方法、环境风险评价等内容。

一、某工业集聚区规划的环境影响预测与评价

为了实施产业结构升级转型和工业集聚区建设,某地方政府编制完成了面积约为 2.16

km² 的黄洲工业集聚区规划。该规划区计划以电子信息业、高端光学器件及产品制造，以及企业服务机构为主要产业结构，以天然气和电力为主要能源。规划区周边人口密度大，规划末期的规划人口为 2.66 万人，主要集中在该工业集聚区主导风向的下风方向的老城区及其周边地区。规划中的黄洲工业集聚区位于新城区方正大道以北、欧仙路以东和沙河以南区域，东北临沙河，西北临黄家山管理区，南临方正大道，向北过沙河大桥至园洲镇。交通方便快捷，距离对外交通干道莞龙路 1.6 km，距离广九铁路和广深铁路客、货运站 2.54 km。经过多年的建设，目前黄洲工业集聚区已经具备一定的规模。

规划区内没有诸如自然保护区、生态功能区及水资源保护区等环境保护目标，因此没有设置生态保护红线。规划区外围的东江流域为Ⅱ类水体，属于水资源一级保护区，位于石龙镇新城区南部的东江北干流段现有石龙西湖水厂和石龙黄洲水厂，属于生态保护红线。沙河水系为普通水系，是东江中下游右岸的一条一级支流，其中东莞市石龙段石湾处多年平均流量约为 43.1 m³/s，平均河宽约为 147 m，不属于生态保护红线。

现状年 2015 年规划区域内工业点源大气污染物 SO_2、NO_x、烟尘/粉尘的排放量分别为 0.69 t/a、3.30 t/a、0.47 t/a，2020 年其减排比率分别为 8%、14% 和 4%。该市受季风环流控制，盛行风向有明显的季节变化，全年最多风向为东风，其次是东南风、东北风，最少的是偏西风。全年的静风频率约为 8.40%，冬季约为 11.30%。其中：空气污染较为严重的冬季受东北季风控制；春夏季节容易受南风或东南风的影响。

该工业集聚区规划区域的工业废水由各企业的污水处理站进行达标处理后，经市政管网送入新城区污水处理厂。规划污水处理执行《城镇污水处理厂污染物排放标准》(GB 18918—2002)中的一级 A 标准，处理后的尾水排放到规划区北部的沙河水系。该市要求各种工业集聚区污染物的排放均只减不增，逐年削减，实现区域工业主要污染物排放总量持续削减。

请回答以下问题：

问题一　该规划的环境影响评价主要内容是什么？

问题二　如何确定该规划的大气环境、水环境影响的评价范围？

问题三　如何开展该规划的大气环境影响预测与评价？

问题四　该规划实施后可能出现的主要环境风险有哪些？

参考答案

问题一　该规划的环境影响评价主要内容是什么？

依据《规划环境影响评价技术导则 总纲》(HJ 130—2019)的规定，该工业集聚区规划的环境影响评价主要内容：环境质量现状调查与评价、环境制约因素及规划方案分析、黄洲工业集聚区选址合理性分析、总体布局合理性分析、规划目标定位、土地利用生态适宜度分析、环境承载力分析与规划环境合理性分析、环境要素影响分析与评价、黄洲工业集聚区污染物排放总量分析、环境风险评价、循环经济分析、环境监测与跟踪评价、规划的不确定性分析、黄洲工业集聚区建设项目生态环境保护和生态建设方案、公众参与分析等。

问题二　如何确定该规划的大气环境、水环境影响的评价范围？

规划中的黄洲工业集聚区位于新城区方正大道以北、欧仙路以东和沙河以南区域。按照《规划环境影响评价技术导则 总纲》(HJ 130—2019)、《环境影响评价技术导则 大气环境》(HJ 2.2—2018)、《环境影响评价技术导则 地表水环境》(HJ 2.3—2018)和《环境影响评价技术导

则 声环境》(HJ 2.4—2009),结合野外现场踏勘结果,确定本次规划的大气环境、水环境影响评价的范围。具体如下:

1. 大气环境影响评价范围

由于规划中的黄洲工业集聚区以南的方正大道和欧仙路以西区域,有一些商业贸易和居民生活混合区,因此,在沙河河风或西南风的影响下,这些混合区可能受到黄洲工业集聚区排放的大气污染物的影响。基于此,将大气环境影响评价范围确定为规划区各边界向外延伸2 km范围内,并以规划区域为评价重点。

2. 地表水环境评价范围

规划区建设可能涉及的水体包括沙河和东江北干流,基于此,确定该规划的地表水环境评价范围。对于沙河:沙河紧邻黄洲工业集聚区,为此,评价范围确定为工业区边界上游500 m处至沙河与东江北干流交汇处200 m的河段。

对于东江北干流:由于沙河直接汇入东江北干流,影响其水质,因此评价范围确定为上游东江向北分流500 m处至沙河与东江北干流交汇处200 m的河段。

问题三　如何开展该规划的大气环境影响预测与评价?

从规划概述内容可知,规划区全年的静风频率达到8.40%,冬季高达11.30%,因此,该规划区及其周边地区的大气污染物扩散条件并不是很好,尤其是冬季。同时,经过多年的建设,目前黄洲工业集聚区已经具备一定的规模。因此,在开展该规划的大气环境影响预测与评价时,不仅要考虑该工业集聚区将来的发展,还需要考虑目前已有工业企业的大气污染物排放水平。基于此,该规划的大气环境影响预测与评价内容如下:

(一)污染气象条件分析

气象条件是大气环境中最重要的自然要素,其中风向、风速为气象条件的关键指标。风向是度量污染物输送方向的关键指标,是划定大气环境空间布局敏感区的重要参数,也是确定大气环境保护规划范围内产业布局的主要依据。上风向地区污染物排放易随风扩散至下风向地区,对下风向地区空气质量造成影响。风速则是污染物扩散稀释的关键要素,静风、微风和小风均不利于大气污染物的迁移和扩散,并导致污染物浓度的上升,从而造成污染加重。

由于该规划区周边人口主要集中在老城区,工业集聚区位于老城区的上风方向,工业集聚区排放的大气污染物在主导风向作用下极易扩散至老城区,对老城区空气质量造成影响。因此,黄洲工业集聚区规划区域是老城区的大气环境空间布局敏感区,需要关注其大气污染物的排放。

(二)规划区废气污染物估算

随着规划的实施和企业的入驻,园区的交通量也将增加,交通扬尘、汽车尾气等也随之增加。为了预测规划区大气污染物排放量,需要计算出规划区现有工业点源的大气污染物排放量,规划年工业点源、生活面源和机动车的大气污染物排放量。因此,该规划区内大气污染物排放量将主要从生活燃料燃烧、工业燃料燃烧和汽车尾气排放污染源这三个方面进行估算。

1. 工业点源污染

规划实施后,黄洲工业集聚区内排放的废气污染物主要为部分工业企业产生的烟尘或工艺粉尘,SO_2及NO_x,部分挥发性甲醛和少量的甲苯、二甲苯等。系统分析污染物排放的行业分布,是实施污染物持续减排、持续改善空气质量、工业结构调整优化的基础。

由于现状年2015年规划区域内工业点源大气污染物SO_2、NO_x、烟尘/粉尘的排放量分别为 0.69 t/a、3.30 t/a 和 0.47 t/a，2020 年其减排比率分别为 8%、14% 和 4%，据此得到规划年 2020 年该区域大气点源污染物 SO_2、NO_x、烟尘/粉尘的排放量分别为 0.64 t/a、2.84 t/a 和 0.45 t/a。

2. 工业及生活面源污染

依据该规划区域的规模预测，天然气燃烧低热值按 35.59 MJ/m^3 计，即为 8502 $kcal/m^3$。到 2020 年，参考周边城市居民耗气量的调查统计资料，结合东莞市的气候条件及生活习惯，考虑到人们生活水平的提高，卫生用热的增加和用气内容的深化，规划区远期居民耗热定额取 2850 MJ/(人·年)，即约为 68 万 kcal/(人·年)。规划人口将达到 2.66 万人，取月、日、时不均匀系数分别是 1.25、1.17、2.8，由此确定居民生活用气指标约为 0.22 m^3/(人·天)。规划范围内用气量预测如表 4-2 所示。

表 4-2　规划区到 2020 年燃气用量预测表

类　别	标　准	气化率	居民年耗热定额/（万 kcal/(人·年)）	天然气燃烧热值/（kcal/m^3）	年用气量/万 m^3	高峰小时用气量/（m^3/h）
民用气量	2.66 万人	0.9	68	8502	213.5	1035.3
公建用气量	民用气量×0.2				42.7	207.1
工业用气量	民用气量×0.5				106.8	517.8
合计					363.0	1760.2

预计到 2020 年该区域居民用气、公建用气、工业用气合计约为 363 万 m^3/a。天然气燃烧后产生的污染物排放情况：SO_2 为 630 kg/(10^6 m^3)，NO_2 为 3400 kg/(10^6 m^3)，烟尘为 286 kg/(10^6 m^3)。

3. 汽车尾气污染源

根据规划区域内声环境质量现状监测期间主要道路过境车流量统计，大型车辆平均车流量为 50 辆/h，小型车辆平均车流量为 350 辆/h。按照《公路工程技术标准》(JTGB01—2003) 的规定，结合该区域规划和道路建设情况以及环评等资料，将道路交通流量折算成小型车的流量，预计 2020 年该区域内折算的小型车的流量约为 2000 辆/h。车辆（单车）污染物排放量如表 4-3 所示。

表 4-3　车辆（单车）污染物排放量推荐值

污　染　物		各车速下污染物排放量(g/km)					
		20 km/h	40 km/h	50 km/h	60 km/h	70 km/h	80 km/h
	CO	45.02	31.63	30.18	26.19	24.76	25.47
小型车	THC	16.2	15.32	15.21	12.42	11.02	10.1
	NO_x	2.31	2.43	4.32	5.04	5.76	6.64

汽车尾气排放量受汽车运行状况、道路状况、路旁建筑物状况以及汽车制造工艺、汽车性能及燃油品质等多因素的影响。以 20 km/h 作为常态运行的速度，计算园区道路网完成后，规划区内常态运行情况下汽车尾气排放情况，得到 2020 年该区域的机动车的污染物 CO、

THC 和 NO$_x$ 的排放量分别是 17.2 kg/h、6.3 kg/h 和 0.8 kg/h(由于燃油品质及油品升级等不确定,暂未考虑油品升级的减排量)。

4. 挥发性有机气体排放预测

我国自 2015 年 10 月 1 日起,对石油石化和包装印刷这两大类行业的 VOCs 排放实行强制收费,并将逐步扩大到其他挥发性有机气体排放行业。VOCs 的治理是该市在"十三五"期间 O$_3$ 污染治理的一个重点方向。因此,规划期间,企业苯、甲苯和二甲苯等挥发性有机气体排放污染治理势在必行。

已知规划区域目前企业产生的挥发性有机气体排放总量约为 12.47 t/a,由于该市要求各种工业集聚区污染物的排放均只减不增,逐年削减,实现区域工业主要污染物排放总量持续削减。因此,对于工业企业 VOCs 污染物的排放:一方面现有企业到规划末期 2020 年,原则上必须提高废气 VOCs 处理工艺,实现企业自身削减平衡,达到增产减污要求;另一方面,随着本规划区内 GDP 的增加和经济的增长,相关部门将给新增企业调配工业废气 VOCs 准许排放量,以基本实现石龙镇工业企业 VOCs 污染物的排放总量的自身削减平衡。

由于入园项目的不确定性,对各个行业的 VOCs 产生量和排放量进行估算的难度很大,因此,本报告仅对工艺废气中 VOCs 产生情况进行简要分析。通过类比同类企业废气排放量和排放浓度,估算本园区到规划末期 2020 年废气中 VOCs 污染物的排放情况,预计排放浓度为 30 mg/m^3、排放限值 80 mg/m^3,再结合废气的排放体积,计算得到 2020 年 VOCs 的排放量约为 22.18 t/a。

5. 颗粒物排放预测

采用能源弹性系数方法,根据目标年能源消耗预测总量,按照能源消耗与大气污染物排放间的预测方程,以及《锅炉大气污染物排放标准》(GB 13271—2014)规定的特别排放限值要求,预测大气污染物的产生量。结果表明,到 2020 年规划区域所在地的 PM$_{10}$ 的排放量约为 5.46 t/a。依照类比的方法,分析并计算得到本规划区域到 2020 年 PM$_{10}$ 的预测排放量约为 0.85 t/a。

6. 大气污染物排放量预测结果

根据生活污染源、工业污染源以及交通污染源预测结果,结合 PM$_{10}$ 和 VOCs 的预测分析,估算出该区域内大气污染物排放量,结果如表 4-4 所示。

表 4-4 黄洲工业集聚区内大气污染物排放量预测结果一览表

项 目	工业及生活面源污染		工业点源污染		汽车尾气		现状排放量合计	2020 年预测结果
	现状	2020 年	现状	2020 年	现状	2020 年		
SO$_2$/(t/a)	1.2	1.8	0.69	0.64	—	—	1.89	2.44
NO$_2$/(t/a)	6.44	9.66	3.3	2.84	—	—	9.74	12.5
CO/(kg/h)	—	—	—	—	—	17.2	—	17.2
THC/(kg/h)	—	—	—	—	—	6.3	—	6.3
NO$_x$/(kg/h)	—	—	—	—	—	0.8	—	0.8

项　　目	工业及生活面源污染		工业点源污染		汽车尾气		现状排放量合计	2020 年预测结果
	现状	2020 年	现状	2020 年	现状	2020 年		
烟尘或粉尘 /(t/a)	0.52	0.78	0.47	0.45	—	—	0.99	1.23
PM_{10}/(t/a)	0.6	0.85					0.6	0.85
VOCs/(t/a)	—	—					12.47	22.18

（三）规划区环境空气质量预测分析

1. 典型污染物的大气环境容量

根据该市"十三五"环境保护和生态建设规划中大气污染物分析结果可知，规划区所在地区 2015 年的首要污染物是 $PM_{2.5}$。而 O_3、PM_{10} 和 $PM_{2.5}$ 均曾作为该区域的首要污染物出现过。由于 SO_2 和 NO_2 是颗粒物中二次硫酸盐和硝酸盐的前体物，而 O_3 是 NO_x 和 HC 光化学反应的产物，因此，针对本次规划区域大气环境容量的计算，涉及的污染物包括 SO_2、NO_x、PM_{10} 和 $PM_{2.5}$。

由于规划区所在区域的面积偏小，目前应用 A-P 值法模型对该区域的大气环境容量进行计算。本规划结合当地的实际情况，按照"大气十条"提出的减少污染物排放，加快重点行业脱硫脱硝除尘改造，整治城市扬尘，限期淘汰黄标车，严控高耗能、高污染行业新增产能等措施实施计划，利用 A-P 值法对该区域环境空气中典型大气污染物 SO_2、NO_x、PM_{10} 和 $PM_{2.5}$ 的大气环境容量进行测算。大气环境容量的计算公式如下：

$$Q = \sum_{i=1}^{n} A(C_{si} - C_c) \frac{S_i}{\sqrt{S}} \tag{4-1}$$

式中：Q 为控制区内某污染物年平均排放总量限值，即理想大气容量，单位 10^4 t/a；A 为控制区所在地区的总量控制系数，根据《制定地方大气污染物排放标准的技术方法》(GB/T 3840—1991)，A 取该市平均值 3.64，单位 10^4 km^2/a；S 为控制区域总面积，单位 km^2；S_i 为第 i 个分区面积，单位 km^2；C_{si} 为第 i 个分区某种污染物的年平均浓度限值，单位 mg/m^3（取二级标准）；C_c 为控制区本底浓度，单位 mg/m^3。以现状年 2015 年年平均浓度为基准，即 SO_2 取 0.012 mg/m^3，NO_x 取 0.036 mg/m^3，PM_{10} 取 0.053 mg/m^3，$PM_{2.5}$ 取 0.039 mg/m^3。

将各种参数代入式(4-1)，就可以计算出黄洲工业集聚区环境空气中典型污染物 SO_2、NO_x、PM_{10} 和 $PM_{2.5}$ 的大气环境容量，计算结果如表 4-5 所示。

表 4-5　黄洲工业集聚区所在地区 2015 年大气环境容量

指　标	污　染　物	环境容量/(t/a)
大气环境容量	SO_2	1014.83
	NO_x	84.57
	PM_{10}	359.42
	$PM_{2.5}$	−84.57

由表4-5可以看出,二级环境功能区的黄洲工业集聚区剩余大气环境容量分别为:SO_2 1014.83 t/a、NO_x 84.57 t/a、PM_{10} 359.42 t/a、$PM_{2.5}$ −84.57 t/a。对于$PM_{2.5}$已经没有大气环境容量,因此需要加强包括固定大气污染源颗粒物排放的控制措施,以减少$PM_{2.5}$的排放。对于SO_2、PM_{10}和NO_x还有剩余的大气环境容量,且剩余量较多,因此,只要按照相应的规定实现其达标排放和总量控制,即可以满足规划区内大气环境功能区环境容量的要求。

2. 环境空气质量影响预测分析

将表4-4所示的该区域到2020年大气环境污染源污染物排放量预测结果($PM_{2.5}$按PM_{10}的70%估算)与表4-5所示的黄洲工业集聚区所在地区大气环境容量进行对比分析,得到各污染物的剩余大气环境容量,结果如表4-6所示。

表 4-6　黄洲工业集聚区所在地区 2020 年剩余大气环境容量

污 染 物	2020 年排放量/(t/a)	剩余大气环境容量/(t/a)
SO_2	2.44	1012.39
NO_x（以 NO_2 计）	12.5	72.07
PM_{10}	0.85	358.57
$PM_{2.5}$	0.56	−85.13

由表4-6可知,黄洲工业集聚区2020年SO_2、NO_x和PM_{10}的排放量均在大气环境容量容许的范围内,而固定源的$PM_{2.5}$排放量与规划区基准年的环境容量相比,差不多可以忽略不计,即固定源的$PM_{2.5}$排放量对规划区$PM_{2.5}$的大气环境容量不会产生明显的影响。

(四)大气环境影响预测小结

结合环境空气质量现状监测结果,预测黄洲工业聚集区的建设不会对当地环境空气质量产生明显的影响。然而,由于规划区$PM_{2.5}$的大气环境容量为负值,因此仍然需要加强规划区颗粒物的污染防治,以保证规划末期规划区的建设不影响石龙镇整体的环境空气质量。

问题四　如何开展该规划实施后可能出现的主要环境风险评价?

根据《规划环境影响评价技术导则 总纲》(HJ 130—2019)和《关于进一步加强环境影响评价管理防范环境风险的通知》(环发〔2012〕77 号)的要求,风险评价需识别规划区开发建设过程中存在的环境风险隐患,提出改进措施和建议,消除环境风险隐患,防止重大环境污染事故及次生事故的发生。因此,将根据该规划的产业目标和进驻企业产品特性,分析主要的风险源,确定其最大可信事故。在此基础上,预测规划实施后可能出现的主要环境风险事故。该规划实施后可能出现的环境风险主要体现为大气环境风险和地表水环境风险。为此,可以采用类比分析方法,开展黄洲工业集聚区规划的大气环境风险和地表水环境风险评价。

(一)主要环境风险识别范围

本次环境风险识别范围包括规划区各类项目生产储运、公辅设施风险和可能涉及的物质风险识别。具体如下:

1. 规划区拟建项目的主要工程组成

该规划区拟建项目的主要工程包括主要生产装置、储运系统、公用工程系统及辅助生产设施。根据规划区开发建设规划,重点装置为化学品储存、输送管线,锅炉使用的管道天然气等的辅助装置设备、"三废"处理设施等。

2. 规划区的依托设施

该工业集聚区规划区域的工业废水由各企业的污水处理站进行达标处理后,经市政管网送入新城区污水处理厂。这表明新城区污水处理厂是接纳该工业集聚区生产和生活废水的依托设施。如果新城区污水处理厂不能正常运行,一旦规划区雨污未分流或有污水排放事故,将会对规划区纳污水体沙河和东江北干流造成环境风险危害,这也是规划区的重要风险所在。

3. 规划区拟建项目所使用的原辅材料

根据主要原辅材料、产品以及生产过程排放的"三废"污染物情况,确定可能涉及的物质风险识别范围包括:燃气工程供应的管道天然气,电子产品生产过程使用的盐酸、硝酸和硫酸等化学试剂,生物医药生产过程使用的硫酸、氢氧化钠、乙醇等。

(二) 主要环境风险识别分析

1. 废气净化设施事故性排放的环境污染风险

目前,影响规划区所在地区环境空气的主要污染物是 $PM_{2.5}$ 和 O_3。其中 $PM_{2.5}$ 主要来自两个方面:一是大气污染源直接排放的 $PM_{2.5}$,污染源包括工业废气排放源、建筑工地和运输业、地面扬尘、餐饮业,以及风的输送作用带来的外来源;二是二次颗粒物或次生颗粒物,主要是生物质、天然气和燃油燃烧中排放的前体物二氧化硫、氮氧化物、挥发性有机物等排放到空气中,通过化学反应或光化学反应等生成的硝酸盐、硫酸盐等无机颗粒和二次有机碳气溶胶颗粒等。因此,控制好黄洲工业集聚区大气污染源的排放,对保障该地区环境空气质量是有益的。

气象条件是影响环境空气质量的最重要要素之一。由于该工业集聚区规划区位于老城区的上风向,因此其重点监管的大气污染物净化设施一旦出现故障,在东风和东北风气象条件下,大气污染物将会对老城区的环境空气质量造成影响。当规划区内的燃气锅炉脱硫脱硝和除尘净化设施出现故障时,工业废气有可能对其下风向老城区的环境空气质量造成影响,从而影响老城区居民的身体健康。

2. 污水处理厂事故性排放的环境污染风险

本规划涉及的新城区污水处理厂,对黄洲工业集聚区规划区域内污水的收集、处理和污染防治有重要意义。新城区污水处理厂目前工艺技术相对成熟,出水水质稳定,出水严格执行《城镇污水处理厂污染物排放标准》(GB 18918—2002)中规定的一级 A 标准,基本只有在设备故障的情况下才会发生事故性排放。

在雨季尤其是洪水期间,由于地表径流汇入水流大大增加,雨污水混合排入两条主干渠后汇入新城区污水处理厂,可能会出现污水无法及时处理,并溢流进入东江北干流和沙河水体的情况。由于沙河剩余的水环境容量较大,短时雨季溢流进入沙河的部分雨污水不会对沙河水质造成功能性改变的影响。但是,规划区下游沿线还有老城区及其他居民区的饮用水水源保护区,未经处理的污水会对东江北干流水质和下游沿线的饮用水安全造成一定威胁。

3. 天然气环境污染风险

天然气是规划区的工业和居民生活使用的主要能源之一,当天然气发生管道泄漏、火灾爆炸时,不仅会对规划区内,而且会对规划区边界外 500 m 范围内的大气环境质量产生不良影响。因此,天然气是规划区内最大的环境风险源。

(三) 主要环境风险防范措施

针对该规划过程中可能涉及的主要环境风险,拟采取以下对应的环境风险防范措施。

1. 提高脱硫脱硝除尘净化设施的安全性和稳定性

目前,黄洲工业集聚区只有天然气锅炉,而且燃气锅炉蒸发量均小于 10 t/h。这些锅炉的大气污染物排放应该满足《锅炉大气污染物排放标准》(GB 13271—2014)中的特别排放限值要求。采用成熟的大气污染物控制技术,单位时间内的烟气量不大,完全能够保证较高的净化设备可用率及安全性。因此,只要采取有效的事故应急措施和启动应急预案,控制污染物排放量,污染持续时间均较短,事故发生后不会造成严重的区域环境空气质量下降。

2. 提高污水处理设施的安全性和稳定性

根据规划内容,黄洲工业集聚区内的大多数企业均被要求在公司内设置小型污水处理站,企业内污水必须经由该小型污水处理站综合处理达标后,再通过市政管网送到石龙新城区污水处理厂进行集中处理。随着规划末期企业数量的增加,排入石龙新城区污水处理厂的污水的量势必增加。因此,要加强各企业内的小型污水处理站的监管和定期维护,确保各小型污水处理站的正常高效运行,以减轻新城区污水处理厂的污水处理压力。同时,为避免设备故障导致事故性排放,污水处理厂应设置污水应急池,在污水无法及时处理的时候将其引入应急池暂存。应急池的容积应根据污水处理厂的单独环评确定。

3. 加强天然气使用设施的安全监管

天然气输送公司和营运管理公司,在定期开展天然气输送管道以及用户设备安全检测的基础上,加强使用单位的安全教育,提高安全意识。

二、某工业集聚区规划的声环境影响预测与评价

为了实施产业结构升级转型和工业集聚区建设,某地方政府编制了某工业集聚区规划。该规划区计划以电子信息业、高端光学器件及产品制造,以及企业服务机构为主要产业结构,以天然气和电力为主要能源。规划区周边人口密度大,规划末期的规划人口为 2.66 万人。规划中的某工业集聚区位于新城区方正大道以北、欧仙路以东和沙河以南区域,东北临沙河,西北临黄家山管理区,南临方正大道,向北过沙河大桥至园洲镇。交通方便快捷,距离对外交通干道莞龙路 1.6 km,距离广九铁路和广深铁路客、货运站 2.54 km。经过多年的建设,目前该工业集聚区已经具备一定的规模。

紧邻规划区的主干道方正大道昼间车流量峰值约为 1100 辆/h,一般值约为 960 辆/h,夜间车流量约为 320 辆/h;次干道欧仙路的昼间车流量峰值约为 400 辆/h,一般值约为 320 辆/h,夜间车流量约为 120 辆/h。其中:昼间车型比(小型车:中型车:大型车)为 25:2:2;夜间车型比(小型车:中型车:大型车)为 50:4:5。

请回答以下问题:

问题一　如何确定该规划的声环境影响的评价范围及实施声环境质量现状监测布点方案?

问题二　如何进行该规划实施后的声环境质量影响预测与评价?

参考答案

问题一 如何确定该规划区声环境影响的评价范围及实施声环境质量现状监测布点方案？

1. 该规划区声环境影响的评价范围

从案例概述可知，规划区周边人口密度大，规划末期的规划人口为2.66万人。该工业集聚区以南的周边区域，有一些商业贸易和居民生活混合区。现场调查发现，该工业集聚区的企业噪声源有可能对其周边的声环境产生影响，尤其是夜间噪声。为此，将该工业集聚区及周围200 m范围内所涉及的敏感点扩大至敏感点附近，将该工业集聚区对外交通干线两侧各200 m范围内区域确定为声环境影响评价区域。

2. 该规划区声环境质量现状监测方案

规划区声环境质量现状监测点布置以及监测方法，将依据《环境噪声监测技术规范 城市声环境常规监测》(HJ 640—2012)中的相关规定，选择网格法进行布点测量。按照100 m×100 m的网格划分，确定监测点位，总计105个监测点位。监测点位覆盖工业集聚区，以及对外交通干线两侧各200 m范围内的区域。

声环境现状评价中，区域内居住、商业、工业混杂区执行《声环境质量标准》(GB 3096—2008)中的2类标准，交通干线两侧执行《声环境质量标准》(GB 3096—2008)中的4a类标准。

问题二 如何进行该规划实施后的声环境质量影响预测与评价？

该工业集聚区规划实施后，园区内的噪声源大体上分为三种：工业噪声源、交通噪声源和社会生活噪声源。因此，将从这三个方面开展声环境质量影响预测与评价工作。

（一）工业设备噪声预测分析

1. 预测方法

按照《环境影响评价技术导则 声环境》(HJ 2.4—2009)，工业设备噪声计算公式如下。

(1) 室外设备噪声影响预测采用室外声场扩散衰减模式，计算式为

$$L_A(r) = L_A(r_0) - A \tag{4-2}$$
$$A = A_{div} + A_{atm} + A_{bar} + A_{gr} + A_{misc}$$

式中：$L_A(r)$为预测点的噪声值，dB(A)；$L_A(r_0)$为参照点的噪声值，dB(A)；r、r_0分别为预测点、参照点到噪声源处的距离，m；A为户外传播引起的衰减值，dB(A)；A_{div}为几何发散衰减，$A_{div} = 20\lg(r/r_0)$，dB(A)；A_{atm}为空气吸收引起的衰减，$A_{atm} = \alpha(r - r_0)/1000$，dB(A)，$\alpha$为每100 m的空气吸收系数；$A_{bar}$为屏障引起的衰减，取20 dB(A)；$A_{gr}$为地面效应衰减（计算了屏障衰减后，不再考虑地面效应衰减），dB(A)；A_{misc}为其他多方面原因引起的衰减，一般取值为0.025 dB(A)/m。

(2) 噪声叠加公式为

$$L_{eqs} = 10\lg\left(\sum_{i=1}^{n} 10^{0.1L_{eqi}}\right) \tag{4-3}$$

式中：L_{eqs}为预测点处的等效声级，dB(A)；L_{eqi}为第i个点声源对预测点的等效声级，dB(A)。

运用上述计算模式，先按照点声源随距离衰减公式计算各噪声源传到某一定点的声级，然后将其进行叠加即为该定点的噪声影响值，该噪声影响值再叠加该定点的噪声背景值即为预测值。

2．预测结果分析

园区营运期工业设备噪声主要为裁边机、旋切机、涂胶机及砂光机等设备产生的噪声,主要设备噪声的估计混合噪声在75～100 dB(A)之间。因园区尚处于建设时期,具体的噪声源数量和位置分布情况现尚不明确,且生产区较集中。本报告假定所有声源叠加后为某一个值,采用噪声预测模式计算噪声源距离的衰减情况,确定不同声级的噪声的达标厂界距离,结果如表4-7所示。

表4-7　不同噪声级声源随距离的衰减情况　　　　　　　　　　　　　　　　（单位:dB(A)）

声源噪声级	衰减距离/m										
	1	5	10	20	30	40	60	80	100	150	200
100	92.0	78.1	72.0	66.0	62.5	60.0	56.5	54.0	52.0	48.5	46.0
95	87.0	73.1	67.0	61.0	57.5	55.0	51.5	49.0	47.0	43.5	41.0
90	82.0	68.1	62.0	56.0	52.5	50.0	46.5	44.0	42.0	38.5	36.0
85	77.0	63.1	57.0	51.0	47.5	45.0	41.5	39.0	37.0	33.5	31.0
80	72.0	58.1	52.0	46.0	42.5	40.0	36.5	34.0	32.0	28.5	26.0
75	67.0	53.1	47.0	41.0	37.5	31.5	31.5	29.0	27.0	23.5	21.0
70	62.0	48.1	42.0	36.0	32.5	30.0	26.5	24.0	22.0	18.5	16.0

根据表4-7的统计结果可以得到,噪声级为100 dB(A)、95 dB(A)、90 dB(A)、85 dB(A)、80 dB(A)、75 dB(A)、70 dB(A)的噪声经几何发散衰减后噪声级达到厂界2类标准的距离分别为:昼间40 m、23 m、13 m、7 m、4 m、2.5 m和1.3 m,夜间125 m、70 m、40 m、23 m、13 m、7 m和2.5 m;达3类标准的距离分别为:昼间23 m、13 m、7 m、4 m、2.5 m、1 m和1 m,夜间70 m、40 m、23 m、13 m、7 m、4 m和2 m。以上结果只考虑了工业噪声源叠加,没有和交通噪声及本底值进行叠加。

工业区建成后各种产生噪声的设备对周围环境会产生一定的影响,其中一些大型生产设备,特别是机加工设备,如旋切机、热压机、砂光机等的噪声影响都很大,在考虑墙体隔声的情况下仍然超标。建议各入驻企业对产生较大噪声(声级超过90 dB(A))的设备做好合理布局,尽量布置在各厂区中部,加大噪声衰减距离,或另外采取隔声措施,确保厂界噪声达标。

生活区与工业生产区有相邻处,为此需要在居住区与工业区之间设置卫生防护距离,具体按照《以噪声污染为主的工业企业卫生防护距离标准》(GB 18083—2000)进行设置,在项目的环境影响评价过程中予以明确。

（二）交通噪声预测分析

1．交通噪声预测计算模式

采用《环境影响评价技术导则　声环境》(HJ 2.4—2009)附录A中推荐的道路交通运输噪声预测模式。

（1）第 i 类车等效声级的预测模式,计算式为

$$L_{eq}(h)_i = (\overline{L_{OE}})_i + 10\lg\left(\frac{N_i}{V_iT}\right) + 10\lg\left(\frac{7.5}{r}\right) + 10\lg\left(\frac{\Psi_1 + \Psi_2}{\pi}\right) + \Delta L - 16 \qquad (4\text{-}4)$$

式中:$L_{eq}(h)_i$为第 i 类车的小时等效声级,dB(A);$(\overline{L_{OE}})_i$为第 i 类车速度为 V_i 时水平距离为

7.5 m处的能量平均 A 声级,dB(A);N_i 为昼间、夜间通过某个预测点的第 i 类车平均小时车流量,辆/h;r 为从车道中心线到预测点的距离,m;V_i 为第 i 类车的平均车速,km/h;T 为计算等效声级的时间,h;Ψ_1、Ψ_2 为预测点到有限长路段两端的张角,rad;ΔL 为由其他因素引起的修正量,dB(A),可按式(4-5)、式(4-6)和式(4-7)计算。

$$\Delta L = \Delta L_1 - \Delta L_2 + \Delta L_3 \tag{4-5}$$

$$\Delta L_1 = \Delta L_{坡度} + \Delta L_{路面} \tag{4-6}$$

$$\Delta L_2 = A_{atm} + A_{gr} + A_{bar} + A_{misc} \tag{4-7}$$

式中:ΔL_1 为线路因素引起的修正量,dB(A);$\Delta L_{坡度}$ 为公路纵坡修正量,dB(A);$\Delta L_{路面}$ 为公路路面材料引起的修正量,dB(A);ΔL_2 为声波传播途径中引起的衰减量,dB(A);ΔL_3 为由反射等引起的修正量,dB(A)。

(2) 总车流等效声级,计算式为

$$L_{eq}(T) = 10\lg(10^{0.1L_{eq}(h)大} + 10^{0.1L_{eq}(h)中} + 10^{0.1L_{eq}(h)小}) \tag{4-8}$$

(3) 环境噪声等级计算,计算式为

$$(L_{Aeq})_{环} = 10\lg[10^{0.1L_{eq}(T)} + 10^{0.1(L_{Aeq})_{背}}] \tag{4-9}$$

式中:$(L_{Aeq})_{环}$ 为预测点的环境噪声预测值,dB(A);$L_{eq}(T)$ 为预测点的交通噪声预测值,dB(A);$(L_{Aeq})_{背}$ 为预测点的环境噪声背景值,dB(A)。

2. 计算参数的确定

(1) 车速、车流量。

规划中未对园区车流量和车速进行控制,根据工业区周边同等级、同宽度的公路车流量调查,结合工业区的实际情况,规划区内主干道设计车速为 40 km/h,次干道设计车速为 30 km/h。

(2) 单车行驶平均 A 声级($\overline{L_{OE}}$)$_i$。

参照《环境影响评价技术原则与方法》(国家环境保护局开发监督司编著,北京大学出版社)中的计算方法,计算式为

小型车　　　　　　　　$L_{OE} = 25 + 27\lg V_S \tag{4-10}$

中型车　　　　　　　　$L_{OE} = 38 + 25\lg V_M \tag{4-11}$

大型车　　　　　　　　$L_{OE} = 45 + 24\lg V_L \tag{4-12}$

式中:V_S、V_M、V_L 分别为小、中、大型车的设计车速,km/h。

由于上面三式中的修正项已由 ΔL_1 负责,计算($\overline{L_{OE}}$)$_i$ 不再使用修正项。

(3) 线路因素引起的修正量 ΔL_1。

①纵坡修正量 $\Delta L_{坡度}$。

大型车　　　　　　　　$\Delta L_{坡度} = 98 \times \beta$

中型车　　　　　　　　$\Delta L_{坡度} = 73 \times \beta$

小型车　　　　　　　　$\Delta L_{坡度} = 50 \times \beta$

式中:β 为道路纵坡坡度。

②路面修正量 $\Delta L_{路面}$。

常规路面的噪声修正量如表 4-8 所示。

表 4-8　常规路面噪声修正量　　　　　　　　　　　　　（单位:dB(A)）

路面类型	不同行驶速度修正量		
	30 km/h	40 km/h	≥50 km/h
沥青混凝土	0	0	0
水泥混凝土	1.0	1.5	2.0

（4）距离衰减量 $\Delta L_{距离}$ 的计算式为

$$\Delta L_{距离} = 10\lg\frac{r_0}{r} \tag{4-13}$$

$$r = \sqrt{r_1 \cdot r_2}$$

式中: r_0 为等效行车道中心线至参照点的距离,取 $r_0 = 7.5$ m; r 为等效行车道中心线至接受(预测)点的距离,m; r_1 为接受(预测)点至近车道行驶中线的距离,m; r_2 为接受(预测)点至远车道行驶中线的距离,m。

（5）有限长路段引起的交通噪声修正量的计算式为

$$\Delta L_{有限长路段} = 10\lg\left(\frac{\Psi_1 + \Psi_2}{\pi}\right) \tag{4-14}$$

式中: Ψ_1、Ψ_2 分别为预测点到有限长路段两端的张角,rad。有限长路段修正函数示意图如图 4-1 所示。

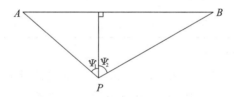

图 4-1　有限长路段修正函数(A、B 为路段两端点,P 为预测点)

3. 预测结果分析

1）主干道噪声影响分析

根据规划设计说明,该工业集聚区园区内的方正路(龙升路—美能达路)属于产业园区主干道之一。本次环评报告主要通过对方正中路交通噪声的影响预测,类比分析产业园内其他主干道交通噪声的影响程度。

方正中路作为产业园与外界的主要交通连接线,在产业园得到确切落实以后,随着产业园的逐渐发展和入园企业的逐渐增多,该道路的交通量将呈现大幅度的上升。同样产业园内的其他主干道的交通量也将出现大幅度的增长。从规划概述可知,主干道方正路昼间车流量峰值约为 1100 辆/h,一般值约为 960 辆/h,夜间车流量约为 320 辆/h;而次干道欧仙路的昼间车流量峰值约为 400 辆/h,一般值约为 320 辆/h,夜间车流量约为 120 辆/h。其中:昼间车型比(小型车∶中型车∶大型车)为 25∶2∶2;夜间车型比(小型车∶中型车∶大型车)为 50∶4∶5。

车流量的大小直接关系到区域交通噪声的源强,而随着距离的增大,噪声源强逐渐减小。根据前期交通声环境现状监测时得到的方正中路目前交通噪声及相应交通量的统计现状结果,参照《公路建设项目环境影响评价规范》(JTGB 03—2006)推荐的道路交通噪声预测模式,计算得到方正中路在不同车流量时的噪声预测结果,如表4-9所示。

表4-9　方正中路交通噪声预测结果　　　　　　　　　　　　　　（单位:dB(A)）

车流量 /(辆/h)	时段	距中心线距离/m									4a 类标准达标距离/m	2 类标准达标距离/m
		10	20	40	60	80	100	120	160	200		
400	昼间	55.8	55.4	55.2	55.1	55.1	55.0	55.0	55.0	55.0	—	—
	夜间	50.4	48.3	46.8	46.1	45.8	45.6	45.4	45.2	45.2	—	11.5
800	昼间	56.5	55.8	55.3	55.2	55.1	55.1	55.1	55.0	55.0	—	—
	夜间	52.7	50.2	48.1	47	46.4	46.1	45.8	45.5	45.3	—	21.5
1200	昼间	57.1	56.1	55.5	55.3	55.2	55.1	55.1	55.1	55.0	—	—
	夜间	54.2	51.5	49.0	47.8	47	46.5	46.2	45.7	45.5	—	30.5
1600	昼间	57.6	56.4	55.7	55.4	55.3	55.2	55.1	55.1	55.1	—	—
	夜间	55.4	52.5	49.8	48.4	47.5	46.9	46.5	45.9	45.6	11	38.6
2000	昼间	58	56.7	55.8	55.5	55.3	55.2	55.1	55.1	55.1	—	—
	夜间	56.3	53.3	50.5	49.0	48.0	47.3	46.8	46.1	45.7	13.5	46.1

注:达标距离是相对道路红线而言的。

　　由表4-9可知,在产业园区实施末期即2020年时,交通流量为400辆/h(与该道路预测的交通流量基本一致)的情况下,昼间、夜间在道路红线内满足《声环境质量标准》(GB 3096—2008)中的4a类标准要求,且夜间在红线外11.5 m范围内即可满足《声环境质量标准》(GB 3096—2008)中的2类标准要求。

　　方正中路作为已经建成的交通要道,并且营运已有较长时间,在声环境质量方面基本不会出现超标的现象或很少出现,可以满足相应的标准要求。若要进一步提高声环境质量,建议园区管理部门对与产业园区相关的部分车辆实行实策性教育,督促其在进入产业园区路段以后减速行驶,以最大程度降低交通噪声对声环境的影响。随着产业园区规划的实施,方正中路的交通量会有所提高,继而对声环境质量产生影响,因此产业园区建设单位在一定程度上可承担部分减轻交通噪声对沿线声环境质量的影响的责任,比如适当加强产业园区路段沿线的区域绿化,对于超标较为严重(声级增大5.0 dB以上)的位置,可采取安装通风隔声窗等措施。

　　本规划环评提出建议,在距离产业园区主要交通干道两侧160 m范围内不宜布置学校、医院等声环境敏感单位。

　　2) 次干道噪声影响分析

　　根据规划设计说明,该工业集聚区园区内的环岛东路(欧仙路)属于产业园区次干道之一。因此,本次环评报告主要通过对环岛东路交通噪声的影响预测,类比分析产业园内其他次干道交通噪声的影响程度。计算得到不同车流量时的噪声预测结果,如表4-10所示。

表4-10 次干道交通噪声预测结果 （单位:dB(A)）

车流量 /(辆/h)	时段	距中心线距离/m									4a类标准达标距离/m	2类标准达标距离/m
		10	20	40	60	80	100	120	160	200		
400	昼间	51.4	50.7	50.3	50.2	50.1	50.1	50.1	50.0	50.0	—	—
	夜间	44.6	42.7	41.4	40.9	40.6	40.4	40.3	40.2	40.1		
800	昼间	52.4	51.3	50.6	50.4	50.2	50.2	50.1	50.1	50.0	—	—
	夜间	46.8	44.4	42.5	41.6	41.1	40.8	40.6	40.4	40.2		
1200	昼间	53.2	51.8	50.9	50.5	50.4	50.3	50.2	50.1	50.1		
	夜间	48.2	45.6	43.3	42.3	41.6	41.2	40.9	40.5	40.3		
1600	昼间	53.9	52.3	51.2	50.7	50.4	50.3	50.2	50.1	50.1		
	夜间	49.3	46.5	44.1	42.8	42	41.5	41.2	40.7	40.5		
2000	昼间	54.5	52.7	51.4	50.9	50.6	50.4	50.3	50.1	50.1		
	夜间	50.2	47.3	44.7	43.3	42.4	41.8	41.4	40.9	40.6		10.5

注:达标距离是相对道路红线而言的。

根据以上类比分析可知,在该工业集聚区园区规划实施后,次干道的交通噪声均能满足2类标准要求;只有车流量在2000辆/h时,夜间达到《声环境质量标准》(GB 3096—2008)中的2类标准要求的距离为10.5 m。次干道的交通噪声产生的影响相对较小。由分析可见,园区内次干道两侧15 m范围内不宜布置学校、医院等声环境敏感单位。

根据园区绿化规划,将在主要道路两侧设置绿化防护带。由于绿化带对减弱噪声有一定的效果,一般认为一丛4 m宽的绿叶篱可以降低噪声4~6 dB,20 m宽的多层绿化带可以降低噪声8~10 dB,减弱噪声的功能随树木种类、高矮、层次多少、枝叶稠密程度不同而有所差别。规划应在道路和建筑之间设置绿化隔离带,同时注意树种选择应尽量以树冠稠密的阔叶乔木配合灌木,形成一定的绿化层次和绿化密度。

（三）生活设备噪声预测分析

根据工程分析,生活噪声源强在65~100 dB(A),由前述公式预测主要生活噪声源对环境的影响结果如表4-11所示。

表4-11 生活区主要噪声源及车辆噪声衰减计算结果 （单位:dB(A)）

序号	设备名称	源强 /dB(A)	噪声源经一定距离(m)衰减后的声压级(dB(A))								
			10	15	20	40	60	80	100	150	200
1	离心式污水机组	90	62.0	58.5	56.0	50.0	46.5	44.0	42.0	38.5	36.0
2	冷冻水泵	90	62.0	58.5	56.0	50.0	46.5	44.0	42.0	38.5	36.0
3	冷却水塔	75	47.0	43.5	41.0	35.0	31.5	29.0	27.0	23.5	21.0
4	厨房风管气管	85	57.0	53.5	51.0	45.0	41.5	39.0	37.0	33.5	31.0

序号	设备名称	源强/dB(A)	噪声源经一定距离(m)衰减后的声压级(dB(A))								
			10	15	20	40	60	80	100	150	200
5	进排烟风机	80	52.0	48.5	46.0	40.0	36.5	34.0	32.0	28.5	26.0
6	生活水泵	90	62.0	58.5	56.0	50.0	46.5	44.0	42.0	38.5	36.0
7	备用柴油发电机	100	72.0	68.5	66.0	60.0	56.5	54.0	52.0	48.5	46.0

从表4-11可以看出,生活噪声源在不考虑隔声、消声的情况下,影响范围主要在距噪声源40 m范围内;部分生活设施的噪声较大,一般在采取隔声、消声及吸声等防噪措施后,影响范围主要在距噪声源20 m范围内。因此,各使用单位应对产噪设备加装隔声间,避免对周边环境的影响。

(四)声环境预测与评价小结

对于工业源,该工业集聚区建成后各种产生噪声的设备对周围环境会产生一定的影响,其中一些大型生产设备,特别是机加工设备,如旋切机、热压机、砂光机等的噪声影响都很大,在考虑墙体隔声的情况下仍然超标。建议各入驻企业对产生较大噪声(声级超过90 dB(A))的设备做好合理布局,尽量布置在各厂区中部,加大噪声衰减距离,或另外采取隔声措施,确保厂界噪声达标。具体按照《以噪声污染为主的工业企业卫生防护距离标准》(GB 18083—2000)进行设置,在项目的环境影响评价过程中予以明确。

对于交通源,在规划末期即2020年时,交通流量为400辆/h的情况下,昼间、夜间在道路红线内满足《声环境质量标准》(GB 3096—2008)中的4a类标准要求,且夜间在红线外11.5 m范围内即可满足《声环境质量标准》(GB 3096—2008)中的2类标准要求。

对于生活源,在不考虑隔声、消声的情况下,影响范围主要在距噪声源40 m范围内。

三、某农产品加工物流产业园规划的环境影响预测与评价

为了充分利用热带-亚热带气候区域的农产品资源(橡胶、槟榔、胡椒、椰子、菠萝和柠檬等),海南省农垦局在充分调研市场的基础上,按照产业发展园区化的原则,决定规划建设万宁市热带-亚热带气候区域的农产品加工物流产业园,使其具有集种植—初加工—精深加工—销售—物流的完整产业链,规划年限是2015—2030年。规划范围为槟榔城北至后安镇后坑村,南临后安镇老杨村,西至北大镇竹埇村,东接223国道,规划用地面积约195 hm²。规划区重点发展热带特色农产品深加工、生物制药、乡村旅游和文化休闲度假等产业,兼配套、物流、交易、展销、居住等。

规划区内现有以农业种植为主的6个村庄和4个国有农场生产队,以及槟榔城政府所在地。规划区的生活与农业生态用水主要来源于水声水库和灌溉水库,水库周边有少量鱼塘。规划区拟新建一座污水收集规模为12000 m³/d的污水处理厂,以处理工业废水和生活污水,生态排污口拟设置于Ⅲ类水体龙尾河上(美子村附近)。污水处理厂执行《城市污水再生利用城市杂用水水质》(GB/T 18920—2002)中的一级A标准。中水中的30%回用于农业灌溉、景观用水、绿化喷淋或道路广场浇洒等,剩余部分的中水排至槟榔城南部的中等河流龙尾河(龙尾河排污口上游500 m处COD和氨氮浓度分别为13.8 mg/L和0.74 mg/L)中。龙尾河离

水声水库的最短距离为 1200 m。

请回答以下问题：

问题一 该规划环境影响评价的重点是什么？

问题二 如何开展该规划项目的地表水环境影响预测与评价？

问题三 该规划项目建设期的环境影响分析包括哪些内容？

问题四 该规划与相关规划的协调性分析内容有哪些？

参考答案

问题一 该规划环境影响评价的重点是什么？

（1）根据规划区的环境质量现状、区域环境功能特点，分析和预测规划区域内生产、生活产生的废水、废气的影响程度和范围，以及土地开发对生态环境的影响，分析确定纳污水体的环境容量、区域环境空气容量。

（2）分析规划与《万宁市城市总体规划》及其他各专项规划的相容性，从宏观角度对该规划的总体定位、发展规模、用地布局等进行论证，对规划区的发展提出优化建议和调整方案。

（3）从环境保护角度论证各环境保护方案的可行性，并提出预防、降低、修复或补偿由规划实施可能导致的不良环境影响的对策和措施。

（4）对规划的功能区划、用地布局、产业结构与布局、基础设施建设、环保设施等进行环境影响分析比较和综合论证，提出完善规划的建议和对策。

问题二 如何开展该规划项目的地表水环境影响预测与评价？

从该规划的基本概述可知，规划区内的地表水体包括生活用水水源地水声水库、农业生态水源地灌溉水库、水库周边的少量鱼塘，以及规划区污水处理厂排水的纳污水体龙尾河。这表明规划区内不涉及自然保护区和生态功能区，但涉及水资源保护区，即水声水库，故规划区内存在生态保护红线。基于此，该规划项目的地表水环境影响预测与评价将只针对纳污水体，即Ⅲ类水体龙尾河进行。具体内容如下：

（一）规划区污水量核算

为了预测规划区污水处理厂排污对Ⅲ类水体龙尾河水质的环境影响，首先需要开展规划区用水量预测。为此，先根据《万宁市城市总体规划》确定的 2030 年建设用地规划平衡表，以及《给水工程规划规范》确定的不同性质用地用水量指标，可以预测出规划末期 2030 年槟榔城的水量。在此基础上，根据计算出的用水总量，乘以相应的生活污水、工业废水排放系数，可以计算得出规划远期 2030 年槟榔城的污水排放量。

1. 规划区用水量预测

规划区用水量预测采用分项建设用地指标法或单位面积用水量指标法来计算用水量。根据给水规划规范，城镇单位建设用地综合用水量指标应为 $0.4 \sim 0.8$ 万 $m^3/(km^2 \cdot d)$。经计算，规划远期最高日用水量约为 16500 m^3，具体情况如表 4-12 所示。

表 4-12 规划区用水量一览表

序号	用 地 类 别	指标/($m^3/(hm^2 \cdot d)$)	用地面积/hm^2	用水量/(m^3/d)
1	居住用地	60	28.00	1680
2	公共管理与公共服务设施用地	50	11.19	560

序号	用地类别	指标/(m³/(hm²·d))	用地面积/hm²	用水量/(m³/d)
3	商业服务业设施用地	50	35.21	1760
4	工业用地	150	61.20	9180
5	物流仓储用地	20	10.69	214
6	公用设施用地	25	1.42	36
7	村庄建设用地	60	45.51	2730
	合计	—	193.22	16160

2. 规划区污水量预测

槟榔城平均日污水排放量按平均日用水量的 80% 计算,变化系数取 1.3。综合平均日污水排放量为 16500÷1.3×0.8≈10160 (m³/d)。

3. 污水处理设施及排水去向

规划在槟榔城城南新建一座污水处理厂,污水收集总设计规模为 12000 m³/d,占地面积约为 1.0 hm²。通过规划区污水管网收集规划区污水到污水处理厂集中处理,工业废水必须经第一次净化处理后才能进入市政污水管网。规划污水处理按《城镇污水处理厂污染物排放标准》(GB 18918—2002)中的一级 A 标准处理。经处理达到《城市污水再生利用 城市杂用水水质》(GB/T 18920—2002)标准后的中水分两部分处理:一部分回用于农业灌溉、景观用水、绿化喷淋或道路广场浇洒等,这部分中水约占总中水量的 30%(3150 m³/d);剩余部分排至槟榔城南部的龙尾河中,这部分中水约占总中水量的 70%(7350 m³/d)。

规划区排放的生活污水和工业废水的主要污水污染因子为 COD、SS、氨氮、总磷、动植物油、粪大肠菌群等,按一级 A 标准浓度计算,得到规划区各种水污染物的排放量,结果如表 4-13 所示。

表 4-13　规划区废水污染物预测排放量

因　子	废 水 量	污染物排放					
		COD	SS	氨氮	总磷	动植物油	粪大肠菌群数
排放浓度	—	50 mg/L	10 mg/L	5 mg/L	0.5 mg/L	1 mg/L	1000 个/L
日排放量	7350 m³/d	367.5 kg/d	73.5 kg/d	36.75 kg/d	3.68 kg/d	7.35 kg/d	7.35×10⁹ 个/d
年排放量	268.28 万 m³/a	134.14 t/a	26.83 t/a	13.41 t/a	1.34 t/a	2.68 t/a	2.68×10¹² 个/a

注:一年按 365 天计算。

(二)地表水环境影响预测与评价

1. 预测内容、预测因子和预测范围

预测内容主要是规划区污水处理厂水污染物排放对纳污水体龙尾河的水质影响程度,以及影响范围,包括规划区污水处理厂污水达标排放和事故排放两个典型工况下的预测与评价。

根据评价河段水域功能、水质现状及污水处理厂排污特征,确定预测因子为 COD 和氨氮。

地表水现状评价范围选取龙尾河污水处理厂排污口(龙尾河美子村附近)上游 500 m 至排

污口下游 13 km,共 13.5 km。因此,预测评价范围确定为龙尾河污水处理厂排污口上游 0.5 km 至下游 5 km 的河段,全长约 5.5 km。

2. 污染物排放源强

规划区废水排入规划区污水处理厂集中处理,污水处理厂尾水排入龙尾河。规划区污水处理厂处理规模为 12000 m³/d,中水回用率约为 30%,规划区污水处理厂废水排放量约为 7350 m³/d。污染物排放情况如表 4-14 所示。

表 4-14 污染物排放情况

工 况	水量/(m³/d)	COD/(mg/L)	氨氮/(mg/L)
达标排放	7350	50	5
事故排放	7350	500	30

(三)计算模式和参数取值

1. 计算模式

规划区污水处理厂废水排放量为 7350 m³/d,废水中污染物以非持久性污染物为主,龙尾河为中河,属于Ⅲ类水体。根据《环境影响评价技术导则 地表水环境》(HJ 2.3—2018)中的规定,地表水环境影响评价等级为三级。龙尾河可近似为平直河流,导则中建议采用二维稳态混合模式,横向混合系数 M_y 建议采用泰勒法估算。

本项目选用二维稳态(岸边排放)水质模型,对污染物在纳污水道上的浓度分布进行预测。二维稳态(岸边排放)水质模型直角坐标的基本方程为

$$U_x \frac{\partial C}{\partial x} + U_y \frac{\partial C}{\partial y} = \frac{\partial}{\partial x}\left(E_x \frac{\partial C}{\partial x}\right) + \frac{\partial}{\partial y}\left(E_x \frac{\partial C}{\partial y}\right) - KC \tag{4-15}$$

式中:U_x、U_y 分别为 x、y 方向的垂线平均流速,m/s;E_x、E_y 分别为 x、y 方向的扩散系数,m²/s;C 为污染物浓度,mg/L;K 为污染物降解系数,L/d。

对于平直河道的岸边排放,混合过程段通常采用二维稳态混合模式,即

$$C(x,y) = C_h + \frac{C_p Q_p}{H \sqrt{\pi M_y x u}}\left\{\exp\left(-\frac{uy^2}{4M_y x}\right) + \exp\left[-\frac{u(2B-y)^2}{4M_y x}\right]\right\} \tag{4-16}$$

式中:C 为断面平均浓度,mg/L;C_h 为河流上游污染物浓度,mg/L;C_p 为排放污染物浓度,mg/L;Q_p 为废水排放量,m³/s;u 为评价河段中断面平均流速,m/s;H 为河段平均水深,m;B 为河段平均宽度,m;M_y 为横向混合系数,m²/s。

对于非持久性污染物,岸边排放,则采用以下二维稳态混合衰减模式,即

$$C(x,y) = \exp\left(-K_1 \frac{x}{86400u}\right)\left\{C_h + \frac{C_p Q_p}{H \sqrt{\pi M_y x u}}\left[\exp\left(-\frac{uy^2}{4M_y x}\right) + \exp\left(-\frac{u(2B-y)^2}{4M_y x}\right)\right]\right\}$$

$$\tag{4-17}$$

式中:K_1 为水质计算经验系数。

由于 COD_{Cr} 和氨氮为非持久性污染物,故选用上述二维稳态混合衰减模式。M_y 采用泰勒法估算,即

$$M_y = (0.058H + 0.0065B)(gHI)^{0.5}$$

式中:I 为河床坡降,m/m;g 为重力加速度,m/s²。

2. 参数取值

根据龙尾河地表水环境现状监测,龙尾河排污口上游 500 m 处 COD 和氨氮浓度分别为 13.8 mg/L 和 0.74 mg/L,水文水质参数如表 4-15 所示。

表 4-15 水文水质参数

参数类型	变 量	取 值	单位	取值说明
公共参数	$Q_{h龙尾河}$	7.26	m³/s	90%保证率时的最枯月平均流量
	Q_p	0.085	m³/s	污水处理厂尾水排放量 7350 m³/d
	H	6.2	m	断面概化为矩形(枯水期)
	B	40	m	断面概化为矩形(枯水期)
	a	0	m	排污口到岸边距离
	$U_{龙尾河}$	0.029	m/s	最枯月平均流速
	I	0.272%	m/m	河床坡降
	M_y	0.25	m²/s	横向混合系数,泰勒公式估算
COD	K_1	0.15	1/d	万宁市河网水质计算经验系数
氨氮	K_1	0.10	1/d	万宁市河网水质计算经验系数

3. 水环境影响预测结果

根据上述模式和参数,预测规划区污水处理厂废水达标排放和事故排放对龙尾河水质的影响情况。

(1)达标排放工况。

达标排放工况下,龙尾河各断面 COD、氨氮浓度预测结果如表 4-16 所示。

表 4-16 达标排放工况下龙尾河 COD、氨氮浓度预测结果　　　　(单位:mg/L)

预测项目	距离排污口河长/m	河宽/m 5	10	20	40
COD 浓度	5	15.5473	14.9335	13.9983	13.7963
	50	14.4125	14.3990	14.3458	14.2668
	100	14.2532	14.2644	14.2780	14.2852
	250	14.0236	14.0340	14.0504	14.0639
	500	13.7311	13.7364	13.7445	13.7512
	1000	13.2473	13.2495	13.2528	13.2554
	2000	12.4153	12.4160	12.4172	12.4182
	3000	11.6658	11.6662	11.6668	11.6673
	4000	10.9716	10.9719	10.9723	10.9726
	5000	10.3235	10.3237	10.3239	10.3241

续表

预测项目	距离排污口河长/m	河宽/m			
		5	10	20	40
氨氮浓度	5	0.9150	0.8536	0.7601	0.7399
	50	0.8040	0.8026	0.7973	0.7894
	100	0.7907	0.7918	0.7932	0.7939
	250	0.7757	0.7768	0.7784	0.7798
	500	0.7595	0.7601	0.7609	0.7616
	1000	0.7365	0.7367	0.7370	0.7373
	2000	0.7012	0.7013	0.7014	0.7015
	3000	0.6708	0.6708	0.6709	0.6709
	4000	0.6428	0.6428	0.6428	0.6429
	5000	0.6164	0.6165	0.6165	0.6165

（2）事故排放工况。

事故排放工况下,龙尾河各断面COD、氨氮浓度预测结果如表4-17所示。

表 4-17　事故排放工况下龙尾河 COD、氨氮浓度预测结果　　　　（单位:mg/L）

预测项目	距离排污口河长/m	河宽/m			
		5	10	20	40
COD浓度	5	31.3104	25.1719	15.8206	13.7999
	50	20.2965	20.1608	19.6295	18.8395
	100	19.0734	19.1849	19.3217	19.3932
	250	17.8807	17.9850	18.1492	18.2840
	500	16.7741	16.8261	16.9078	16.9744
	1000	15.4905	15.5118	15.5448	15.5716
	2000	13.9674	13.9752	13.9871	13.9967
	3000	12.8752	12.8793	12.8855	12.8906
	4000	11.9647	11.9673	11.9711	11.9743
	5000	11.1635	11.1652	11.1678	11.1699

预测项目	距离排污口河长/m	河宽/m			
		5	10	20	40
氨氮浓度	5	1.7908	1.4225	0.8613	0.7401
	50	1.1312	1.1230	1.0911	1.0437
	100	1.0590	1.0657	1.0740	1.0783
	250	0.9911	0.9974	1.0073	1.0154
	500	0.9303	0.9334	0.9384	0.9424
	1000	0.8636	0.8649	0.8669	0.8686
	2000	0.7909	0.7914	0.7921	0.7927
	3000	0.7421	0.7424	0.7428	0.7431
	4000	0.7025	0.7027	0.7029	0.7031
	5000	0.6680	0.6681	0.6683	0.6684

（四）水环境影响预测小结

规划区污水处理厂处理后的尾水排入龙尾河。根据表 4-16 中的预测结果，达标排放时，污水处理厂尾水使龙尾河排污口下游附近断面 COD、氨氮浓度较现状值有一定增加，但各断面 COD、氨氮浓度均可达标。因此，规划区污水处理厂正常营运情况下对地表水环境影响较小。

根据表 4-17 中的预测结果，污水处理厂事故排放时，龙尾河排污河段下游一定范围断面 COD、氨氮浓度均超标，250 m 处水质才可达标。事故排放对水体水质有一定影响，因此应做好事故防范措施，杜绝事故排放。

问题三　该规划项目建设期的环境影响分析包括哪些内容？

规划区的建设项目通常是不连续引进或进驻，引进或进驻项目类型也存在较大差别。因此，进驻规划区的建设项目具有较大的不确定性。规划区项目的这种不连续性模式，使得规划区的建设施工时间会比较长，其对环境的影响也是一个较长期的过程。

通常情况下，规划区建设期的主要经济活动内容包括征地、房屋拆迁、场地平整、道路建设、管网铺设、建筑工程、绿化工程等。主要施工作业包括大型施工机械开挖、回填、平整、钻孔、爆破、地基开挖、建筑垃圾清理、土石方运输、筑路、建筑材料运输等。另外，在施工营地还包括施工人员食宿、施工车辆清洗维修、材料堆场等。

建设期的环境影响是多方面的，施工项目不同，其产生的环境影响范围和程度会有较大的差别。因此，在引进项目过程中要做好施工期的环境影响分析，确定敏感目标，制定具体的环境保护措施，以便将施工过程的环境影响降至最低。这里仅针对不同经济活动、施工方式，开展该规划项目建设期的环境影响评价。

采用列表清单法进行定性评价，结果如表 4-18 所示。

表 4-18　建设期环境影响分析一览表

经济活动	施工机械和施工方式	敏感目标	环境影响	主要污染物
征地	—	村庄居民	社会环境	—
房屋拆迁	推土机、装载机、运输车辆等	居民、商户、学校、公共设施、庙宇及古建筑	社会环境、声环境、大气环境	扬尘
场地平整	推土机、装载机、运输车辆等	附近居民、珍稀动植物	声环境、振动、大气环境、生态环境	扬尘
筑路及管网铺设	推土机、装载机、搅拌机、混凝土破碎机、铺路机、发电机、打桩机、夯土机、混凝土泵、运输车辆等	沿线居民及珍稀动植物	声环境、振动、大气环境、生态环境	沥青烟
施工营地	施工人员食宿、各种机械维修等	施工人员及周边居民	水环境、大气环境、固体废弃物	COD、石油类、SS、CO、油烟
运输	建筑垃圾清运及建筑材料运输等	沿线居民	声环境、大气环境	扬尘、CO、NO_x、THC
地基及建筑	挖掘机、钻孔机、打桩机、搅拌机、塔吊、卷扬机、混凝土泵、凿岩机、运输车辆等	周边居民	声环境、振动、大气环境、水环境、固体废弃物	COD、石油类、SS

施工期的各种环境影响,将随着施工期的结束而结束。对于施工期的环境影响,主要通过安排好施工时间、采取必要的防护措施来力争将环境影响降到最低。如:规定夜间不进行高噪声设备的施工,以减少施工对居民睡觉的影响;对施工期间的生活污水进行处理后再排放,以减少对地表水体的影响等。

问题四　该规划与相关规划的协调性分析内容有哪些?

采用自上而下逐层或逐级的分析方法,开展该规划与相关规划的协调性分析,内容包括该规划与国家层面、省级层面和市级层面的相关规划内容之间的符合程度分析。

1. 与国家相关规划的一致性分析

在我国的《国民经济和社会发展第十三个五年规划纲要》中:第十八章提出"推进农村一二三产业融合发展。积极发展农产品加工业和农业生产性服务业。推进农业与旅游休闲、教育文化、健康养生等深度融合,发展观光农业、体验农业、创意农业等新业态";第二十四章提出"加快海南国际旅游岛建设,支持发展生态旅游、文化旅游、休闲旅游、山地旅游等";第三十六章提出"依托优势资源,促进农产品精深加工、农村服务业及劳动密集型产业发展。引导农村二、三产业向县城、重点乡镇及产业园区集中"。所以,本规划符合我国国民经济和社会发展"十三五"规划纲要的要求。

在《国务院关于推进海南国际旅游岛建设发展的若干意见》中指出,充分发挥海南热带农业资源优势,大力发展热带现代农业,使海南成为全国冬季菜篮子基地、热带水果基地、南繁育制种基地、渔业出口基地和天然橡胶基地。因此,该规划与《国务院关于推进海南国际旅游岛建设发展的若干意见》中提出的海南发展方向相符。

《全国主体功能区规划》将海南省划分为限制开发区域(农产品主产区)中的其他农业地区,以发展热带农产品产业为主。文件指出"积极推进农业的规模化、产业化,发展农产品深加工,拓展农村就业和增收空间"。该规划区以热带现代农业种植业为基础,重点发展热带特色农产品深加工、生物制药、乡村旅游和文化休闲度假等产业,兼配套、物流、交易、展销、居住等。故该规划与《全国主体功能区规划》相符。

该规划区在涉及产业发展过程中所采取的环境保护措施,与国家的《大气污染防治行动计划》《水污染防治行动计划》和《土壤污染防治行动计划》的要求也是相符合的。

2. 与海南省相关规划的一致性分析

《海南省国民经济和社会发展第十三个五年规划纲要》第四章提出:"构建富有海南特色的旅游产品体系""高标准建设国家冬季瓜菜基地、南繁育制种基地、热带水果基地、天然橡胶基地、海洋渔业基地和无规定动物疫病区;调整优化农业产业结构,因地制宜发展特色高效热带作物和水果;加快转变农业发展方式,加强农产品加工园区、物流园区和市场建设等""加快南药、黎药创新研发和特色品种二次开发,精细创新原料药做出特色,努力在生物技术药物、医疗器械产品、海洋药物产品等研究和开发上取得突破"等。这些内容涵盖了该规划区拟发展的以热带现代农业种植业为基础的热带农产品加工、生物制药、物流业和特色文化休闲旅游度假产业。

《海南省城乡经济社会发展一体化总体规划(2010—2030)》提出"充分发挥海南唯一热带气候优势,打造绿色品牌农业,构建热带现代特色农业体系";《海南城乡总体规划(2005—2020)》提出"发展以热带作物为特色的高效农业,走科技密集型的精致农业生产道路。以具有热带海洋气候特色的果菜、橡胶、花卉、咖啡、南药等多种热带经济作物为龙头"。

在《海南国际旅游岛建设发展规划纲要》(2010—2020)中:第三章提出"琼海、万宁两市发展壮大滨海旅游业、热带特色农业、海洋渔业、农产品加工业等。根据条件,适当布局特色旅游项目,打造文化产业聚集区""促进热带特色农业与旅游相结合";第十三章提到"充分利用本地优势资源优势,加大项目聚集力度,进一步延伸现有优势产业链条,壮大支柱产业"。《海南省主体功能区规划》提出"支持农产品主产区加强农产品加工、流通、储运设施建设,引导农产品加工、流通、储运企业向主产区聚集"。

综上所述,该规划提出的重点发展热带特色农产品深加工、生物制药、乡村旅游和文化休闲度假等产业,兼配套、物流、交易、展销、居住等内容与目标,与《海南省国民经济和社会发展第十三个五年规划纲要》《海南省城乡经济社会发展一体化总体规划(2010—2030)》和《海南城乡总体规划(2005—2020)》,以及《海南国际旅游岛建设发展规划纲要》和《海南省主体功能区规划》的内容相符。

按照《海南省生态保护红线管理规定》,规划区域内水声水库为Ⅱ类生态保护红线区,其余区域不涉及《海南省省级生态保护红线》中的Ⅰ类和Ⅱ类保护区。而Ⅱ类生态保护红线区内禁止工业、矿产资源开发、商品房建设、规模化养殖及其他破坏生态和污染环境的建设项目。该规划在水声水库范围内未开展上述建设项目。故该规划与《海南省生态保护红线管理规定》相符。

3. 与万宁市相关规划的协调性分析

《万宁市国民经济和社会发展第十三个五年规划纲要》提出:"依托万宁资源禀赋和特色文化,精心培育东部滨海旅游、中部乡村旅游、西部生态旅游等三大旅游产业带""因地制宜发展特色高效热带作物和水果、发展休闲农业、发展农产品加工业""积极利用万宁丰富的南药资源及生物制药产业基础,着力发展生物制药产业""以后安特色农产品加工园区、礼纪新能源高新技术园区、乌场综合港临港产业园区、万宁槟榔城等4个工业园区为依托,集聚发展新型工业以及高新技术产业"。因此,该规划符合《万宁市国民经济和社会发展第十三个五年规划纲要》。

《万宁市城市总体规划》要求:以山地林业和热带作物为特色,重点发展南药、槟榔、橡胶等,并适度发展生态休闲农业;利用特有资源适度发展山区生态旅游,形成与滨海旅游的互动。该规划因地制宜以槟榔精深加工为主要产业,依托槟榔城周边的农业种植基地,围绕菠萝、柠檬、诺尼等特色农产品建设优质特色农产品加工基地,同时发展生物制药业、商贸物流业、休闲养生观光旅游业、乡村旅游业。故该规划与《万宁市城市总体规划》相符。

《万宁市土地利用总体规划》(2006—2020年)中共划定五个土地利用功能区,该规划区属于其中的中东部城镇及农副产品集散加工用地区。其中指出"该区域是万宁市未来城乡人口增长和资源性加工业集聚的中心区,包括主城区万城镇和礼纪镇、大茂镇、后安镇、和乐镇等重点镇区"。该规划区拟用地在三镇一场(北大镇、后安镇、大茂镇及海南省国营东兴农场)的辖区范围内,用地北至后安镇后坑村,南临后安镇老杨村,西至北大镇竹埇村。故规划区位置以及产业发展方向均符合《万宁市土地利用总体规划》。

《万宁市旅游产业"十三五"规划》提出"万宁必须将雨林度假、南药养生、户外运动和东南亚风情结合起来,大力推进农业与旅游的融合发展,充分利用热带高效农业和生态环境优势,打造面向岛外游客的度假型乡村旅游品牌"。该规划区结合水库资源发展以槟榔为主题的休闲观光旅游产品,结合万宁本地特色的乡村民风民俗发展生态休闲、乡村度假旅游,打造特色浓郁的休闲农业旅游。因此,该规划旅游业的发展方向与《万宁市旅游产业"十三五"规划》相符。

综合上述分析可知,该规划内容与国家、省和市/区的相关规划相符。

第三节 建设项目的环境影响预测与评价概述

在《中华人民共和国环境影响评价法》和2017年10月1日起施行的新修订的《建设项目环境保护管理条例》中均明确指出,建设单位应当在开工建设前开展建设项目的环境影响评价,并将环境影响报告书、环境影响报告表报有审批权的环境保护行政主管部门审批。建设项目的环境影响评价文件未依法经审批部门审查或者审查后未予批准的,建设单位不得开工建设。其中,环境影响预测与评价是环境影响报告书和环境影响报告表中的主要内容之一,其涉及的预测与评价方法既有与规划的环境影响预测与评价类似的,也有一些独特的地方,因为建设项目的不确定性问题比规划项目的要少得多。

一、建设项目的环境影响评价内容

1. 基本内容

编制建设项目环境影响评价报告书或报告表的技术服务机构,或者建设单位自己,根据建设项目的基本内容,按照《建设项目环境影响评价技术导则 总纲》(HJ 2.1—2016)中规定的内容、工作程序、方法和要求,开展建设项目的环境影响评价技术服务工作。

建设项目环境影响评价的内容主要体现在 10 个方面:总则、建设项目工程分析、环境影响识别与评价因子筛选、环境现状调查与评价、环境影响预测与评价、环境保护措施与可行性论证、环境影响经济损益分析、环境风险评价、环境管理与监测计划、环境影响评价结论。其基本内容如下:

(1)总则。

结合评价项目背景和建设特点,阐述编制环境影响报告书或报告表的目的、编制依据,明确评价采用标准、评价工作等级、评价范围、评价重点和环境保护目标。在此基础上,确定评价程序和评价方法。

(2)建设项目工程分析。

工程分析内容包括建设项目概况、影响因素分析和污染物源强核算。其中:影响因素分析包括污染影响因素分析和生态影响因素分析。

(3)环境影响识别与评价因子筛选。

环境影响识别包括对环境影响因子、影响对象(环境因子)、环境影响程度和环境影响方式的识别这几个方面的内容。其中:环境影响程度的识别包括不利影响与有利影响的识别。

评价因子筛选是指在环境影响识别的基础上,依据建设项目特点、环境制约因素、区域环境功能要求和环境保护目标,筛选确定现状调查和预测评价因子,包括常规污染因子和特征污染因子。

(4)环境现状调查与评价。

环境现状调查与评价包括自然环境调查与评价、社会经济概况调查与评价、环境质量现状调查与评价、环境保护目标调查和区域污染源调查。其中:环境质量现状调查与评价具体包括大气环境、地表水环境、地下水环境、声环境和生态环境质量的现状调查与评价等。在此基础上,根据相关技术导则,确定现状评价方法。详细内容可参见第三章。

(5)环境影响预测与评价。

在环境影响识别和环境现状调查的基础上,确定环境影响预测与评价的时段和范围、预测与评价因子、预测与评价方法,以及预测与评价内容。其中:预测与评价内容通常包括施工期预测与评价和营运期预测与评价。

(6)环境保护措施与可行性论证。

明确提出建设项目建设期、营运期或服务期满后拟采取的污染防治措施、生态保护措施和环境风险防范措施的具体内容等,并分析论证这些措施的技术可行性、经济合理性、长期运行的稳定性和排放达标的可靠性等。

(7)环境影响经济损益分析。

以建设项目实施后的环境影响预测结果与环境质量现状进行比较,从环境影响的正负两个方面,以定性与定量相结合的方法,对项目的环境影响后果进行货币化经济损益核算,估算建设项目环境影响的经济价值。

（8）环境风险评价。

环境风险评价的内容主要包括源项分析、风险预测与分析、风险评价和风险管理及防范措施等。

（9）环境管理与监测计划。

环境管理与监测计划包括环境管理、环境监测与后评价等内容。对于可能产生重大环境影响的建设项目,在编制环境影响评价文件时,应拟订环境监测、环境管理和后评价计划,制订环境影响后评价方案。环境管理内容包括对建设项目建设期、营运期或服务期满后的不同阶段,以及环境保护设施的正常运行和环境风险防治等提出管理要求。

针对建设项目建设期、营运期或服务期满后的不同阶段,应该给出对污染源监测和环境质量监测的具体方案。同时,对建设项目不同阶段产生的环境影响开展后评价。

（10）环境影响评价结论。

在编写的建设项目环境影响评价文件(包括环境影响评价报告书或环境影响评价报告表)中,必须给出明确的环境影响评价结论,应力求文字简洁、论点明确、结论清晰准确。

环境影响评价报告书或报告表的评价结论主要是对项目建设概况、环境质量现状、污染源排放情况、主要环境影响、公众意见的采纳情况、环境保护措施、环境影响经济损益分析、环境管理与监测计划等内容进行的概括性总结。在此基础上,结合环境质量要求,明确给出建设项目的环境影响可行性结论或不可行性结论。

2. 建设项目环境影响预测与评价的基本要求

在《建设项目环境影响评价技术导则 总纲》(HJ 2.1—2016)中,对建设项目的环境影响预测与评价内容提出了如下一些要求。

（1）项目建设期的环境影响预测与评价。

按照建设项目工程规模、污染物排放情况和持续时间,确定是否开展建设期的环境影响预测与评价。当建设阶段的大气、地表水、地下水、噪声、振动、生态以及土壤等影响程度较重、影响时间较长时,应进行建设阶段的环境影响预测和评价。

（2）项目营运期的环境影响预测与评价。

营运期的环境影响预测与评价是所有环境影响评价报告书或报告表中必须有的内容,其重点是对建设项目生产运行阶段正常工况和非正常工况等情况下,污染物排放对大气、地表水、地下水、噪声、振动、生态以及土壤等影响的预测与评价。

（3）项目服务期满后的环境影响预测与评价。

对于某些服务期满后的建设项目,可根据建设项目的工程特点、规模、环境敏感程度和环境影响特征等,选择开展该建设项目服务期满后的环境影响预测和评价。

（4）项目的累积环境影响预测与评价。

某些建设项目实施后的污染物排放,有可能对局域或区域的环境影响产生叠加或累积效应,为此有必要开展该项目的累积环境影响预测与评价。根据发生累积影响的条件、方式和途径,预测项目实施在时间和空间上的累积环境影响。

(5) 项目的环境风险预测与评价。

环境风险评价的目的是分析和预测本建设项目存在的潜在危险、有害因素,以及建成后运行期间可能发生的突发性事件或事故(一般不包括人为破坏及自然灾害)。这些风险发生后所造成的人身安全与环境影响的损害程度评估,即环境风险后果评估。在此基础上,提出合理可行的防范、应急与减缓措施,以使建设项目事故概率、损失和环境影响达到可接受水平。

二、建设项目环境影响预测与评价方法概述

1. 建设项目环境影响预测与评价方法概述

建设项目环境影响预测与评价方法多种多样,从类型上可以分为数学模式法、物理模型法、类比调查法和专业判断法等。

(1) 数学模式法。

数学模式法能给出定量的预测结果,但需要一定的计算条件和输入必要的参数、数据。一般情况下此方法比较简便,应首先考虑。选用数学模式时要注意模式的应用条件,如实际情况不能很好满足模式的应用条件而又拟采用时,要对模式进行修正并验证。

(2) 物理模型法。

物理模型法定量化程度较高,再现性好,能反映比较复杂的环境特征,但需要有合适的试验条件和必要的基础数据,且制作复杂的环境模型需要较多的人力、物力和时间。在无法利用数学模式法预测而又要求预测结果定量精度较高时,应选用此方法。

(3) 类比调查法。

类比调查法的预测结果属于半定量性质。在评价工作时间较短,无法取得足够的参数、数据,不能采用前述两种方法进行预测时,可选用此方法。

(4) 专业判断法。

专业判断法是定性地反映建设项目的环境影响的方法。建设项目的某些环境影响很难定量估测(如对文物与"珍贵"景观的环境影响),或由于评价时间过短等而无法采用上述三种方法时,可选用此方法。

具体的预测方法在各环境要素或专题环境影响评价技术导则中均有具体规定。如建设项目对大气和地表水的环境影响预测,可以直接参考《环境影响评价技术导则 大气环境》(HJ 2.2—2018)和《环境影响评价技术导则 地表水环境》(HJ 2.3—2018)中所规定的方法。建设项目对相关环境要素的影响预测与评价详见第三章的相关内容。

2. 建设项目环境影响评价方法选择注意事项

尽管建设项目的种类千差万别,但其建设期、营运期或服务期满后对环境要素或因子的环境影响,通常只包括大气、地表水、地下水、噪声、振动、生态以及土壤这几个方面的内容。因此,在选择预测方法时,如果在行业建设项目环境影响评价技术导则中没有相关的技术方法,则可以在专项环境影响评价技术导则中选择。

通常情况下,在行业建设项目环境影响评价技术导则中,针对建设项目对某个环境要素的环境影响预测方法,本身就是采用的专项环境影响评价技术导则中的预测方法。这些方法有可能是定性、半定量或定量的方法,在进行具体项目的环境影响预测方法选择时,应尽可能选择定量的预测方法,也可以采用定性、半定量或定量相结合的方法。

三、建设项目环境影响评价文件编写的主要内容

1. 总体要求

技术人员编写的环境影响评价文件(这里主要指环境影响评价报告书或报告表)应全面、概括地反映建设项目环境影响评价的全部工作,文字应简洁、准确,并尽量采用图表和照片,以使提出的资料清楚,论点明确,利于阅读和审查。原始数据、全部计算过程等不必在报告书或报告表中列出,必要时可编入附录。所参考的主要文献应按其发表的时间次序由近至远列出。评价内容较多的报告书或报告表,应在其中单独进行说明分析。

2. 编写内容

建设项目的环境影响报告书或报告表的编写,总体上按照《建设项目环境影响评价技术导则 总纲》(HJ 2.1—2016)规定进行,通常有 10 章,包括总则、建设项目工程分析、项目周边环境概况、环境质量现状调查与评价、环境影响预测与评价、环境保护措施及其可行性论证、环境风险评价、环境影响经济损益分析、环境管理与监测计划,以及环境影响评价结论和建议。实际执行过程中,选择总纲中的全部或部分内容进行编写。目前,基于建设项目环境影响评价报告文件审批或阅读的需要,在总则的前面加一章用于对整个环评报告进行简洁概述。

(1)总则。

总则包括评价目的、评价原则、编制依据、环境影响因素识别与评价因子筛选、评价标准、评价工作等级、评价范围与时段、评价内容与重点、环境功能区划及环境保护目标等内容。必要时,也可以增加对建设项目的"三线一单"符合性分析等。

(2)建设项目工程分析。

建设项目工程分析包括工程概况、工程环境影响分析、污染物源强核算、方案比选及环境合理性分析、总量控制。具体体现在施工期环境污染分析和营运期环境污染分析等方面。其中:工程概况包括项目名称、性质、规模、主要原辅材料、占地面积及厂区平面布置图、主要工艺方法和产品、职工人数和生活区布局等。

(3)项目周边环境概况。

项目周边环境概况包括自然环境和社会环境两个方面。自然环境包括地理位置、地形地貌、地质、气候气象、水文、土壤、植被、土地利用现状、矿藏、森林、草原、水产和野生动物、原野植物、农作物等情况;另外,还要包括自然保护区、风景游览区、名胜古迹、温泉、疗养区以及重要的政治文化设施情况。社会环境包括现有工矿企业和生活居民区的分布情况、人口密度、农业概况、土地利用情况、交通运输情况以及其他社会经济活动情况。

(4)环境质量现状调查与评价。

环境质量现状调查与评价包括大气环境、地表水环境、地下水环境、土壤环境、声环境和生态环境等方面的现状调查与评价等。

(5)环境影响预测与评价。

环境影响预测与评价的内容包括预测环境影响的时段(施工期和营运期)、预测范围、预测内容(大气、地表水、地下水和生态环境等)、预测方法、预测结果及其分析和说明。

(6)环境保护措施及其可行性论证。

环境保护措施包括施工期和营运期的典型污染物净化环境保护措施、生态环境保护措施、

以及水土保持措施等。

(7) 环境风险评价。

环境风险评价主要包括施工期和营运期的环境风险识别、环境风险分析、环境风险防范措施等。

(8) 环境影响经济损益分析。

环境影响经济损益分析内容包括项目收益、环境效益、环境保护设施费用、可量化的社会效益和无法量化社会效益等。

(9) 环境管理与监测计划。

环境管理与监测计划包括施工期和营运期的环境管理和环境监测计划。

(10) 环境影响评价结论和建议。

结论和建议部分包括项目基本情况、评价区域环境质量现状、污染防治措施及环境影响评价结论、环境风险评价结论、环境经济损益分析结论、公众参与说明、总结论和建议等内容。

除了对整个建设项目给出评价结论外，在做完建设项目对某个环境要素的影响评价时，也可给出一个对应的环境影响自查表，如表 4-19 所示的大气环境影响评价自查表。该表格的每项内容是《环境影响评价技术导则 大气环境》(HJ 2.2—2018)中要求的集中体现。

表 4-19　大气环境影响评价自查表

<table>
<tr><th colspan="2">工 作 内 容</th><th colspan="3">自 查 项 目</th></tr>
<tr><td rowspan="2">评价
等级
与范围</td><td>评价等级</td><td>一级□</td><td>二级□</td><td>三级□</td></tr>
<tr><td>评价范围</td><td>边长＝50 km□</td><td>边长＝5～50 km□</td><td>边长＝5 km□</td></tr>
<tr><td rowspan="2">评价
因子</td><td>SO₂＋NOₓ
排放量</td><td>≥2000 t/a□</td><td>500～2000 t/a□</td><td>＜500 t/a□</td></tr>
<tr><td>评价因子</td><td>基本污染物：
其他污染物：</td><td>包括二次 PM₂.₅□
不包括二次 PM₂.₅□</td><td></td></tr>
<tr><td rowspan="2">评价
标准</td><td>评价标准</td><td>国家标准□</td><td>地方标准□</td><td>附录 D　　其他
　　　　　标准□</td></tr>
<tr><td>环境功能区</td><td>一类区□</td><td>二类区□</td><td>一类区和二类区□</td></tr>
<tr><td rowspan="2">现状
评价</td><td>评价基准年
环境空气质量现
状调查数据来源</td><td>长期例行监测数据□</td><td>主管部门发布的数据□</td><td>现状补充监测□</td></tr>
<tr><td>现状评价</td><td>达标区□</td><td>不达标区□</td><td></td></tr>
<tr><td>污染源
调查</td><td>调查内容</td><td>项目正常排放源□
项目非正常排放源
□
现有污染源□</td><td>拟替代的
污染源□</td><td>其他在建、拟建
项目污染源□</td><td>区域污染源□</td></tr>
</table>

工 作 内 容		自 查 项 目			
大气环境影响预测与评价	预测范围	边长≥50 km□　　　　　　边长＝5～50 km□　　　边长＝5 km□			
	预测模型	AERMOD□　ADMS□　AUSTAL 2000□　EDMS/ AEDT□　CALPUFF□　网络模型□　其他□			
	预测因子	预测因子：　　　　　　　　　包括二次 $PM_{2.5}$□　不包括二次 $PM_{2.5}$□			
	正常排放短期浓度贡献值	浓度 C 最大占标率≤100%□　　　　　　浓度 C 最大占标率>100%□			
	正常排放年均浓度贡献值	一类区　　浓度 C 最大占标率≤10%□　　　　浓度 C 最大占标率>10%□			
		二类区　　浓度 C 最大占标率≤30%□　　　　浓度 C 最大占标率>30%□			
	非正常排放 1 h 浓度贡献值	非正常持续时长（　　）h　　浓度 C 占标率≤100%□　浓度 C 占标率>100%□			
	保证率日均浓度和年均浓度叠加值	浓度 $C_{叠加}$ 达标□　　　　　　浓度 $C_{叠加}$ 不达标□			
	区域环境质量的整体变化情况	k≤−20%□　　　　　　k>−20%□			
环境监测计划	污染源监测	监测因子：　　　　　　　有组织废气监测□　　　无监测□ 　　　　　　　　　　无组织废气监测□			
	环境质量监测	监测因子：　　　　　　　监测点位数：　　　　无监测□			
评价结论	环境影响	可以接受□　　　　　　不可以接受□			
	大气环境防护距离	距厂区厂界最远（　　）m			
	污染源年排放量	SO_2：（　　）t/a　　　　　NO_x：（　　）t/a 颗粒物：（　　）t/a　　　　$VOCs$：（　　）t/a			

注："□"为勾选项，填"√"；"（）"为内容填写项。

第四节　建设项目的环境影响预测与评价实践

本节主要通过案例来说明建设项目的大气环境影响预测与评价、水环境影响预测与评价以及生态环境影响预测与评价。在每个案例中除了涉及建设项目对大气环境、水环境和生态环境影响的预测与评价外，还包括清洁生产水平分析、环境监测计划和景观环境影响评价等内容。

一、某制药企业技改项目的环境影响预测与评价实践

某制药企业位于某区域的工业集聚区内,所在地区为空气质量达标区域,主要生产原料药和中间体。为满足日益增长的市场需求和环境保护要求,公司拟对现有生产线进行提升改造和产品结构调整。项目完成后,企业生产线装备水平将得到全面提升,生产工艺得到优化,有机溶剂回收、母液物料回收和碘回收率均得到提高,废水和废气污染物排放量均减少。新建车间按照物料输送管道化、生产体系密闭化、制造方式自动化、系统控制智能化的理念进行设计建设。

该项目是在改造原生产线的基础上,投资扩建年产 1500 t 非离子型 CT 造影剂、450 t 左氧氟沙星及 100 t 洛索洛芬钠原料药的生产线,配套建设溶剂回收车间,联产 1500 t 醋酸甲酯、530 t 冰醋酸和 350 t 碘,并将碘佛醇水解物扩产至 200 t。

现状检测发现生产工艺废气主要有醋酸、醋酸甲酯、甲醇、乙醇、醋酐、乙二醇单甲醚、二氯甲烷、DMSO(二甲基亚砜)、乙酸乙酯、乙酸、正丁醇、DMAC(二甲基乙酰胺)和氯仿等。为此,在提高溶剂回收利用率的前提下,新建一套 RTO(蓄热式热力焚化炉)有机废气净化装置,排气筒高度设计为 35 m。车间的无组织排放废气收集后经 RTO 处理再通过 15 m 排气筒排放。现有的 30000 m^3/h 的 RTO 处理装置用于接纳处理各车间工艺废气、危险性废物堆场收集的废气和罐区呼吸废气。

该项目的废气来源主要有:生产工艺中使用盐酸而产生的少量氯化氢废气,液体物料储运产生的少量大小呼吸废气,危险废物堆场中危险废物夹带的溶剂挥发产生的混合型恶臭废气,废水处理站运行过程中产生的氨、硫化氢(H_2S)等恶臭性废气,以及废水中溶剂挥发产生的甲醇、乙醇等有机废气。此外,在产品干燥及 GMP 车间内产品破碎、包装、固体物料投料/出料等过程中会产生粉尘。

厂区由三个功能分区组成:办公区、生产区和生产辅助区。办公区位于厂区的东南端,办公大楼面向永安溪,办公楼前面为开阔的广场,并在集聚区的主干道上设人流主入口。生产区位于厂区的东面和西面,主要有合成车间和精烘包车间。生产辅助区有两个区块:一个区块位于厂区的东面,主要是东北角的机修车间和动力车间以及东南角的供水站和循环水池;另一个区块位于厂区的西面,主要有生产区的有机废气焚烧设施、仓库、污水处理站、停车场等。

厂区东侧为小山,北临春晖中路,隔路为小山,南侧为永安溪堤坝,西侧与仙居污水处理厂相邻,附近最近的居民点为距东北厂界约 70 m 的徐家山村居民点。附近村组到工业集聚区边界的距离介于 70~2000 m 之间,人口密度较大。厂区西侧大道对面有热力生产公司、联明化工、君业药业等企业,西北角为污水处理厂,北面、东面为规划的绿地,东北角为住宅用地,南临丰收西路。该区域大气稳定度全年以中性 D 类稳定度为主,出现频率为 60.8%,全年主导风向为东风,风速小于 1.1 m/s。该厂区边界 2 km 范围内有一处大气环境地面自动监测站,在其监测的 2015—2018 年的污染物浓度和气象数据中,2017 年的数据相对完整。

根据现有生产线污染物的排放浓度,参考国内采用先进生产线后污染物的排放浓度,计算得到该技改项目已建项目的典型污染物排放量和技改项目典型污染物的排放量,结果如表 4-20 所示。

表 4-20 部分典型污染源排放的污染物三本账一览表　　　　　（单位：t/a）

污　染　物	已建项目排放量	技改项目排放量	以新带老的减排量	项目完成后排放量
甲醇	10.971	3.327	2.306	11.992
乙醇	5.905	6.33	0.307	11.928
醋酐	1.141	0.953	0.374	1.72
DMAC	0.966	0.0	0.096	0.87
二氯甲烷	3.939	0.0	0.0	3.939
乙酸	1.349	0.593	0.447	1.495
乙酸甲酯	1.116	1.350	0.242	2.224
正丁醇	2.829	6.695	0.392	9.132
乙酸乙酯	0.404	0.0	0.015	0.389
三乙胺	0.076	0.0	0.0	0.076
二甲基亚砜	0.294	0.0	0.0	0.294
乙二醇单甲醚	2.133	0.727	0.737	2.123
DMF	0.62	0.0	0.0	0.62
氰乙酸乙酯	0.04	0.0	0.0	0.04
二氧六烷	0.26	0.0	0.0	0.26
二溴乙烷	0.01	0.0	0.0	0.01
HCl	0.320	0.0	0.036	0.284
氨	0.5	0.0	0.0	0.5
硫化氢	0.03	0.0	0.0	0.03
粉尘	1.85	0.0	0.0	1.85
NO_x	11.88	0.528	0.0	12.408
SO_2	2.16	0.0	0.0	2.16
VOCs 小计	33.416	19.975	4.916	48.475

请根据项目简介，回答以下问题：

问题一　请确定该技改项目的大气环境影响评价等级、评价范围及评价因子。

问题二　如何开展该项目的大气环境影响预测与评价工作？

问题三　该技改项目的大气环境风险评价重点是什么？如何开展其大气环境风险评价？评价等级是几级？

问题四　该技改项目完成后，其清洁生产水平在哪些方面得到了提高？

参考答案

问题一　请确定该技改项目的大气环境影响评价等级、评价范围及评价因子。

依据《环境影响评价技术导则　大气环境》(HJ 2.2—2018)的要求，根据污染源正常排放污染物和排放参数调查结果，结合气象参数，按照导则推荐的方法，计算不同污染物的最大地面浓度占标率 P_i 以及其对应的地面浓度达到标准限值的 10% 时所对应的最远距离 $D_{10\%}$。在此

基础上,确定评价工作等级、评价范围,以及评价因子。具体步骤如下:

(一)大气环境评价工作等级划分

1. 划分的基本原则

大气环境影响评价工作等级可以分为一级、二级和三级,其中一级评价最详细,二级次之,三级较简略。大气环境影响评价工作等级原则上必须以下列因素为依据进行划分。

(1)建设项目的工程特点。

这些特点主要有工程性质、工程规模、能源及资源(包括水)的使用量及类型、污染物排放特点(排放量、排放方式、排放去向,主要污染物的种类、性质、排放浓度)等。

(2)建设项目所在地区的环境特征。

这些特征主要有自然环境特点、环境敏感程度、环境空气质量现状及社会经济环境状况等。

(3)国家或地方政府颁布的有关法规(包括环境空气质量标准和大气污染物排放标准)。

2. 划分方法

采用《环境影响评价技术导则 大气环境》(HJ 2.2—2018)中推荐的方法,进行该技改项目的环境影响评价工作等级划分。基于此,可以按以下步骤进行该项目的评价工作等级划分:

(1)根据项目的初步工程分析结果和污染源初步调查结果,初步选择污染源排放的主要大气污染物。初步选择表 4-20 所示的大气污染物,如 NO_x、HCl、乙酸、乙酸甲酯、甲醇和 DMAC 等。

(2)分别计算每一种大气污染物的最大地面浓度占标率 P_i,以及该污染物的地面浓度达到标准限值的 10% 时所对应的最远距离 $D_{10\%}$。其中 P_i 的计算式为

$$P_i = \frac{C_i}{C_{0i}} \times 100\% \tag{4-18}$$

式中:P_i 为第 i 个污染物的最大地面浓度占标率;C_i 为采用估算模式计算出的第 i 个污染物的最大地面浓度,$\mu g/m^3$ 或 mg/m^3;C_{0i} 为第 i 个污染物的环境空气质量标准,$\mu g/m^3$ 或 mg/m^3。C_{0i} 一般选用《环境空气质量标准》(GB 3095—2012)中 1 h 平均取样时间的二级标准的浓度限值。对仅有 8 h 平均质量浓度限值、日平均质量浓度限值或年平均质量浓度限值的,可分别按 2 倍、3 倍、6 倍折算为 1 h 平均质量浓度限值。对该标准中未包含的污染物,可参照 TJ 36—1979 中的居住区大气中有害物质的最高容许浓度的一次浓度限值。如已有地方标准,应选用地方标准中的相应值。对某些上述标准中都未包含的污染物,可参照国外有关标准进行计算,但应作出说明,报环保主管部门批准后执行。

(3)将几种特征污染物的最大地面浓度占标率 P_i 进行排序,取其中 P_i 最大的特征污染物作为划分评价工作等级的依据,具体如表 4-21 所示。

表 4-21 大气污染物评价工作等级

评价工作等级	评价工作分级判据
一级	$P_{imax} \geqslant 10\%$
二级	$1\% \leqslant P_{imax} < 10\%$
三级	$P_{imax} < 1\%$

(4)若有两个及以上污染源排放相同污染物,则各污染源的评价工作等级分别确定,取最高的为项目的评价工作等级。

3. 计算结果

由于医药化工工艺过程中排放的挥发性有机气体的种类多,为了避免漏掉某些污染物的评价等级,直接采用《环境影响评价技术导则 大气环境》(HJ 2.2—2018)推荐的 AERSCREEN 估算模式,估算污染源排放废气中主要污染物的最大落地浓度、最大浓度落地点、P_i 和 $D_{10\%}$ 的值,结果如表 4-22 所示。

表 4-22 该项目大气环境评价工作等级划分所需参数及等级的计算结果一览表

污染源			最大落地浓度 /(μg/m³)	最大浓度落地点 /m	评价标准 /(μg/m³)	P_i/(%)	$D_{10\%}$ /m	推荐评价等级
新增 RTO 排气筒	$H=35$ m;内径:0.8 m;风量:40000 m³/h	醋酸	31.12	149	200	15.56	201.09	一级
		醋酸甲酯	4.09	149	70	5.84	0	二级
		HCl	0.64	149	50	1.28	0	二级
		甲醇	18.69	149	3000	0.62	0	三级
		乙酸乙酯	6.82	149	100	6.82	0	二级
		乙二醇单甲醚	12.09	149	761	1.59	0	二级
		碘甲烷	0.06	149	6000	0	0	三级
		DMAC	10.86	149	1824	0.6	0	三级
		乙醇	65.26	149	5000	1.31	0	二级
		醋酐	1.90	149	100	1.9	0	二级
		DMSO	19.48	149	200	9.74	0	二级
		二甲胺	1.61	149	5	32.19	618.75	一级
		NO_x	89.25	149	250	35.70	657.5	一级
		SO_2	8.11	149	500	1.62	0	二级
车间废气排气筒	$H=15$ m、内径:1.3 m;风量:70000 m³/h	醋酸	3.08	84	200	1.54	0	二级
		HCl	14.55	84	50	29.09	270.83	一级
		甲醇	0.84	84	3000	0.03	0	三级
		乙酸乙酯	17.72	84	100	17.72	185.42	一级
		DMAC	67.33	84	1824	3.69	0	二级
		乙醇	143.20	84	5000	2.86	0	二级
		二氯甲烷	41.15	84	1857	2.22	0	二级
		碘	8.61	84	4494	0.19	0	三级
		异丙醇	8.70	84	600	1.45	0	二级
		氯仿	38.05	84	69	55.14	397.73	一级
		DMSO	6.27	84	5820	0.11	0	三级
		N-甲基哌嗪	32.67	84	810	4.03	0	二级
		三乙胺	3.25	84	140	2.32	0	二级

4. 大气环境评价工作等级

从表 4-22 可知,污染源排放的大气污染物的评价等级既有一级和二级,也有三级。按照《环境影响评价技术导则 大气环境》(HJ 2.2—2018)中评价工作等级划分的规定:若有两个及以上污染源排放相同污染物,则各污染源的评价工作等级分别确定,取最高的为项目的评价工作等级。因此,该技改项目的评价工作等级取最高的等级,即一级。具体原因如下:

从该技改项目概述可知,该厂区产生大气污染物的区域包括生产区和生产辅助区。其中:生产区位于厂区的东面和西面,主要有合成车间和精烘包车间,这表明生产区至少有两个污染源;生产辅助区中有一个区块位于厂区的西面,主要有生产区的有机废气焚烧设施和污水处理站,这表明生产辅助区至少有两个污染源。因此,该项目的有机废气污染源至少有三个。

(二)大气环境评价范围

1. 确定原则

大气环境评价范围可以根据建设项目排放污染物的最远影响范围确定。

对于一级评价,通常以项目厂址或排放源为中心区域,自厂界外延 $D_{10\%}$ 的矩形区域作为大气环境影响评价范围。当 $D_{10\%} > 25$ km 时,确定评价范围为以厂址为中心的边长为 50 km 的矩形区域。当 $D_{10\%} < 2.5$ km 时,确定评价范围为以厂址为中心的边长为 5 km 的矩形区域。

对于二级评价,其评价范围的边长取 5 km。

对于三级评价,不需要确定其评价范围。

2. 评价范围

从表 4-22 所示的估算结果可知,各污染源及主要污染物中,车间废气排气筒氯仿占标率最高,为 55.14%。各污染源对应的 $D_{10\%}$ 最大为 657.5 m。根据《环境影响评价技术导则 大气环境》(HJ 2.2—2018)要求,当 $D_{10\%} < 2.5$ km 时,评价范围边长取 5 km。因此,本次大气评价范围为以拟建厂址为中心的边长为 5 km 的矩形区域。

(三)大气环境影响评价因子的确定

1. 评价因子筛选原则

通常根据建设项目的特点和当地的大气污染状况,对评价区域的常规污染因子和特征污染因子进行筛选。

(1)首选该项目排放量较大的污染物为主要污染因子。一般在计算出各污染物等标排放量 D_i 的基础上进行比较分析确定。

(2)将评价区内已造成严重污染的污染物作为评价因子。这些污染物可能是常规污染物,也可能是特征污染物。

(3)列入国家主要污染物总量控制指标的污染物。如"十二五"期间,NO_x 和 SO_2 均是国家列入总量控制指标的污染物,当建设项目涉及排放 NO_x 和 SO_2 时,即使 SO_2 浓度低,也可能将其作为评价因子。

(4)当建设项目的 SO_2 或 NO_x 年排放量大于或等于 500 t 时,评价因子应增加二次 $PM_{2.5}$。

2. 确定评价因子

从该技改项目概况以及表 4-20 所列的污染物种类可知,该项目大气污染因子较多。然而,从表 4-22 所示的主要污染物占标率大小可知,对于新增 RTO 排气筒污染源,等标污染负荷之和大于 80% 的前三位污染物分别是 NO_x、醋酸和二甲胺,因此这三种污染物是必选的评价因子;对于车间废气排气筒污染源,等标污染负荷之和大于 80% 的前两位污染物分别是氯仿和 HCl,因此这两种污染物是必选的评价因子。因此,该技改项目的评价因子至少有 NO_x、醋酸、二甲胺、氯仿和 HCl 这五种。

另外,从表 4-20 可知,$SO_2 + NO_x$ 的排放总量未超过 500 t/a。因此,不需考虑二次污染物因子 $PM_{2.5}$。

综上所述,该技改项目的大气环境影响评价因子为:NO_x、氯仿、HCl、醋酸和二甲胺。

问题二 如何开展该项目的大气环境影响预测与评价工作?

(一)该技改项目的大气环境影响预测与评价的基本内容

1. 大气环境影响预测与评价的基本内容

在《环境影响评价技术导则 大气环境》(HJ 2.2—2018)中,建设项目的大气环境影响预测与评价的基本内容主要涉及以下几个方面:

(1)项目正常排放条件下,预测环境空气保护目标和网格点的主要污染物的短期浓度和长期浓度贡献值,评价其最大落地浓度的占标率。

(2)如果评价区域的环境空气质量已经达标,则需要预测项目正常排放条件下,叠加环境空气质量现状浓度后,环境空气保护目标和网格点的主要污染物的保证率日平均质量浓度和年平均质量浓度的达标情况。对于只有短期浓度限值的,评价其短期浓度叠加现状浓度后的达标情况。

如果评价区域的环境空气质量要求处于达标规划期限目标浓度内,则需要预测项目正常排放条件下,叠加环境空气质量达标规划期限目标浓度后,环境空气保护目标和网格点的主要污染物的保证率日平均质量浓度和年平均质量浓度的达标情况。对于只有短期浓度限值的,评价其短期浓度叠加规划目标浓度后的达标情况。

如果是改建、扩建项目,还应同步减少"以新带老"的污染源的环境影响。如果有区域污染源削减项目,应该同步削减污染源的环境影响。如果评价范围内还有其他在建、拟建的建设项目,则应该叠加这些建设项目的环境影响。

(3)在项目非正常排放条件下,预测环境空气保护目标和网格点的主要污染物的 1 h 最大落地浓度及占标率。

(4)对于一定时期内无法获得达标规划期限目标浓度的污染物浓度分布特征及污染源排放清单的建设项目,可以对评价区域环境质量的整体变化情况予以说明。

综上所述,不管是哪一类的建设项目,其大气环境影响预测与评价工作的内容,均包括了大气污染源正常排放工况和非正常排放工况下,污染物短期和长期浓度的预测与评价,均需要考虑不利气象条件下污染物的大气环境影响及浓度分布,及其对环境空气保护目标或敏感区的影响和对评价区域大气环境质量的影响。

对于一级评价和二级评价的建设项目,预测与评价的内容基本相同,只是详细程度不同和重点存在差异。三级评价通常不需要开展环境影响预测与评价工作。

另外,对于施工期超过一年,且施工期大气污染物排放的影响较大的项目,还应预测施工期建设项目对大气环境质量的影响。

在预测与评价的基础上,根据区域大气环境功能区要求和污染物总量控制要求,提出建设项目污染源排放的大气污染物总量控制建议指标。如果有必要,对某些建设项目还需要提出大气环境防护距离。

建设项目对大气环境影响的预测与评价结果,可以采用图形、表格和文字等形式进行描述。

2. 该技改项目的大气环境影响预测与评价的基本内容

对照《环境影响评价技术导则 大气环境》(HJ 2.2—2018)的基本规定,归纳该技改项目的大气环境影响预测与评价的基本内容,如表 4-23 所示。

表 4-23 该技改项目大气环境影响预测与评价内容一览表

序号	污 染 源	污染源排放形式	预测内容	评价内容
1	新增污染源	正常排放	短期浓度、长期浓度	最大浓度占标率
2	新增污染源＋其他在建、拟建项目污染源－"以新带老"污染源	正常排放	短期浓度、长期浓度	叠加环境质量现状浓度后的保证率日平均质量浓度和年平均质量浓度的占标率,或短期浓度的达标情况
3	新增污染源	非正常排放	1 h 平均质量浓度	最大浓度占标率

(二)开展该技改项目的大气环境影响预测与评价的基本步骤

1. 确定预测因子

预测因子应根据评价因子而定,选取有环境空气质量标准的评价因子作为预测因子。预测因子数目一般不超过现状评价因子数目。

根据表 4-22 所示的新增 RTO 排气筒污染源和车间废气排气筒污染源排放的主要污染物占标率大小可知,该技改项目的大气环境影响评价因子为:NO_x、氯仿、HCl、醋酸和二甲胺。

2. 确定预测范围

预测范围应覆盖评价范围,同时还应根据污染源的排放高度、评价范围的主导风向、地形和周围环境敏感区的位置等进行适当调整。

从表 4-22 所示的计算结果可知,各污染源对应的 $D_{10\%}$ 最大为 657.5 m。评价工作等级取一级。因此,本次大气环境影响预测与评价范围为以拟建厂址为中心的边长为 5 km 的矩形区域。

计算污染源对评价范围的影响时,取东西向为 X 坐标轴、南北向为 Y 坐标轴,项目位于预测范围的中心区域。

3. 确定污染源、计算点及污染源的计算清单

应选择所有的环境空气敏感区中的环境空气保护目标作为计算点。因此,计算点可以是

环境空气敏感区、预测范围内的网格点,或者是评价区域内最大地面浓度点。点源和面源的各种参数,通常采用表4-24和表4-25所示的污染源参数清单表述。

表4-24　本项目正常工况下点源污染源参数一览表

编号	名称	排气筒底部中心坐标/m		排气筒底部海拔高度/m	排气筒高度/m	排气筒出口内径/m	流速/(m/s)	烟气温度/℃	年排放小时数/h	排放工况	污染物排放速率/(kg/h)
		X	Y								
1	RTO										
2											
3											
⋮											

对于该技改项目,点源包括新增的RTO和已有的RTO,以及车间的集气净化装置。

表4-25　本项目正常工况下面源污染源参数一览表

编号	名称	面源起点坐标/m		面源海拔高度/m	面源长度/m	面源宽度/m	与正北向夹角/(°)	面源有效排放高度/m	年排放小时数/h	排放工况	污染物排放速率/(kg/h)
		X	Y								
1											
2											
3											
⋮											

对于该技改项目,面源包括生产区和生产辅助区的各个车间的无组织排放源。

该技改项目的大气环境影响预测计算点主要为 $1\,km \times 1\,km$ 的预测网格点、评价范围内的主要大气环境保护目标及区域最大地面浓度点。预测网格能够覆盖评价范围所在区域的所有环境敏感目标。评价范围内的主要大气环境保护目标计算点的相关数据,可以采用表4-26所示的数据信息清单表述。

表4-26　大气环境保护目标计算点的UTM坐标

保护目标	UTM坐标		相对厂界方位	保护内容	环境空气功能区	相对厂界距离/m
	X	Y				
断桥宅村	286366.8	3197603.7	N	居住区	二类区	730
楼园村	285207.4	3196508.7	W	居住区	二类区	2000
岩头村	285318.4	3197217.2	WN	居住区	二类区	843
⋮						

污染源计算清单应对厂区新增污染源、"以新带老"污染源,以及该工业集聚区的其他在

建、拟建项目的污染源进行统计。

4. 确定气象条件

根据建设项目特征污染物浓度预测要求,选择对应的气象条件。对所有计算点,均需采用长期气象条件和选择污染最严重的典型小时气象条件或典型日气象条件。对于需要预测小时平均浓度的,需进行逐时或逐次计算;对于需要预测日平均浓度的,需要进行逐日平均计算。气象条件通常采用表4-27所示的地面观测气象数据信息清单表述。

表4-27　地面观测气象数据信息一览表

气象站	气象站编号	气象站坐标		相对距离/km	海拔高度/m	年份	气象要素
		X	Y				
某站							风向、风速、气温、湿度、云量……

基于预测模型对气象参数的要求,气象数据采用工业集聚区临近气象站基准年2017年全年的原始气象资料——全年逐日一天24次的风向、风速和气温等资料。计算时采用等间距矩形网格布点,网格间距为100 m,布点面积为1 km×1 km,以将评价区域覆盖其中。通过各网格点浓度值比较,给出地面小时浓度、日均浓度和年均浓度在评价区域内的最大值。

已知该区域大气稳定度全年以中性D类稳定度为主,出现频率为60.8%,全年主导风向为东风,风速小于1.1 m/s。其他气象参数均可以从当地气象部门获取。

5. 确定地形数据

根据建设项目所处的地形特征(简单地形和复杂地形),确定预测模式所需的地形数据。地形数据的精度应结合评价范围及预测网格点的设置进行合理选择。在开展现状调查时,可以利用定位系统得到该技改项目的污染源和敏感点的经纬度、海拔高度等具体数据。

6. 设定预测情景

可以根据预测内容设定预测情景。预测情景通常从污染源类别、排放方案、预测因子、气象条件和计算点这几个方面设定。

基于《环境影响评价技术导则 大气环境》(HJ 2.2—2018)中的预测内容要求,预测情景设计为大气污染源正常排放工况和非正常排放工况两种,在此基础上,预测大气污染物短期和长期浓度,以及最大浓度占标率。其中非正常工况确定为废气处理装置的净化效率只能达到50%的情况,依此计算其1 h的平均质量浓度和最大浓度占标率。

7. 选择预测模式

通常采用《环境影响评价技术导则 大气环境》(HJ 2.2—2018)中推荐的模式进行预测,并说明选择该模式的理由。模式选择应结合模式的适用范围和对参数的要求进行。

该项目评价工作等级为一级,为此,大气环境影响预测将采用《环境影响评价技术导则 大气环境》(HJ 2.2—2018)中推荐的第三代模式。该模式系统包括 AERMOD(大气扩散模型)、AERMET(气象数据预处理器)和 AERMAP(地形数据预处理器)。预测内容包括该技改项目工程废气在评价范围内和环境敏感点的地面浓度(地面小时浓度、日均浓度和年均浓度)。

8. 确定模式中的相关参数

相关参数包括源参数、气象参数、扩算参数和地理信息参数等。

9. 进行大气环境影响预测与评价

在上述 1~8 项的内容确定后,利用所选择的预测模式,开展大气环境影响预测与评价工作。

(三)大气环境影响预测与评价结果分析

1. 正常排放工况下该技改项目评价因子的质量浓度预测结果分析

正常排放工况下,利用 AERMOD 模型,预测了该项目排放的主要污染物 NO_x(以 NO_2 计)、氯仿、HCl、醋酸和二甲胺的最大贡献质量浓度,包括这些污染物各计算点的小时浓度、日均浓度和年均浓度。部分预测结果如下:

(1)正常排放工况下,NO_2 的区域最大小时浓度贡献值 45.24 $\mu g/m^3$,占标率为 23.57%;最大日均浓度贡献值为 10.78 $\mu g/m^3$,占标率为 12.47%;年均浓度贡献值为 0.682 $\mu g/m^3$,占标率为 1.91%。

各大气环境敏感点 NO_2 的小时平均浓度贡献最大值出现在楼园村,为 9.35 $\mu g/m^3$,占标率为 5.48%;日均浓度、年均浓度贡献最大值均出现在徐家山,分别为 1.42 $\mu g/m^3$ 和 0.16 $\mu g/m^3$,占标率分别为 1.87% 和 0.46%。

(2)正常排放工况下,氯仿的区域最大小时浓度贡献值 52.71 $\mu g/m^3$,占标率为 77.24%;最大日均浓度贡献值为 8.29 $\mu g/m^3$,占标率为 36.70%。

各大气环境敏感点氯仿的小时平均浓度贡献最大值出现在黄家浦,为 12.38 $\mu g/m^3$,占标率为 17.5%;日均浓度贡献最大值出现在徐家山,为 3.05 $\mu g/m^3$,占标率为 12.84%。

(3)正常排放工况下,HCl 的区域最大小时浓度贡献值 14.68 $\mu g/m^3$,占标率为 29.57%;最大日均浓度贡献值为 3.052 $\mu g/m^3$,占标率为 20.28%。

各大气环境敏感点 HCl 的小时平均浓度、日均浓度贡献最大值均出现在徐家山,分别为 4.690 $\mu g/m^3$ 和 1.121 $\mu g/m^3$,占标率分别为 9.38% 和 7.47%。

(4)正常排放工况下,醋酸的区域最大小时浓度贡献值为 132.64 $\mu g/m^3$,占标率为 68.02%;最大日均浓度贡献值为 30.39 $\mu g/m^3$,占标率为 50.38%。

各大气环境敏感点醋酸的小时平均浓度贡献最大值出现在徐家山,为 19.10 $\mu g/m^3$,占标率为 9.55%;日均浓度贡献最大值出现在黄家浦,为 4.77 $\mu g/m^3$,占标率为 7.96%。

(5)正常排放工况下,二甲胺的区域最大小时浓度贡献值为 0.924 $\mu g/m^3$,占标率为 18.49%;最大日均浓度贡献值为 0.216 $\mu g/m^3$,占标率为 4.32%。

各大气环境敏感点二甲胺的小时平均浓度贡献最大值出现在楼园村,为 0.280 $\mu g/m^3$,占标率为 3.89%;日均浓度贡献最大值出现在徐家山,为 0.028 $\mu g/m^3$,占标率为 0.57%。

综上所述,在正常排放工况下,该技改项目预测评价因子,即典型大气污染物 NO_2、氯仿、HCl、醋酸和二甲胺的最大贡献质量浓度(包括小时浓度、日均浓度、年均浓度),均能达到相应环境空气质量标准限值的要求。

2. 正常排放工况下该技改项目评价因子叠加在建、拟建源(含"以新带老")的质量浓度预测结果分析

在正常排放工况下,利用 AERMOD 模型,预测了叠加该技改项目周边在建/拟建源、厂区内"以新带老"削减源及环境空气质量现状浓度后,评价因子 NO_x(以 NO_2 计)、氯仿、HCl、醋酸和二甲胺在计算点或大气环境保护目标点的小时浓度影响值,以及地面小时浓度叠加的等值线图(此处略),包括保证率小时叠加浓度、日均叠加浓度和年均叠加浓度。以 NO_2 为例的

预测结果如下：

NO$_2$ 区域保证率日均叠加浓度值为 46.47 $\mu g/m^3$，占标率为 58.09%，各环境敏感点保证率日均叠加浓度均能达到相应浓度限值标准；NO$_2$ 区域年均叠加浓度值为 18.28 $\mu g/m^3$，占标率为 45.71%，各环境敏感点保证率年均叠加浓度均能达到相应浓度限值标准。

在正常排放工况下，其他评价因子氯仿、HCl、醋酸和二甲胺，叠加了区域在建/拟建源、"以新带老"削减源，以及环境空气质量现状值后均能达到相应浓度限值标准。

3. 非正常排放工况下该技改项目评价因子的质量浓度预测结果分析

在非正常排放工况下，利用 AERMOD 模型预测了环境空气保护目标及网格点主要污染物 NO$_x$（以 NO$_2$ 计）、氯仿、HCl、醋酸和二甲胺的 1 h 最大浓度贡献值及其占标率情况，以及各评价因子 1 h 最大浓度贡献值的等值线图（略）。部分预测结果如下：

(1) 当 RTO 废气处理装置发生故障而出现非正常排放情况时，评价区域内 NO$_2$ 在区域及周边大气环境敏感点的 1 h 最大浓度贡献值均未出现超标情况，能够达到相应浓度限值标准。

(2) 氯仿、HCl、醋酸和二甲胺的区域最大落地浓度均存在一定程度的超标现象。除氯仿外，HCl、醋酸、二甲胺在周边大气环境敏感点的最大浓度贡献值均未出现超标情况，能够达到相应浓度限值标准。

因此，总体来说，非正常排放工况下，该技改项目废气排放对区域环境有较大影响，要求企业在生产过程中加强管理，严格按照操作规范执行，做好日常检修工作，确保废气治理措施的正常运行，避免因事故工况而造成区域环境污染。

4. 厂界浓度预测结果分析

在正常排放工况下，利用 AERMOD 模型预测了评价因子 NO$_x$（以 NO$_2$ 计）、氯仿、HCl、醋酸和二甲胺的排放对厂界浓度的影响，结果如表 4-28 所示。

表 4-28　正常排放工况下该技改项目对厂界浓度的贡献值

污染物	厂界浓度贡献值范围/($\mu g/m^3$)	平均值/($\mu g/m^3$)	评价标准/($\mu g/m^3$)	最大浓度占标率/(%)	达标情况
NO$_x$	2.51~11.40	7.74	120	9.50	达标
氯仿	3.40~21.17	13.06	1000	2.12	达标
HCl	0.99~8.49	5.33	150	5.66	达标
醋酸	16.35~136.64	27.75	200	68.3	达标
二甲胺	0.045~0.206	0.140	100	0.21	达标

注：醋酸、醋酸甲酯、二甲胺参照执行 DB33/2015—2016 中的 B 类物质标准，厂界大气污染物排放限值根据公式 TWA/50 计算，TWA 是指 GBZ 2.1—2019 中规定的时间加权平均容许浓度。

从表 4-28 可知，该技改项目大气污染源在正常排放工况下，对厂界四周最大浓度贡献值均未超过各大气污染物厂界浓度限值。

5. 预测结果小结

(1) 新增污染源正常排放工况下污染物短时浓度贡献值的最大浓度占标率≤100%；年均浓度贡献值的最大浓度占标率≤30%（本项目所在地属于环境空气二类区）。

(2) 该技改项目评价因子即大气污染物叠加现状浓度、区域削减污染源，以及在建、拟建项目的环境影响后，NO$_2$ 的保证率日均浓度和年均浓度均符合环境质量标准。

对于氯仿、HCl、醋酸、醋酸甲酯、二甲胺等仅有短期浓度限值的污染物,其叠加后短期浓度均符合环境空气质量标准。

(3)该技改项目大气污染源在正常排放工况下,对厂界四周最大浓度贡献值均未超过各大气污染物厂界浓度限值。

综合上述评价因子的浓度预测结果可知,该技改建设项目完成后,在正常排放工况下,不会对该区域的大气环境产生不利影响。

问题三　该技改项目的大气环境风险评价重点是什么?如何开展其大气环境风险评价?评价等级是几级?

(一)大气环境风险评价重点

大气环境风险评价重点包括:对建设项目生产、储运过程中可能存在的易汽化或挥发的原辅材料事故隐患的识别与评估;营运过程中可能发生的火灾、爆炸和泄漏等紧急情况;对周边人身安全和环境影响程度、范围及后果的识别与评估。在此基础上,基于环境风险评价应以突发性事故导致的危险物质环境急性防控为目标的一般原则,针对性地提出减少环境风险的应急措施及应急预案,为拟建项目今后建设与营运的环境风险管理提供依据,以达到尽量降低环境风险,减少环境危害的目的。

(二)大气环境风险评价

依据《建设项目环境风险评价技术导则》(HJ 169—2018)中的要求,按照以下内容或步骤进行该技改项目的大气环境风险评价。

1.大气环境风险识别范围

风险识别范围包括生产设施风险识别和生产过程所涉及的物质风险识别。根据项目工程分析可知,该技改项目的大气环境风险识别范围如表4-29所示。

表4-29　该技改项目的大气环境风险识别范围

识别范围	识别内容
生产设施	生产车间:合成车间、精烘包车间和碘回收车间
储运系统	物料储存、输送及运输
公用、环保工程及辅助设施	冷却站、循环水站、储罐区、化验室、仓库、堆场、新增RTO有机废气处理装置、车间RTO有机废气处理装置和废水处理设施等
生产过程涉及的主要物质	二氯甲烷、异丙醇、盐酸、碳酸氢钠、乙酸乙酯、氨基甘油、甲基氨基甘油、氯代甘油、L-氨基丙醇、三乙胺、乙醇、三氯甲烷、甲醇、碘甲烷、磷酸、醋酐、DMAC、冰醋酸、过氧化氢、甲苯、NaOH、丙酮、KOH、硼酸、碳酸钾、KF、浓硫酸、乙二醇单甲醚、乙二醇二甲醚、三碘异酞酰氯、环氧氯丙烷、甲氧基乙酰氯、DMF、DMSO、甲醇钠、L-乙酰氧基丙酰氯、乙酰氧基乙酰氯、醋酸甲酯等

2.大气环境风险识别

1)物质风险识别

按照《建设项目环境风险评价技术导则》(以下简称"导则")和《环境风险评价实用技术和方法》规定,风险评价首先要评价有害物质,确定项目中哪些物质属于应该进行危险性评价的,并明确相应毒物危害程度的分级。

依据《危险货物品名表》(GB 12268—2012)和《环境风险评价实用技术和方法》,进行化学品危险性类别和毒物危害程度分级,对该项目所涉及的主要化学品进行危险性和急性毒性识别。项目所涉及的主要化学品中碘甲烷、KOH、KF、环氧氯丙烷的毒物危害程度为Ⅱ(高度危害),二氯甲烷、盐酸、碳酸氢钠、三氯甲烷、磷酸、醋酐、冰醋酸、过氧化氢、碳酸钾、浓硫酸、乙二醇单甲醚、DMF、对甲苯磺酸的毒物危害程度为Ⅲ(中度危害),其余均为Ⅳ(轻度危害)。此外,该项目中甲醇、甲苯、乙酸乙酯、三氯甲烷、环氧氯丙烷属于重点监管的危险化学品,三氯甲烷、醋酸酐为第二类易制毒品,丙酮、硫酸、盐酸属于第三类易制毒品,过氧化氢为易致爆危险化学品。从上述分析可知,该技改项目建设不涉及剧毒化学品。

2) 过程潜在危险性识别

从物质危险性分析可知,该技改项目所涉及的物料具有一定的毒性。因此,该技改项目建成运行后存在潜在事故风险,主要表现在以下几个方面:

(1) 生产过程大气污染事故环境风险辨识。

生产使用过程中,设备泄漏或操作不当等容易造成物料泄漏到大气环境中。另外,有机废气吸收装置设备故障(如停电事故)会造成大量未经净化处理的有机物质非正常排放,汽化了的物料大量散发也将造成环境空气污染。

该项目涉及的原辅材料具有一定毒性,部分物料易挥发,一旦泄漏非常容易大量挥发,造成大气污染。此外,部分物料易燃易爆,一旦浓度达到爆炸极限,遇火星即造成爆炸事故,从而可能对周边生产设施带来破坏性影响,并造成二次污染事件。企业应该根据爆炸危险源的性质,配置适当数量的可燃气体检测器,以便在危险发生前及时报警,确保安全运行。

(2) 储运过程大气污染事故环境风险辨识。

此类大气污染事故主要是物料在储运过程中的泄漏。据调查,厂外运输以卡车为主,运输过程有发生交通事故的可能,如撞车、侧翻等,一旦发生此类事故,有可能导致包装桶盖子被撞开或桶被撞破,造成物料泄漏。本项目中的液体物料主要用储罐及桶储存于甲类仓库中,采用管道、槽车运输。在厂内储运过程中,意外导致的包装桶侧翻或破损、温差过大使盖子顶开,或设备开裂、阀门故障、管道破损、操作不当等,都可能导致物料泄漏。

一旦发生泄漏,易挥发物料非常容易大量挥发而造成大气污染。部分易燃易爆物料,一旦泄漏未得到及时处理,浓度达到燃烧和爆炸极限,遇火星即造成燃烧甚至爆炸事故,从而可能对周边生产设施产生破坏性影响,并造成二次污染事件。

因此,企业在储罐区、甲类仓库均需要设置可燃气体报警器,并安排人工定期巡检。总体来说,本项目原料储运安全性相对较高,但需采取预防为主的措施。

(3) 公用工程大气污染事故环境风险辨识。

公用工程的大气污染事故主要是该项目涉及的RTO有机废气净化装置和吸附净化尾气处理系统故障,从而造成废气中的一些有毒有害气体污染物超标排放。因此,需要加强设备的技术与运维监督管理,以避免公用工程大气污染事故的发生。这一风险可完全避免。

3) 伴生/次生大气环境风险辨识

最危险的伴生/次生污染事故为泄漏导致爆炸,再因爆炸事故对临近的设施造成连锁爆炸破坏而产生的大气污染事故。

综合上述分析,将该技改项目的危险单元分布,以及可能发生的大气环境风险事故列表汇总,结果如表4-30所示。

表 4-30　该技改项目的危险单元分布及可能发生的环境风险事故

序号	主要场所	危险、有害因素	可能造成的后果
1	生产装置区	火灾、爆炸、中毒窒息、高温灼伤、机械伤害、雷击及电气伤害、高处坠落、物体打击、噪声危害、高温危害	人员伤亡、财产损失、职业危害
2	储罐区、甲类仓库区	火灾、爆炸、雷击及电气伤害、车辆伤害、物体打击	人员伤亡、财产损失
3	废气处理装置	火灾、爆炸、中毒窒息、高温灼伤、超标排放	人员伤亡、财产损失、职业危害

4）重大危险源识别

像医药、化工和石化等类型的建设项目，由于涉及大量的工艺过程反应以及易燃、易爆、腐蚀性或挥发性试剂，因此不管是建设期，还是营运期，均可能存在重大安全隐患。为此，需要开展重大危险源的识别。

（1）功能单元的划分。

依据《建设项目环境风险评价技术导则》（HJ 169—2018）中的要求，划分建设项目的基本功能单元。功能单元至少应包括一个（套）危险物质的主要生产装置、设施（储存容器、管道等）或环保处理设施，或同属一个工厂且边缘距离小于 500 m 的几个生产装置、设施。每一个功能单元均需要有边界和特定功能，在泄漏事故中能有充分与其他单元分隔开的地方。因此，需要根据生产工艺要求，划分该技改项目产品生产所涉及的功能单元。基于此，根据该技改项目概况及相关产品生产资料所显示的所用化学品情况，划分功能单元。凡生产、加工、运输、使用或储存危险性物质，且危险性物质的数量等于或超过临界量的功能单元，定为重大危险源。

按照上述基本原则要求，可以将该项目的功能单元划分为车间、车间罐组、储罐区和甲类仓库。

（2）识别方法。

该技改项目重大危险源识别依照《危险化学品重大危险源辨识》（GB 18218—2018）进行，具体如下：

①当工艺单元内存在的危险物质为单一品种时，该物质的数量即为单元内危险物质的总量，参照《危险化学品重大危险源辨识》（GB 18218—2018）中规定的临界量，若该总量等于或超过临界量，则应视为重大危险源。

②当工艺单元内存在的危险物质为多品种时，按式（4-19）计算，若计算结果满足该公式要求，则划分为重大危险源。

$$q_1/Q_1 + q_2/Q_2 + \cdots + q_n/Q_n \geqslant 1 \tag{4-19}$$

式中：$q_1, q_2, \cdots, q_n$ 分别为每种危险物质实际存在量，t；$Q_1, Q_2, \cdots, Q_n$ 分别为与各种危险物质相对应的临界量，t。

根据该项目生产过程中涉及的各类有机溶剂、酸碱性物质，结合《危险化学品重大危险源辨识》（GB 18218—2018）与《建设项目环境风险评价技术导则》（HJ 169—2018）中辨识重大危险源的依据和方法，对该项目车间、车间罐组、储罐区和甲类仓库这四个功能单元的原料储存量及车间在线量进行识别。结果显示,四个功能单元的 $\sum(q_i/Q_i)$ 值分别为 0.340、0.056、0.475 和 0.121,它们均小于 1,其中车间罐组 + 储罐区=0.531,其值也小于 1,不满足公式(4-19)的要求。因此,厂区内各功能单元未构成重大危险源。

5)环境保护目标与危险源的关系

本项目位于工业集聚区内,其周边区域环境敏感点较多,部分敏感点距离厂界较近,人口密度偏大,可以认为该区域整体上为环境敏感地区,尤其是大气环境。近距离的环境敏感点主要分布于厂界东北侧,为徐家山(70 m)和黄家浦(180 m)等。从该技改项目概况可知,该区域全年主导风向为东风,风速小于 1.1 m/s。因此,该项目周边的徐家山和黄家浦等环境敏感点主要分布在厂区上风向,其余环境敏感点距离厂界较远。

6)风险识别小结

通过物质危险性识别、过程潜在危险性识别、伴生危险性识别、重大危险源识别及环境敏感性分析,可以认为该区域整体上为环境敏感地区,生产装置区、储罐区、甲类仓库区和废气处理装置均存在不同程度的环境风险,但厂区内各功能单元不构成重大危险源。基于此,该环境风险评价结果要求企业加强污染物处理装置的管理及日常检修维护,严防非正常工况的发生,在非正常工况发生时应迅速组织力量进行排除,使非正常工况对周围环境及保护目标的影响减少到最低程度。

(三)大气环境风险评价等级

根据上述物质危险性识别、过程潜在危险性识别、伴生危险性识别、重大危险源识别及环境敏感性分析,对照《建设项目环境风险评价技术导则》(HJ 169—2018)中的评价工作等级判别依据(见表 4-31),确定该项目的环境风险评价工作等级。

表 4-31 评价工作等级

类 别	剧毒危险性物质	一般毒性危险物质	可燃、易燃危险性物质	爆炸危险性物质
重大危险源	一级	二级	一级	一级
非重大危险源	二级	二级	二级	二级
环境敏感地区	一级	一级	一级	一级

尽管该项目没有重大危险源,但该项目所在地整体上为环境敏感地区,到最近的环境敏感点徐家山的距离仅 70 m。因此,该项目的环境风险评价工作等级为一级,大气环境风险评价工作等级也为一级,大气环境风险评价范围为距离事故源 5 km 范围。

问题四 该技改项目完成后,其清洁生产水平在哪些方面得到了提高?

从该项目概况可知,该公司为满足日益增长的市场需求和环境保护要求,拟对现有生产线进行提升改造和产品结构调整,因此涉及改造后企业的清洁生产水平是否提高的问题。为此,需要开展该技改项目的清洁生产水平评估。清洁生产评价指标通常体现在六个方面:生产工艺与装备要求、资源能源利用指标、产品和包装指标、污染物产生指标、废物回收利用指标和环境管理要求。基于此,将从这六个方面开展该技改项目的清洁生产水平评估。

(一)清洁生产水平评价指标的选取

从项目概况可知,该项目分别在生产工艺与装备要求、资源能源利用指标和污染物产生指标三个方面有相关说明。因此,将从这三个方面对该项目清洁生产水平的提高情况进行定性说明。

1. 生产工艺与装备要求

由于该项目对车间的技术改造按照物料输送管道化、生产体系密闭化、制造方式自动化、系统控制智能化的理念进行,因此该项目完成后,企业生产线装备水平将得到全面提升,生产工艺将进一步优化。这表明该项目在生产工艺与装备方面的水平得到提高。

2. 资源能源利用指标

此项目完成后,企业生产线装备水平将得到全面提升,生产工艺进一步优化,使得其资源能源利用率得到提高。具体体现在技改项目完成后,工艺过程中的有机溶剂回收率、母液物料回收率和碘回收率均得到提高,这表明其资源能源利用水平得到提高。

3. 污染物产生指标

此项目在提高溶剂回收利用率的前提下,将新建一套RTO有机废气净化装置,以及一套车间无组织排放废气收集RTO处理装置,这有利于大气污染物排放量的减少。同时,由于该项目完成后其资源能源利用水平得到提高,废水和废气污染物排放量均减少,这表明其污染物产生量减少,污染物处理水平得到提高。

(二)该技改项目典型污染源排放的污染物三本账

在项目概况中给出了该技改项目典型污染源排放的污染物三本账一览表(见表4-20),基于此,可以从三本账数据的变化量判断该技改项目的清洁生产水平是否得到了提高。

1. 技改项目的三本账

在统计污染物排放量时,通常要对技改项目和扩建项目的污染物排放量进行统计,以得到新老污染源排放的三本账:技改扩建前已建项目污染物的总排放量、技改扩建部分污染物的排放量、技改扩建部分完成后(包括"以新带老"削减量)项目污染物的总排放量。其关系可表示为:技改扩建前已建项目污染物的总排放量－"以新带老"污染物削减量＋技改扩建部分污染物的排放量＝技改扩建部分完成后项目污染物的总排放量,分别用 A、B、C、D 表示。若用 E 表示技改完成后较技改前的污染物的增加量,则 $D=A-B+C$,$E=D-A$。

2. 产品量与污染物之间的关系

依据 $E=D-A$,结合表 4-20 的数据,得到表 4-20 中的所有 $E\geq0$。这表明该技改项目完成后,有些污染物的 $E=0$,达到了增产不增污;$E>0$ 则是增产增污情形。

(三)清洁生产水平小结

从该技改项目概述可知,该技改项目在改造原生产线后,所有产品都增产了。该技改项目完成后所有污染物对应的 $E\geq0$,表明该项目在实现增产的基础上,也达到了部分增产不增污的目的,即其清洁生产水平得到了部分提高。因此,该技改项目完成后,其清洁生产水平在生产工艺与装备要求、资源能源利用指标和污染物产生指标三个方面都将得到提高。

二、机场河综合治理工程地表水环境影响预测与评价实践

机场河位于武汉市汉口地区,属于城市内河水系,由明渠和地下箱涵组成。其中明渠长约为 6.1 km,最宽处小于 15 m,明渠水深最深处为 5.4 m,底宽 7.5 m。机场河水体水质较差,对周边居民的生产和生活造成了严重影响。根据国家《水污染防治行动计划》中对黑臭水体的

治理要求,政府决定开展机场河明渠地表水环境综合治理。机场河明渠位于江汉区与东西湖区交界区域,起于解放大道,止于常青排涝泵站。机场河明渠两岸 30~220 m 范围内分布有一定数量的住宅小区、医院和学校。

机场河综合治理工程任务包括:旱季截污工程(即对机场河沿线排污口进行截污,削减排至明渠的污水量)、污水和雨水合流制(简称 CSO)溢流污染控制工程(即新建常青花园片区污水干管收集系统)、生态补水工程(即机场河明渠的生态补水)、景观绿化工程(即机场河两岸景观绿化带)、水生态修复工程(即雨水渗滤沟设计和多样性生物群落构建等)和河道水环境监控与综合调度工程(即自动水质水量监测站和闸泵自控系统等)。工程工期约 30 个月,施工采用分段同步进行的方式,以保证按时完成任务。

项目施工前,监测部门在武汉市机场河评价范围内的丰水期,对设置在机场河水域的 5 个水质监测断面开展了采样监测分析,结果如表 4-32 所示(表中各浓度的单位与相关标准中的一致)。

表 4-32 丰水期机场河水质监测结果及评价

监测项目		pH 值	DO	COD	氨氮	总氮	石油类	粪大肠杆菌
机场河常青 北路段东渠	监测值	6.21	4.60	23.00	9.56	15.5	ND	5300
	V 类标准值	6~9	≥2	≤40	≤2.0	≤2.0	≤1.0	≤40000
	S_{ij}	0.79	—	0.58	4.78	7.75		0.13
机场河常青北 路段西渠	监测值	7.21	4.70	23.33	8.35	11.67	ND	3367
	V 类标准值	6~9	≥2	≤40	≤2.0	≤2.0	≤1.0	≤40000
	S_{ij}	0.11	—	0.58	4.18	5.84		0.08
机场河常青 队处东渠	监测值	7.23	4.73	25.00	7.14	12.50	ND	6367
	V 类标准值	6~9	≥2	≤40	≤2.0	≤2.0	≤1.0	≤40000
	S_{ij}	0.12	—	0.63	3.57	6.25		0.16
机场河常青 队处西渠	监测值	7.17	4.70	18.33	8.85	16.50	ND	4633
	V 类标准值	6~9	≥2	≤40	≤2.0	≤2.0	≤1.0	≤40000
	S_{ij}	0.085	—	0.46	4.43	8.25		0.12
机场河西渠 入府河处	监测值	7.19	4.63	23.0	8.29	13.43	ND	6767

机场河地表水环境目标是达到地表水 V 类标准的城市景观用水水质要求,其中主要水质指标力争实现地表水 Ⅳ 类标准。为此,新建一座地下污水处理厂,废水排放量为 10 万 m^3/d,其运行过程中产生的废气采用生物滴滤塔处理后对空排放。将汉西污水处理厂(废水排放总量为 60 万 m^3/d)的尾水作为机场河明渠的生态补水工程的补水水源,生态补水量 $Q=20$ 万 m^3/d。汉西污水处理厂排放口位于机场河末端处。两座污水处理厂排水执行《城镇污水处理厂污染物排放标准》(GB 18918—2002)中的一级 A 标准。表 4-33 是 2017—2019 年期间,武汉市汉西污水处理厂出水水质因子浓度均值一览表。

表 4-33 汉西污水处理厂出水水质因子浓度均值一览表

水 质 因 子	出水浓度均值/(mg/L)	排放量/(t/d)
BOD$_5$	5.50	1.1
COD$_{Cr}$	20.82	4.164
总氮	9.13	1.826
氨氮	0.09	0.018
总磷	0.3	0.06

请根据项目概述回答以下问题:

问题一 该项目的地表水环境影响评价等级是几级?

问题二 如何开展施工期的大气环境和地表水环境影响源分析?

问题三 如何开展该项目的地表水环境质量预测与评价?

问题四 请根据该项目建设特点制订合适的环境管理与环境监测计划。

参考答案

问题一 该项目的地表水环境影响评价等级是几级?

1. 地表水环境影响评价等级判据

按照《环境影响评价技术导则 地表水环境》(HJ 2.3—2018)的相关说明,地表水环境影响评价的工作等级根据建设项目的影响类型、排放方式、排放量或影响程度、收纳水体环境质量现状和水环境保护目标等因素综合确定。直接排放废水的建设项目的地表水环境影响评价工作分为一级、二级和三级 A。间接排放废水的建设项目的地表水环境影响评价工作为三级 B。其中,一级评价最详细,二级次之,三级较简单。水污染影响型建设项目评价等级划分的依据是排放方式和废水排放量,如表 4-34 所示。

表 4-34 水污染影响型建设项目评价等级判定

评 价 等 级	判 定 依 据	
	排放方式	废水排放量 Q/(m^3/d); 水污染物当量数 W(无量纲)
一级	直接排放	$Q \geqslant 20000$ 或 $W \geqslant 600000$
二级	直接排放	其他
三级 A	直接排放	$Q < 200$ 且 $W < 6000$
三级 B	间接排放	—

2. 该项目的地表水环境影响评价等级

由项目概述可知,新建的地下污水处理厂和汉西污水处理厂的废水排放总量分别为 10 万 m^3/d 和 20 万 m^3/d,即这两座污水处理厂排放总量均大于 20000 m^3/d。按照表 4-34 所示的判据,该项目的水污染影响类型评价等级确定为一级。

问题二 如何开展施工期的大气环境和地表水环境影响源分析?

机场河综合治理工程的工期长,约 30 个月,接近 3 年,因此施工期对机场河周边的大气环境、水环境、声环境的影响必须得到足够重视。

（一）施工期的大气环境影响源分析

施工期间大气环境的污染主要来源于主体工程机场河区域开挖产生的粉尘和废气、施工机械和车辆燃油产生的废气、交通运输产生的扬尘以及烟粉尘。

1. 主体工程开挖产生的粉尘及废气

机场河综合治理工程涉及旱季截污工程、污水和雨水合流制溢流污染控制工程、生态补水工程、景观绿化工程和水生态修复工程,这些工程建设中涉及的土石方工程、地基加固与处理、主体结构施工等均会产生一定量的扬尘。采用类比分析方法,可以得到一般建筑施工场地的地基开挖、地基建设、土方回填和一般施工过程中场界 10 m 范围内扬尘浓度分别为 938.67 $\mu g/m^3$、219.38 $\mu g/m^3$、611.89 $\mu g/m^3$ 和 78.15 $\mu g/m^3$。

2. 施工机械和车辆燃油产生的废气

工程施工期间燃油废气主要是施工机械、运输车辆排放的废气,产生的污染物主要为 SO_2、NO_x、CO。该工程施工的 30 个月期间,估计消耗柴油约 2.61 万 t,根据相关工程资料,油料的大气污染物排放系数 SO_2 的为 3.522 kg/t,NO_x 的为 48.261 kg/t,CO 的为 29.35 kg/t。据此计算得到各污染物产生量:SO_2 为 91.92 t,NO_x 为 1259.61 t,CO 为 766.04 t。

3. 交通运输产生的扬尘

交通运输扬尘污染源主要包括两部分:一是汽车行驶产生的扬尘,二是土方物质运输时因防护不当而导致的物料失落和飘散。交通运输扬尘将导致进场道路两侧空气中含尘量增加,对道路两侧区域环境空气质量产生一定影响。基于相关工程资料,施工过程中车辆行驶产生的扬尘约占施工总扬尘量的 60% 以上。在同样路面清洁程度下,车速越快,车辆行驶产生的扬尘量越大,而在同样车速下,路面越脏扬尘量越大。因此,需要控制车速,以减少行车过程引起的地面扬尘产生量。

4. 烟粉尘

施工过程中的烟粉尘主要来自钢筋焊接、除锈打磨工序。烟粉尘排放属于无组织排放,排放浓度为 1200～2000 mg/m³。

（二）施工期的地表水环境影响源分析

施工期间地表水环境的污染源主要是基坑废水、施工期生产废水、生活污水和施工导流,污染物以悬浮物和石油类为主。

1. 基坑废水

基坑废水主要包括降雨积水、混凝土养护废水和基坑降水形成的积水。基于武汉市早期类似工程的实测数据报告,采用类比分析方法,得到该工程基坑经常性废水产生量约为 3 m³/d,污染因子主要为 SS,pH 值为 7～10。

2. 施工期生产废水

施工期生产废水主要包括混凝土施工废水、机械车辆冲洗含油废水、移动式混凝土搅拌设备冲洗废水等。

（1）混凝土施工废水。

施工生产过程中的混凝土施工废水悬浮物浓度高,悬浮物的主要成分为土粒和水泥颗粒等无机物,基本不含有毒有害物质。该废水具有废水量较大、悬浮物浓度高的特点,悬浮物浓度可高达 5000 mg/L。混凝土养护水的 pH 值较高,可达 11 左右,废水的排放方式为间歇排放。另外，混凝土搅拌机还将产生很小量的冲洗水，其主要污染物为悬浮物，浓度可达 5000 mg/L 左右，pH 值可达 11 左右。根据施工组织设计书，该工程混凝土工程量为 6.375 万 m³，根据类似工程施工经验，每立方混凝土工程施工约产生废水 0.5 m³，由此可推算该工程混凝土浇筑养护废水总排放量为 3.2 万 m³，混凝土废水日平均排放量约 35.4 m³/d。

（2）机械车辆冲洗含油废水。

施工中的渣土车、推土机、挖掘机和装载机等各类机械，因检修和冲洗保养机械设备，均将产生含油废水。该废水的主要特点是悬浮物和石油类的含量较高，含油废水中石油类平均浓度为 30～50 mg/L。该废水若不经处理直接集中排放，会对周围土壤和河渠造成污染。因此，机械维修厂的废水需经油水分离器处理。该工程以油料为动力且需要冲洗维护的施工机械约 587 台，按每月冲洗 4 次，每台机械冲洗一次废水排放量以 0.5 m³ 计，因施工期安排 30 个月，每次按设计机械总量的 1/10 估算，则工程含油废水产生量约为 117.4 m³/月，30 个施工月共产生 3522 m³ 含油废水。

（3）移动式混凝土搅拌设备冲洗废水。

该工程施工区沿机场河两岸布置，施工点多且分散，混凝土浇筑工程量小。假设采用 4 台移动式砂浆搅拌机及 4 台移动式混凝土搅拌机，每台每次冲洗用水量约为 1 m³（平均一天冲洗 2.5 次），则高峰期移动式混凝土搅拌设备冲洗废水产生量约为 20 m³/d。废水的 pH 值一般为 11～12，悬浮物浓度一般为 5000 mg/L。

3. 生活污水

施工生活污水主要来源于施工期进场的管理人员和施工人员的生活排水，如餐饮污水、粪便污水等，主要污染物是 COD 和氨氮。该工程施工总工日为 55 万个，平均上工人数为 1500 人，高峰期上工人数为 1600 人。根据水利工程施工经验，生活用水按 60 L/(人·d) 计，排放系数按 80% 计，生活污水中 COD 和氨氮分别按 0.04 kg/(人·d) 和 0.003 kg/(人·d) 计，则该工程施工期生活污水产生量约为 7.43 万 m³，COD 和氨氮产生量分别约为 61.9 t 和 4.64 t。工程施工期平均每日产生生活污水约 72 m³、COD 约 60 kg、氨氮约 4.5 kg；工程施工高峰期每天产生生活污水约 76.8 m³、COD 约 64 kg、氨氮约 4.8 kg。

由于施工采用分段同步进行的方式，各施工营地分散布置，因此各工区分别布置相应的生活设施，也不会有大、中型建筑物施工。虽然单个施工区产生的生活污水量不大，但若不妥善处理，其排放可能对排入区域环境产生短期的不利影响。

4. 施工导流

该项目在机场河明渠岸坡上建设，施工时需分期导流，以尽量减小对区域雨污水排放的影响，并采取临时排水措施保证区域排水正常。导流过程均使用清洁水，因此施工期间的导流不存在水污染物转移问题。

问题三　如何开展该项目的地表水环境质量预测与评价？

机场河综合治理工程完成后，施工期的水环境影响将消失，取而代之的是新建的一座地下污水处理厂的尾水排放，以及汉西污水处理厂的尾水排放。由于汉西污水处理厂尾水排口位于机场河末端处，且该尾水将作为机场河明渠的生态补水工程的补水水源（生态补水量 $Q=20$ 万 m³/d），因此该工程的地表水环境影响预测与评价的重点是汉西污水处理厂尾水排放对机场河的环境影响。

（一）该项目的地表水环境影响预测与评价的基本内容

1. 建设项目地表水环境影响预测的总体要求

在《建设项目环境影响评价技术导则 总纲》（HJ 2.1—2016）中，规定了建设项目地表水环境影响预测的基本原则和方法。对于已经确定的建设项目，都应预测建设项目对水环境的影响，预测的范围、时段、内容和方法均应依据评价工作的等级、工程及环境的特点和当地的环境保护要求确定。具体如下：

（1）对季节性河流，应依据当地环保部门所定的水体功能，结合建设项目的特性确定其预测的原则、范围、时段、内容及方法。

（2）当水生生物保护对地表水环境要求较高时（如珍贵水生生物保护区、经济鱼类养殖区等），应简要分析建设项目对水生生物的影响。

（3）对于一级、二级和水污染影响型三级 A，与水文要素影响型三级评价应定量预测建设项目的水环境影响；对于水污染影响型三级 B 评价，可以不开展建设项目的水环境影响评价工作。

在进行水环境影响预测时，应考虑评价范围内已建和在建项目中，与拟建项目排放的同类型或同种污染物对相同水文要素产生的叠加影响。

（4）对建设项目分期规划实施的，应估算规划水平年进入评价范围的负荷量，预测规划水平年进入评价范围的水环境质量变化趋势。

（5）进行地表水环境影响预测时，应考虑水体自净能力不同的各个时段，通常可划分为自净能力最小、一般、最大三个时段。自净能力最小的时段通常在枯水期（结合建设项目设计的要求考虑水量的保证率），个别水域由于面源污染严重也可能在丰水期。自净能力一般的时段通常在平水期。冰封期的自净能力很小，情况特殊，如果冰封期较长可单独考虑。海湾的自净能力与时期的关系不明显，可以不分时段。

2. 建设项目地表水环境影响预测的基本内容

水环境影响预测的基本内容需要根据建设项目的影响类型、预测因子、预测情景、预测范围、地表水体类别，以及预测选用的预测模型及评价要求确定。

（1）水污染影响型建设项目。

①预测各关心断面（控制断面、消减断面、取水口和排污口污染物排放核算断面等）的水质因子的浓度及变化；

②预测水质因子到达水环境保护目标处的浓度；

③预测水质因子或污染物的最大影响范围；

④对于湖泊、水库和半封闭海湾，还需要预测水体的富营养化状况，以及发生水华和赤潮的情况；

⑤预测排污口下游的污染物混合过程长度或范围。

（2）水文要素影响型建设项目。

①开展河流、湖泊及水库的水文情势预测分析，主要包括水域形态（如矩形、弯曲形、深水型或混合型等）、径流条件、水力条件，以及冲淤变化等内容。具体内容有水域面积、水量、水温、水位、水深、流速、水面宽，以及冲淤变化等因子；对湖泊和水库还要重点关注水域面积、库容量和水力停留时间等因子。

②开展感潮河段、入海河口及近岸海域的水动力条件预测分析，主要包括流量、流向、潮流

界、潮区界、纳潮量、水位、水深、流速、水面宽,以及冲淤变化等因子。

3. 该项目的地表水环境影响预测与评价的基本内容

对照《环境影响评价技术导则 地表水环境》(HJ 2.3—2018)的基本规定,确定机场河地表水环境影响预测与评价的基本内容。

根据受纳水体的水文特征、污水厂处理规模及尾水的排放状态,结合表4-33所示的内容,基于90%保证率枯水期和15%保证率丰水期的条件,在正常排放和非正常排放情况下,模拟汉西污水处理厂尾水排至机场河后的水环境变化情况。假设汉西污水处理厂出现设备故障、停电或其他不可预知的事故,导致出水水质不达标的非正常工况,生态补水泵站的进水在线监测系统可及时了解并快速响应(关掉补水泵站等),切断补水。因此,不存在不达标生态补水污染机场河水质的情况。具体预测工况如表4-35所示。

表4-35　机场河水环境影响预测工况、排放浓度及排放量

污水处理厂	排放工况	排放废水量 /(m³/d)	污染物	浓度 /(mg/L)	排放量 /(t/d)
汉西污水处理厂	正常排放	200000	COD	20.82	4.164
			氨氮	0.09	0.018
			总磷	0.3	0.06
			总氮	9.13	1.826
	非正常排放	不存在不达标生态补水污染机场河水质的情况			

(二)开展该项目的地表水环境影响预测与评价的基本步骤

1. 确定预测因子

预测因子应根据评价因子而定,选取有地表水环境质量标准的评价因子作为预测因子。预测因子一般不超出现状评价因子范围。从表4-33可知,汉西污水处理厂出水水质要求稳定达到《城镇污水处理厂污染物排放标准》(GB 18918—2002)中的一级A标准,汉西污水处理厂尾水排放主要水质指标达到《地表水环境质量标准》(GB 3838—2002)中的地表水环境质量Ⅳ类标准。因此,该项目的预测因子包括COD、氨氮、总磷和总氮。

2. 确定预测范围

机场河段尾水排放明渠段6.1 km的范围。

3. 确定污染源

汉西污水处理厂排放口。

4. 选择预测方法

在《建设项目环境影响评价技术导则 总纲》(HJ 2.1—2016)中,给出了建设项目地表水环境影响预测方法:数学模式法、物理模型法、类比分析法和专业判断法。

(1)数学模式法能给出定量的预测结果,但需要满足一定的计算条件和掌握必要的参数、数据。一般情况下此方法比较简便,应优先选用。选用数学模式时要注意模式的应用条件,当实际情况不能很好满足模式的应用条件而又拟采用时,要对模式进行修正并验证。

(2)物理模型法定量化程度较高,再现性好,能反映比较复杂的环境特征,但需要有合适的试验条件和必要的基础数据,且制作复杂的环境模型需要较多的人力、物力和时间。在无法利用数学模式法预测而又要求预测结果定量精度较高时,应选用此方法。

(3)类比分析法的预测结果属于半定量性质。当评价工作时间较短,无法取得足够的参数、数据,不能采用前述两种方法进行预测时,可选用此方法。

(4)专业判断法则是定性地反映建设项目的环境影响。建设项目的某些环境影响很难定量估测(如对文物与珍贵景观的环境影响),或由于评价时间过短而无法采用上述三种方法时,可选用此方法。

该项目的地表水环境影响预测选择数学模式法。结合机场河的实际情况,采用 MIKE 21FM 模型对机场河水环境影响进行模拟预测分析。MIKE 21FM 模型因其强大的计算功能、友好的可视化界面、简单方便的操作广泛应用于河流、湖泊、海湾等多类型水体,尤其在二维自由表面流的数值模拟方面应用广泛,主要有河流、湖泊、河口、海湾、海岸及海洋的水流、波浪、泥沙和环境等的模拟。

5. 确定模型中的相关参数

模型的基本参数包括模拟时长、计算步长、克朗数、干湿水深、涡黏系数、河底糙率,边界条件有构筑物等。本次预测中部分计算参数如表 4-33 和表 4-36 所示。水域的糙率是数值计算中十分重要的参数,与水深、床面形态、植被条件等因素有关。本次模拟计算中采用的是曼宁糙率系数 $M=25.4/(K_s^{1/6})$,式中 K_s 是床面粗糙高度,本次计算中 K_s 取值范围为 $25\sim50$。

表 4-36　水动力模型主要参数取值

主要参数	取值
模拟范围	机场河明渠
网格数量	1754 个
时间步长	30 s,共计 86400 s
涡黏函数	Smagorinsky 亚格子尺度模型
Smagorinsky 系数	0.28
曼宁系数	0.0208
纵向扩散系数	60 m^2/s
干水深	5×10^{-9} m
淹没水深	50×10^{-9} m
湿水深	100×10^{-9} m
横向扩散系数	0.5 m^2/s

模型计算过程中的参数根据模型网格大小、水深条件动态调整,模型计算的时间步长选择应保证 Courant-Friedrieh Levy 数(即 CFL 数)满足稳定条件,使 CFL 数小于 0.8,最后确定时间步长为 30 s。河道主槽糙率系数的取值范围定为 $0.01\sim0.02$。总氮降解系数的取值范围为 $0.08\sim0.1$ d^{-1},总氮降解系数的取值主要参照同类地区相关领域的研究成果及相关文献资料。模型中的另外一部分参数的确定如下:

(1)设计水文条件。

根据国家相关规范及规程的要求,按照《环境影响评价技术导则　地表水环境》(HJ 2.3—

2018)中河流设计水文条件要求:河流不利枯水条件宜采用90%保证率最枯月流量或近10年最枯月平均流量;流向不定的河网地区和潮汐河段,宜采用90%保证率流速为零时的低水位相应水量作为不利枯水水量。受人工调控的河段,可采用最小下泄流量或河道内生态流量作为设计流量。根据设计流量,采用水力学、水文学的方法确定水位、流速、河宽、水深等其他水力学数据。

根据长江水利委员会水文局1980—2012年降水资料,通过线性拟合得到降水的频率分布,并得到不同频率下的降水量。根据降水量选择出90%保证率最枯月流量,使缩小后的降水量与90%保证率最枯月流量的降水量相同,得到设计降水过程。最后将设计降水过程代入降水产流模型中,得到90%保证率最枯月流量及丰水期的设计流量。计算得到的结果数据,将作为模型模拟预测的设计水文条件数据。

已知机场河明渠长6.1 km,深5.4 m,底宽7.5 m,设计水深2.25 m,排水能力为37 m³/s。

(2) 水下地形数据。

机场河水下地形数据采用2018年中国建筑第三工程局有限公司委托湖北中南勘察基础工程有限公司测量得到的水下地形数据。在计算时,将模型划分成三角形网格。

(3) 初始水位。

模型中的初始条件指的是模拟周期开始时刻的区域表面高程以及水平方向和垂直方向上的流速。本项目所构建的水动力模型水面初始高程、陆地高程和湖区水深均为实际踏勘测量获得的数据。

在以水位为边界条件的情况下,如果模型同时考虑了科氏力和风场的作用,那么模型运行的结果可能会失真,尤其是在稳态流的情况下,会在边界的一边产生大量入流,而在另一边产生大量出流。

机场河水位(取平均水位)设计:丰水期设为2.4 m,枯水期设为1.9 m;温度为25 ℃,起始时刻流速设为0,初始水位设为2.5 m。

(4) 边界条件。

水文边界(上、下边界):机场河的上边界采用实测的水位监测数据,机场河末端连接府河,不需要输入下边界条件。

6. 进行机场河地表水环境影响预测与评价

在上述步骤1~5中的内容确定后,利用所选择的预测模型,进行地表水环境影响预测与评价。

(三)地表水环境影响预测与评价结果分析

1. 水质预测模型

在《环境影响评价技术导则 地表水环境》(HJ 2.3—2018)中推荐了水动力模型与水质模型。这些模型若按照时间划分,可以分为稳态模型与非稳态模型;若按空间划分,可分为零维、一维(包括纵向一维及垂向一维,纵向一维模型包括河网模型)、二维(包括平面二维及立面二维)以及三维模型;若按是否需要采用数值离散方法划分,可以分为解析解模型与数值解模型。这些水动力模型及水质模型需要根据建设项目的污染源特性、受纳水体类型、水力学特征、水环境特点,以及评价等级等要求来选取。河流数学模型适用条件如表4-37所示。

表 4-37 技术导则推荐的河流数学模型适用条件

模型分类	按空间分类						按时间分类	
	零维模型	纵向一维模型	河网模型	平面二维	立面二维	三维模型	稳态模型	非稳态模型
适用条件	水域基本均匀混合	沿程横断面均匀混合	多条河道相互连通，使得水流运动和污染物交换相互影响的河网地区	垂向均匀混合	垂向分层特征明显	垂向及平面分布差异明显	水流恒定、排污稳定	水流不恒定，或排污不稳定

根据汉西污水处理厂尾水排放特征和机场河水力学特征及水环境特点，污染物进入受纳水体后水深方向能够混合均匀，模拟的河段较短、宽度较大，满足表 4-37 中的平面二维数学模型的适用条件，即可采用 MIKE 21FM 中的水动力和水质模块进行模拟计算。水动力模块模拟计算区域设计条件下的水流流场；水质模块模拟计算区域尾水排放产生的各污染因子的浓度增量及其空间变化情况。

MIKE 21FM 二维数学模型主要由水动力模块、对流扩散模块、水质水生态模块、黏性泥沙模块、粒子追踪模块、非黏性泥沙模块、内陆洪水模块 7 个子模块组成。其中水动力模块包括水深、底部摩擦力、风力场、盐度等 12 部分，可模拟不考虑分层或因外力作用发生水位、流速变化的平面二维自由表层流运动，且可选择直角或球面坐标系。其基本思想为利用有限体积法求解，即通过离散控制方程，采用非结构化网格，求解一维黎曼问题得到计算结果。对流扩散模块可以从时空上精细化模拟多种可溶的或悬浮的污染物的迁移过程。其建立的步骤主要包括地形网格剖分、边界条件创建、敏感参数获取，以及模型结果验证等，重要的数据文件包括地形网格文件、时间序列文件、参数空间文件，以及结果输出文件等。

水动力数学模型的基本方程为

$$\frac{\partial h}{\partial t}+\frac{\partial(uh)}{\partial x}+\frac{\partial(vh)}{\partial y}=hS \tag{4-20}$$

$$\frac{\partial u}{\partial t}+u\frac{\partial u}{\partial x}+v\frac{\partial u}{\partial y}=-g\frac{\partial(h+z_b)}{\partial x}+fv-\frac{g}{C_z^2}\cdot\frac{\sqrt{u^2+v^2}}{h}u+\frac{\tau_{sx}}{\rho h}+A_m\left(\frac{\partial^2 u}{\partial x^2}+\frac{\partial^2 u}{\partial y^2}\right) \tag{4-21}$$

$$\frac{\partial v}{\partial t}+u\frac{\partial v}{\partial x}+v\frac{\partial v}{\partial y}=-g\frac{\partial(h+z_b)}{\partial y}-fu-\frac{g}{C_z^2}\cdot\frac{\sqrt{u^2+v^2}}{h}v+\frac{\tau_{sy}}{\rho h}+A_m\left(\frac{\partial^2 v}{\partial x^2}+\frac{\partial^2 v}{\partial y^2}\right) \tag{4-22}$$

式(4-20)至式(4-22)中：

h 为某点处水面到水底的平均深度，m；t 为时间，s；g 为重力加速度；ρ 为水的密度，kg/m³；u 为对应于 x 轴的平均流速分量，m/s；v 为对应于 y 轴的平均流速分量，m/s；z_b 为河底高程，m；f 为科氏系数，$f=2\Omega\sin\varphi$（其中 Ω 表示角速度，φ 为对应的夹角），1/s；C_z 为谢才系数，m$^{1/2}$/s；τ_{sx}、τ_{sy} 为水面上的风应力，$\tau_{sx}=r^2\rho_a w^2\sin\alpha$，$\tau_{sy}=r^2\rho_a w^2\cos\alpha$（$r^2$ 为风应力系数；ρ_a 为空气密度，kg/m³；w 为风速，m/s；α 为风方向角）；A_m 为水平涡动黏滞系数，m²/s；x 为笛卡儿坐标系 x 向的坐标，m；y 为笛卡儿坐标系 y 向的坐标，m；S 为源(汇)项，mg/L。

水质数学模型的基本方程为

$$\frac{\partial(hC)}{\partial t} + \frac{\partial(uhC)}{\partial x} + \frac{\partial(vhC)}{\partial y} = \frac{\partial}{\partial x}\left(E_x h \frac{\partial C}{\partial x}\right) + \frac{\partial}{\partial y}\left(E_y h \frac{\partial C}{\partial y}\right) + hf(C) + hSC_s \quad (4\text{-}23)$$

式中：C_s 为源（汇）项污染物浓度，mg/L；其他字母的含义同前。

（1）定解条件。

①边界条件：

岸边界　岸边界的法向流速为零；

水边界　上、下游边界均采用潮位过程线，潮位过程根据实测潮位过程得到。

②初始条件：

$$u(x,y,0) = u_0(x,y)$$
$$v(x,y,0) = v_0(x,y)$$
$$z(x,y,0) = z_0(x,y)$$

（2）计算方法和差分格式。

上述二维水流模型的基本方程中含有非线性混合算子，可采用剖开算子法进行离散求解。这一数值方法根据方程所含算子的不同特性，将其剖分为几个不同的子算子方程，各子算子方程可采用与之适应的数值方法求解。这种方法能有效地解决方程的非线性和自由表面确定问题，具有良好的计算稳定性和较高的计算精度。

2. 计算区域网格划分及地形概化

对控制方程的空间离散采用基于网格中心的有限体积法。计算区域采用非结构化网格进行概化，网格可以是三角形、四边形的混合网格。非结构化网格不仅可以对复杂几何地形进行最好程度的拟合，对边界进行光滑处理，而且可以在重点区域布置较小的网格单元，在提高预测精度的同时提高计算速度，以便于进行多情景预测工作。

网格剖分过程主要包括根据研究对象选择适当的模拟区域，确定地形网格的分辨率，定义陆地边界和开边界以及网格剖分和地形插值等步骤。根据研究区域的经纬度计算原点所在的区域，计算模拟采用 CGCS2000-3-Degree-GK-CM-114E 平面坐标。

本次计算区域网格的划分是根据某公司测量的陆地边界的 CAD 数据提取机场河的陆地边界，利用 Arcgis 将计算区域水系边界矢量化生成 xyz 文件，然后导入 MIKE 21FM 水动力模型生成计算区域的水系边界，即陆地边界，再用网格生成器生成非结构三角形网格即可得到模拟区域的计算网格，即将 xyz 文件导入 MIKE Zero 内的 Mesh Generator 以生成模型内的水动力模型的水系边界。计算网格由三角形单元构成，这样能较好地拟合岸线。根据需要，网格单元边长为 3～30 m。建立二维水动力模型需要水陆边界线、水位和水深散点、流量时间序列等数据以及水文参数、初始条件和模拟时间。最后需要对模型进行调试、率定和验证。

区域网格划分可以根据汉西污水处理厂排污口位置、水文资料完整性以及模型计算的需要进行。网格布置采用三角形网格，共生成 1754 个网格和 1522 个计算节点。在此基础上，可以根据预测范围的水下地形等值线图，读取各个节点的河底高程。

3. 正常排放工况下机场河地表水环境影响预测条件

由于该项目为河道综合整治项目，设置两座污水处理厂，其中汉西污水处理厂作为机场河生态补水水源，废水达标后排入机场河。污水处理厂处理后的水质达到《城镇污水处理厂污染物排放标准》（GB 18918—2002）中的一级 A 标准，主要指标达到《地表水环境质量标准》（GB 3838—2002）中的Ⅳ类标准，总氮超过《地表水环境质量标准》（GB 3838—2002）中的地表水环境质量Ⅴ类标准。

同时,需要预测汉西污水处理厂在90%保证率枯水期和15%保证率丰水期时,在正常排放工况下对机场河的影响。另外,需要分别在丰水期和枯水期预测总磷和总氮浓度最大值随时间的变化特征,并以机场河的水环境质量标准限值作为本底值,开展正常排放工况下机场河地表水环境影响预测。

4. 正常排放工况下机场河地表水环境影响预测结果

依据表4-32和表4-33所示的机场河水环境现状监测值、汉西污水处理厂尾水检测值,以及预测参数和预测模型,得到正常排放工况下丰水期和枯水期机场河地表水环境影响的预测结果,如表4-38和表4-39所示。

表 4-38 总氮浓度最大预测值 （单位:mg/L）

断面名称	枯 水 期		丰 水 期	
机场河常青北路段东渠	最大增量	3.865	最大增量	2.803
	本底值	2	本底值	2
	叠加后	5.865	叠加后	4.803
机场河常青北路段西渠	最大增量	3.321	最大增量	2.773
	本底值	2	本底值	2
	叠加后	5.321	叠加后	4.773
机场河常青队处东渠	最大增量	1.445	最大增量	1.995
	本底值	2	本底值	2
	叠加后	3.445	叠加后	3.995
机场河常青队处西渠	最大增量	0.939	最大增量	1.655
	本底值	2	本底值	2
	叠加后	2.939	叠加后	3.655
机场河西渠入府河处	最大增量	0.106	最大增量	0.216
	本底值	2	本底值	2
	叠加后	2.106	叠加后	2.216

由表4-38可知,机场河各个断面处总氮浓度本底值超过《地表水环境质量标准》(GB 3838—2002)中的Ⅴ类标准限值。以Ⅴ类标准限值作为本底值,枯水期和丰水期总氮浓度在机场河入府河处的增量分别为0.106 mg/L和0.216 mg/L,汉西污水处理厂尾水排放经过机场河入府河后对府河水环境影响较小。汉西污水处理厂尾水排放后对机场河的总氮浓度的影响范围在枯水期和丰水期分别为5.36 km和6 km。

表 4-39 生态补水至机场河后的水质预测结果 （单位：mg/L）

河 流	断 面 名 称	丰 水 期			枯 水 期		
		COD	氨氮	总磷	COD	氨氮	总磷
机场河	机场河常青北路段东渠	22.082	9.117	0.234	21.097	8.874	0.223
	机场河常青北路段西渠	21.972	8.272	0.197	20.234	8.075	0.184
	机场河常青队处东渠	23.073	6.991	0.222	21.076	6.727	0.198
	机场河常青队处西渠	19.250	7.693	0.212	19.197	7.244	0.204
	机场河西渠入府河处	19.789	8.116	0.202	18.745	7.972	0.187

5. 正常排放工况下汉西污水处理厂补水工程的水质改善效果分析

按照项目概述可知，汉西污水处理厂升级改造完成后，能够给机场河明渠提供稳定水量与水质的生态补水，设计出水水质满足《城镇污水处理厂污染物排放标准》(GB 18918—2002)中的一级 A 标准。由汉西污水处理厂近三年的出水水质数据（见表 4-33）可知，生态补水中COD、氨氮、总磷的浓度均值分别为 20.82 mg/L、0.09 mg/L、0.3 mg/L，均满足《地表水环境质量标准》(GB 3838—2002)中的 IV 类水水质标准。所以汉西污水处理厂补水工程只需重点分析补水至机场河后对机场河水质的改善作用。

由表 4-39 可知，当将汉西污水处理厂尾水引入机场河后，机场河常青北路段东渠断面、机场河常青北路段西渠断面、机场河常青队处东渠断面、机场河常青队处西渠断面和机场河西渠入府河处断面的水质能够得到改善，COD、氨氮、总磷浓度均达到《地表水环境质量标准》(GB 3838—2002)中的 IV 类水水质标准。

问题四 请根据该项目建设特点制订合适的环境管理与监测计划。

1. 环境管理计划

由项目概述可知，机场河综合治理工程的工期长，约 30 个月；在机场河明渠两岸 30～220 m 范围内分布有一定数量的住宅小区、医院和学校。因此，该项目无论在建设期还是营运期，都将对机场河周边一定区域的生态环境造成影响。为此，需要根据项目建设期和营运期可能存在的环境问题制订本项目的环境管理计划，以使本项目的环境问题能及时得到落实。本项目的环境管理计划如表 4-40 所示。

表 4-40 机场河综合治理工程环境管理计划一览表

环境问题	减缓措施	实施机构	负责机构
设计阶段			
水土流失	• 绿化工程设计 • 堆场边坡防护工程、排水工程设计 • 水土保持工程措施和植物措施设计	水保设计单位 水保单位	机场河水环境综合治理建设营运有限公司
空气污染	• 施工区布置尽量远离居民集中区，并考虑施工过程中的扬尘、焊接等对周围大气环境的影响	环保设计单位 环评单位	
噪声	• 根据具体情况，分别对噪声环境敏感点采取防治措施，减少交通噪声影响	环保设计单位 环评单位	

续表

环境问题	减缓措施	实施机构	负责机构
设计阶段			
征地拆迁安置	• 制定征地拆迁安置行动计划	建设单位 地方政府	地方政府
水污染	• 施工期施工区施工废水处理设计 • 截排洪系统设计 • 旱季截污工程设计 • 合流制溢流污染控制工程设计 • 景观绿化工程 • 生态补水工程	环保设计单位 环评单位	建设单位
风险事故	• 制定风险预案	环保设计单位 环评单位	机场河水环境综合治理建设营运有限公司
施工道路	• 施工道路尽量控制在征地范围之内,减少临时占地影响	设计单位 环评单位	
耕地保护	• 加强对场址周边耕地的保护,进场道路施工应尽量避开耕地、农田	设计单位 环评单位	
施工期			
尘埃及空气污染	• 指派专门人员定时洒水抑尘,在干旱季节应增加洒水次数 • 料堆和储料场设置在居民区主要风向的下风向300 m以外,并进行遮盖或洒水以防止尘埃污染;运送建筑材料的货车须用帆布遮盖,以减少撒落 • 施工现场及主要运料道路在无雨的天气定期洒水,防止尘土飞扬	承包商	环境监理单位
水土流失及水污染	• 主体工程完工后三个月内在堆积坝坡面、边坡可绿化处植树种草 • 设置沉淀池对施工废水进行处理 • 施工区设置移动厕所,定期清理 • 生活垃圾收集后运至临近垃圾场处理 • 施工材料如油料、化学品堆放点应远离水体,并应备有临时遮挡的帆布,防止大风暴雨冲刷而进入水体 • 工程施工过程中,设置临时水土保持设施,并做好施工场地、施工道路、临时堆场等临时设施的水保工作 • 按水土保持设计开展工程措施和植物措施实施工作	承包商	环境监理单位

续表

环境问题	减缓措施	实施机构	负责机构
施工期			
噪声	• 严格执行工业企业噪声标准以防止建筑工人受噪声侵害,靠近强声源的工人佩戴耳塞和头盔,并限制工作时间 • 选用低噪声施工机械、设备和工艺,振动较大的固定机械设备应加装减振机座,加强对机械和车辆的维修以使它们保持较低的噪声 • 合理安排施工作业时段,避免夜间(22:00—6:00)进行高噪声施工作业	承包商	环境监理单位
生态资源保护	• 主体工程与绿化、护坡、修排水沟应同时施工、同时交工验收 • 杜绝任意从路边农田取土,应严格按照设计方案取土 • 对工人加强教育,禁止滥砍滥伐 • 将生态保护方案计入招标和合同条款,作为选用施工单位和对其进行考核的重要指标	承包商	环境监理单位
施工驻地	• 在施工驻地应设置垃圾箱和卫生处理设施,并委托市政人员对生活垃圾定期清运	承包商	环境监理单位
施工安全	• 为保证施工安全,施工期间临时道路上应设置安全标志 • 为降低事故发生率,应采取有效的安全和警告措施,做好施工人员的健康防护工作	承包商	环境监理单位
振动监控	• 在居民点附近做强振动施工时,对临近施工现场的土坯房应进行监控,防止事故发生。对确受工程施工振动影响较大的民房应采取必要的补救措施	承包商	环境监理单位
环境监测	• 按施工期环境监测计划进行	环境监测站	营运公司
环境监理	• 按工程环境监理计划进行	环境监理单位	营运公司
营运期			
环境风险	• 制定环境风险应急预案	建设单位	营运公司
环境监测	• 按环境监测技术规范及监测标准、方法执行	环境监测站	营运公司

从表4-40可知,环境管理计划的实施应该从工程设计阶段开始,贯穿机场河综合治理工程的各个阶段,包括设计阶段、施工阶段和营运阶段。

2. 环境监测计划

为了评价机场河综合治理工程对机场河周边区域环境质量的影响程度,有必要开展施工期和营运期的环境质量监测。为此,分别制定该项目施工期和营运期的环境监测计划。

(1)施工期监测计划。

根据施工期的污染物排放特征,制定如表 4-41 所示的施工期环境监测内容,包括典型的大气环境污染物和水环境污染物的浓度、噪声,以及监测频次等。

表 4-41 施工期环境监测内容一览表

项目内容	环境空气监测	噪声监测	水质监测
监测项目	PM_{10}、$PM_{2.5}$、NO_x、SO_2 和 CO 等	等效连续 A 声级	COD、BOD_5、SS、pH 值等
监测点位	施工场地周边敏感点:机场河明渠两岸 30～220 m 范围内分布的住宅小区、医院和学校	施工场地周边敏感点:机场河明渠两岸 30～220 m 范围内分布的住宅小区、医院和学校	各施工区污水总排放口
监测频率	2 月 1 次	半年 1 次	2 月 1 次
监测期限	3 天	2 天	3 天
监测公司	有资质的监测公司		
监管部门	武汉市生态环境局及各辖区的分局		

(2)营运期监测计划。

根据营运期的污染物排放特征,制定如表 4-42 所示的营运期环境监测内容。监测对象是污染源的污染物排放情况,包括污水处理厂的常规监测和不定期监测两个方面,具体是污染物浓度、噪声,以及监测频次等。

表 4-42 营运期环境监测内容一览表

污染源	监测位置	监测项目	频次	备注
废气	污水处理厂厂界及排气筒出口	氨、硫化氢、臭气	每季监测 1 次,监测期限为 2 天,每 2 h 采样 1 次,每天 4 次	委托
废水	污水处理厂水口	pH 值、COD_{Cr}、BOD_5、氨氮、SS、石油类、挥发酚、总氮、总磷、氯化物、色度、浊度、废水量等	日常监测,每 2 h 采样 1 次,取 24 h 混合样	需具备监测能力
			每季 1 次	委托
	主要污水处理单元	pH 值、流量、COD、氨氮、BOD_5	日常监测,每天 1 次	需具备监测能力
	污水处理厂排污口	pH 值、COD、氨氮、总磷实行在线连续监测	在线监测	需具备监测能力
		pH 值、COD_{Cr}、BOD_5、氨氮、SS、总氮、总磷、石油类、挥发酚、氯化物、色度、浊度、废水量等	日常监测,每天 1 次	
			每季 1 次	委托

续表

污染源	监测位置	监 测 项 目	频　　次	备注
地下水	污水处理厂地下水观测井	地下水水位、pH 值、氨氮、硝酸盐、亚硝酸盐、氟化物、铁、锰、溶解性总固体、高锰酸盐指数、硫酸盐、氯化物、大肠菌群	水位监测每年 2 次,丰水期和枯水期各 1 次,水质监测逢单月采样 1 次,全年 6 次	委托
噪声	厂界外1 m	等效连续 A 声级	每季 1 次,每次 2 天,每天昼、夜各 1 次	委托

三、风力发电场建设项目的生态环境影响预测与评价实践

风能是一种典型的可再生的清洁能源,人们可以将风能转化为电能而加以利用。因此,风力发电是风能利用的重要形式,符合可持续发展的原则。风力发电是世界许多国家大力发展清洁能源的战略选择,尤其是风力资源丰富的高山、峡谷、海岸和大江大湖等地带。某国家级自然保护区管理区一带因风能分布集中、风力资源丰富、风速日变化平稳,具备建设大型风电场所需的交通环境、电力能源需求和经济发展需要等必备条件。因此,地方政府决定在该区域开展风力发电场工程建设。项目工程区域位于某国家级自然保护区的西侧,与保护区边界的最近距离约 500 m,不占用自然保护区面积。

该国家级自然保护区属于大型湖泊水域农业生态系统服务功能区,内有长江中游淡水湿地生态系统,以及重要湿地鸟类和稻田湿地。自然保护区内有国家一级保护鸟类动物黑鹳、白鹤、大鸨、东方白鹳和白头鹤等,国家二级保护鸟类动物天鹅、黄嘴白鹭和白琵鹭等,还有列入《濒危野生动植物种国际贸易公约》附录的白眉鸭、东方白鹳等鸟类,列入《中日保护候鸟及其栖息环境的协定》的金腰燕、灰鹤、白头鹞等鸟类,以及列入《中澳保护候鸟及其栖息环境的协定》的白眉鸭、水雉等鸟类。保护区内有国家二级保护植物水莲、野菱、粗梗水蕨、秤锤树和樟树。此外,还有多种被湖北省列为需要重点保护的鸟类。

项目工程总投资约 5 亿元人民币,其中环保投资约占工程投资的 2%。项目风力发电机组总占地面积约为 60000 m²,发电机组基础建设总挖土方约为 23000 m³,总填方约为 10000 m³,其他占地约 30000 m²。风力发电机呈点状分布,预计 3 年建成投入使用。项目工程组成:主体工程包括风电场、升压站和集电线路;施工辅助工程包括施工检修道路、施工生产生活区、施工吊装场地、弃渣场、料场及临时堆土场;公用工程包括给水、排水和供电工程;环保工程包括污水处理站、水土保持工程(如排水沟、挡土墙、护坡、植物防护措施等),以及事故油池等。

该风电项目所覆盖区域内含有大量的水稻田及旱地农田,灌草地植被丰富,有大量农业工作人员以及生活的村落,还有大小不等的湿地。因此,工程设计和项目施工过程应严格按照不占农用田地和湿地的原则,尽可能不占用原生性植被,尽可能使用荒山和次生荒草地。

请回答以下问题:

问题一　如何确定该项目的生态环境影响评价的工作等级及其评价范围?

问题二　该风电项目的生态环境影响预测与评价包括哪些基本内容?

参考答案

问题一 如何确定该项目的生态环境影响评价的工作等级及其评价范围？

1. 生态环境影响评价等级划分判据

按照《环境影响评价技术导则 生态影响》(HJ 19—2011)的相关说明,生态环境影响评价的工作等级可以根据建设项目所在区域生态敏感程度、建设项目工程占地范围面积(包括水域面积、临时用地面积和永久占地面积)等因素综合确定。因此,生态环境影响评价工作分为一级、二级和三级,具体的划分判据如表 4-43 所示。

表 4-43 生态环境影响评价工作等级划分

影响区域 生态敏感性	工程占地(含水域)范围		
	面积≥20 km² 或长度≥100 km	面积 2～20 km² 或长度 50～100 km	面积≤2 km² 或长度≤50 km
特殊生态敏感区	一级	一级	一级
重要生态敏感区	一级	二级	三级
一般区域	二级	三级	三级

对表 4-43 的说明:

(1) 位于原厂界(或永久占地)范围内的工业类技改扩建项目,可以只进行生态影响分析。

(2) 当工程占地(含水域)范围的面积或长度分别属于两个不同评价工作等级时,原则上应按其中较高的评价工作等级进行评价。改扩建工程的工程占地范围以新增占地(含水域)面积或长度计算。

(3) 在矿山开采可能导致矿区土地利用类型明显改变,或拦河闸坝建设可能明显改变水文情势等情况下,评价工作等级应上调一级。井工矿占地范围按地表工业场地范围计算,露天矿占地面积就是井田及排土场面积,等级不需要上调。

生态环境影响评价一级、二级和三级工作中,一级评价最详细,二级次之,三级较简略。

由于本案例不占自然保护区的水域面积,也不属于技改扩建项目,项目完成后几乎不改变土地的水域属性,因此不必考虑上述(1)、(2)和(3)中的内容。

2. 评价工作等级确定

(1) 计算分析。

风力发电项目中的发电机组呈分散式的点状分布特征,按照表 4-43 所示的评价工作等级划分判据的要求,对建设工程的占地面积进行计算。从案例概述可知,该项目风力发电机组总占地面积约 60000 m² + 30000 m² = 90000 m² = 0.09 km² < 2 km²。

从案例概述可知,该风力发电项目工程区域位于某国家级自然保护区的西侧,与保护区边界的最近距离约 500 m,不占用自然保护区面积。因此,其占地不涉及生态敏感区。

(2) 评价工作等级的确定。

依据表 4-43 所示的评价工作等级划分判据,确定该项目生态环境影响评价工作等级为三级。另外,由于该项目与国家级自然保护区边界的最近距离只有大约 500 m,因此可以将其生态环境影响评价等级提高一个级别,按照二级评价工作等级开展该项目的生态环境影响评价。

3. 生态环境影响评价范围

生态环境影响评价应能够充分体现生态完整性,涵盖评价项目全部活动的直接影响区域和间接影响区域。评价工作范围应依据评价项目对生态因子的影响方式、影响程度和生态因子之间的相互影响和相互依存关系确定。可综合考虑评价项目与项目区的气候过程、水文过程、生物过程等生物地球化学循环过程的相互作用关系,以评价项目影响区域所涉及的完整气候单元、水文单元、生态单元、地理单元界限为参照边界。

基于上述要求,该项目的生态环境影响评价范围将按照重点评价范围和一般评价范围进行评价,两者合称生态环境影响评价区。

(1)不含鸟类评价范围。

重点评价范围:风电场风机基础、新建道路、施工生产生活区、升压站等永久占地和临时占地及周边 300 m 范围内;

一般评价范围:项目所在地西侧的某国家级自然保护区。

(2)鸟类评价范围。

重点评价范围:风电场施工红线外扩 5 km 范围;

一般评价范围:项目所在地西侧的某国家级自然保护区。

问题二　该风电项目的生态环境影响预测与评价包括哪些基本内容?

(一)生态环境影响预测与评价基本内容确定的基本原则

按照《环境影响评价技术导则　生态影响》(HJ 19—2011)的相关说明,生态环境影响预测与评价的内容应与其现状评价内容相对应,依据区域生态保护的需要和受影响生态系统的主导生态功能选择评价预测指标。因此,生态环境影响预测与评价的基本内容主要涉及以下几个方面:

(1)评价工作范围内涉及的生态系统及其主要生态因子的影响评价,包括预测生态系统组成和服务功能的变化趋势,重点关注其中的不利影响、不可逆影响和累积生态影响。

(2)敏感生态保护目标的影响评价应在明确保护目标的性质、特点、法律地位和保护要求的情况下,分析评价项目的影响途径、影响方式和影响程度,预测潜在的后果。

(3)预测评价项目对区域现存主要生态问题的影响趋势。预测与评价项目建成后其对所在区域生态系统演替方向的影响。

(二)该风电项目对生态系统的影响预测与评价

该风电项目所覆盖区域内含有大量的水稻田及旱地农田,灌草地植被丰富,有大量农业工作人员以及生活的村落,还有大小不等的湿地。因此,该风电项目所覆盖区域内含有农田生态系统、灌草地生态系统、村落或城镇生态系统和湿地生态系统。

1. 对灌草地生态系统的影响分析

该建设项目用地包括永久用地和临时用地两种类型。其中:临时用地造成的植被生物量损失,在项目施工结束后将通过采取相应恢复措施得到补偿;永久占地在设计时就考虑到了尽可能不占用原生性植被,主要占用次生性的灌草地。基于此,不存在因局部植被损失而导致植物物种多样性减少或种群消失灭绝。因此,该风电项目建设并不会导致项目所在区域的植被类型发生变化。

按照项目设计和施工要求,工程施工营地等临时占地应当尽量选在荒山或草地,以减少对林地等地区的损害。施工道路建设尽量利用村庄已有村级道路。因此,施工过程中少量临时占地对植物的影响是可逆的,工程施工结束后对临时用地进行复耕或恢复植被,可有效缓减临时占地对植被产生的影响。

由于风力发电机呈点状分布,施工道路呈线形分布,并可利用村庄已有的部分道路进行改扩建,因此在工程施工期间并不会造成某种生态系统的消失,也不会改变各个生态系统及整个生态系统的稳定性和结构完整性。

由于工程设计严格按照尽可能不占农用田地,尽可能不占用原生性植被,尽可能使用荒草地的原则,因此工程建设中受影响最大的为灌草地生态系统,影响方式主要为工程占地。灌草地生态系统主要为次生性植被,主要有构树灌丛、牡荆灌丛、白背叶灌丛、白茅灌草丛、黄背草灌草丛等。这些植被类型适应性极强,在评价区内外均有大量分布,因此工程建设不会造成其灭亡,且施工结束后,临时占地可以通过人工绿化进行植被恢复。

灌草地生态系统中生活的一些野生动物,如中国石龙子、黄鼬、大杜鹃等,在施工期间将会受到施工人员活动、施工噪声及其他污染物排放等的影响,有可能对其栖息地产生一定影响而使其迁移至周围相似生境。一旦施工结束,临时占地得到植被恢复,这些灌草地中生活的野生动物又可以回迁至原来的生境生活。由此看出,该风电工程建设对灌草地生态系统的影响有限。

2. 对农田生态系统和湿地生态系统的影响分析

该风电工程位于国家级自然保护区西侧,不占用保护区内水域和耕地土地,因此,建设项目及营运均不会对稻田和湿地生态系统产生影响。

3. 对村落或城镇生态系统的影响分析

该工程设计和项目施工尽可能使用荒山和次生荒草地,不会在村庄周边一定范围内建设风力发电机。工程一旦开始建设,施工期间施工机械产生的噪声及污染物排放可能对村庄的居民生活造成一定程度的影响,但加强对施工人员的教育,可使这些影响降低至可以接受的范围。在工程营运期间,风力发电机的运转将会产生噪声,只要保持风力发电机与居民居所间的距离,也可以将影响降低到可接受的范围。因此,该工程不会对村落生态系统产生不利影响。

(三) 该风电项目对野生动植物的影响预测与评价

如果从动植物的生境考虑,则可以从陆生生态系统和水生生态系统两个方面进行分析。具体如下:

1. 对陆生生态系统的影响分析

(1) 对陆生植物的影响分析。

从案例概述内容可知,风电建设工程不占用原生性植被,主要占用次生性灌草地。由于灌草丛是一种常见草类,在项目区内外均广泛生长,适应性强,不存在因局部植被损失而导致植物物种多样性减少或种群消失灭绝。因此,该风电建设项目不会导致所在区域植被类型发生变化。

此外,工程施工营地等临时占地应当尽量选在荒地或草地,以减少对林地等地区的损害。施工道路的建设尽量利用村级公路,施工过程可使用这些公路通往各风力发电机安置点。临时占地对植物的影响是可逆的,工程施工结束后对临时用地进行复耕或恢复植被,可有效缓减临时占地对植被产生的影响。

风电场建成后,永久占地内的植被将完全被破坏,形成建筑用地类型,但可以通过栽种树木和种植草坪等绿化方式,减少由此造成的负面生态效应。风力发电机检修道路的存在使植被覆盖面积减少,但检修道路通常是单车道,路面不宽。因此,项目建成后的永久占地对周围植被或物种多样性不会造成明显影响。

（2）对陆生动物的影响分析。

经现场勘查可知，施工过程中受影响的陆生动物主要为长期生活在施工区中的两栖类、爬行类、雉科鸟类、兽类等野生动物，如獾、黄鼬、田鼠和黑水鸡等。施工道路主要沿用现有村级道路和改建自部分现有道路。公路的建设和其他固定设施会对动物的正常活动产生阻隔作用，使野生动物的栖息地片段化，动物被迫寻找新的生活环境。施工期间，附近的陆生动物将会离开这些区域活动。施工结束后，进场道路的车流量极小，随着周围环境的逐渐恢复，动物生境片段化的影响也将逐渐下降。因此，从长期来看，该项目对陆生动物的影响基本可控。

项目施工和营运期间对当地留鸟和迁徙鸟类均有较大影响。对于当地留鸟，受影响的鸟类主要有小䴙䴘、红脚田鸡、黑水鸡、凤头麦鸡、白鹭、纯色山鹪莺、白鹡鸰、麻雀、灰喜鹊、山斑鸠、珠颈斑鸠等喜在农田及水域周边觅食栖息的鸟类。施工临时占地和营运永久占地尽管分布较为分散，但受施工人员扰动、机械作业噪声和风力发电机转动噪声等的影响，其周边栖息的鸟类会受惊而发生转移。尤其是临时占地施工期间，有可能对评价区中的秧鸡科和鹭科等鸟类的正常觅食及繁殖产生一定影响。施工结束后随着临时占地的植被恢复及水土保持项目的完成，风电项目对鸟类产生的不利影响将有所缓解，栖息地中鸟类的食物来源也将逐步恢复到施工前的状态。因此，该风电项目对当地常见鸟类的影响不大。

迁徙鸟类在大风、雨雾天气以及夜间都会降低飞行高度，无论是进行长距离迁徙的鸟类，还是进行短距离迁飞的当地留鸟，其中大部分种类都具有较强的趋光性。在鸟类迁徙季节里，不管是夜间施工的照明光源，还是营运期间固定设施的照明，均可能对候鸟产生一定吸引。因此，光照对鸟类具有较强的影响作用。为此，在夜间需要采取保护措施以控制好光源，从而降低该项目对迁徙鸟类的威胁。另外，风力发电机在营运期的运转可能对鸟类产生非常不利的影响，最严重的后果是在恶劣天气情况下，鸟类飞行中由于不能避让正在旋转的风机叶片，与之撞击而死亡或受伤。

动物对噪声具有较高的敏感性，在噪声环境条件下会选择回避，这将造成其活动范围的缩小。但动物对长期持续而无害的噪声会产生一定的适应性，随着营运时间的延长，这种影响会逐渐减小甚至消失。

2. 对水生生态系统的影响分析

该风电工程评价区域东侧为国家级自然保护区，属于大型水域，工程与保护区边界的最近距离约为 500 m，若工程施工和其他环保工程营运正常，则其对水质及水生生物产生的影响可能很小。

四、新建高速铁路项目的生态环境影响预测与评价实践

某新建高速铁路主要位于我国华中华东平原地带的相邻两省，连接两省省会，线路呈西南—东北走向。该铁路起自京沪高铁济南西站，是设计时速为 350 km/h 的双线 I 级铁路。工程正线全长约 169 km，包括 11 座特大桥、涵洞及其他辅助配套设施；新建车站 4 座，建设工期约 4 年。工程陆地总占地面积约为 950.0 hm²，其中永久占地面积约为 580.0 hm²，临时占地面积约为 370.0 hm²。穿越水域的桥梁两侧一定范围的面积未计于其中。工程占地的土地类型包括耕地、林地、园地、草地、水域、建设用地和交通用地等。全线设置 1 处取土场、21 处弃土场、多处进场临时道路，以及一些低填方和高挖方地段等。工程设置铺轨基地 1 处，材料厂、填料搅拌站及混凝土搅拌站根据需要设置。工程拆迁房屋及厂房面积约为 35 hm²，总投资约 350.0 亿元，其中环保措施投资约 6.5 亿元。

该高速铁路沿线没有国家级和省级自然保护区、风景名胜区和森林公园等生态环境敏感目标。高铁建设项目占地范围内的植物物种均是当地常见的普通植物，但该工程线路将穿越1处国家湿地公园、5处生态保护红线、5处生活饮用水水源保护区和4处文物保护单位，沿线有多处集中居民区以及学校和医院等环境敏感点或敏感建筑物。

请回答以下问题：

问题一　如何确定该铁路建设项目的生态环境影响评价工作等级及其评价范围？

问题二　如何进行该项目的生态环境影响因子识别？并说明其对生态环境的影响方式。

问题三　该建设项目施工期的土地利用和水土流失影响评价各包括哪些内容？

问题四　如何开展该铁路建设项目的生物多样性与生物量影响评价？

问题五　如何开展该铁路建设项目的景观生态影响评价？

问题六　如何开展施工期的生态环境影响评价？其生态环境保护措施有哪些？

参考答案

问题一　如何确定该铁路建设项目的生态环境影响评价工作等级及其评价范围？

1. 生态环境影响评价工作等级划分判据

高速铁路建设项目的生态环境影响评价工作等级，按照《环境影响评价技术导则 生态影响》(HJ 19—2011)的相关说明进行确定，具体确定判据详见表4-43。

2. 评价工作等级确定

高速铁路建设项目呈线状分布特征，按照表4-43中评价工作等级划分判据的要求，评价工作等级可按建设工程全线的长度确定，也可以按工程范围的占地面积确定。具体计算如下：

（1）按长度确定。

由项目概述可知，该高速铁路工程正线全长约169 km＞100 km，因此仅以铁路线路长度为依据，结合表4-43所示的判据可知，该高速铁路建设项目的生态环境影响评价等级为一级。

（2）按占地面积确定。

由项目概述可知，该工程建设项目的陆地总占地面积约为950.0 hm^2，即陆地占地面积约为9.5 km^2＜20 km^2。此外，该工程线路将穿越1处国家湿地公园、5处生态保护红线、5处生活饮用水水源保护区和4处文物保护单位，沿线有多处集中居民区以及学校和医院等环境敏感点或敏感建筑物。因此，由表4-43所示的判据可知，该高速铁路建设项目的生态环境影响评价等级为一级。

综上所述，不管按照哪种计算方法，依据表4-43所示的评价工作等级划分判据，确定该项目生态环境影响评价等级为一级。

3. 生态环境影响评价范围

该项目的生态环境影响评价范围将按照生态环境影响程度的大小分别确定，包括一般区域的评价范围和生态敏感区的评价范围。

（1）一般区域的评价范围。

铁路中心线两侧各500 m以内区域或工程设计外侧轨道用地界向外300 m以内区域；临时用地界外100 m以内区域，施工便道中心线两侧各200 m以内区域，过水桥涵两侧300 m以内水域，通航河流桥位上游500 m、下游500 m河段；取、弃土（渣）场及其临时用地界外200 m内区域。

（2）生态敏感区的评价范围。

该工程线路将穿越国家湿地公园、生态保护红线、生活饮用水水源保护区和文物保护单位，沿线有多处集中居民区以及学校和医院等环境敏感点或敏感建筑物。对于这些生态敏感区或生态敏感点，评价范围扩至整个敏感区范围。

问题二　如何进行该项目的生态环境影响因子识别？并说明其对生态环境的影响方式。

环境影响识别是指通过系统地分析检查拟建项目的各项"活动"与各环境要素间的关系，识别可能的环境影响，包括影响因子、影响对象（环境因子）、影响程度和影响方式。拟建项目的"活动"或"行为"多种多样，对于建设项目一般按四个阶段划分，即建设前期（勘探、选址选线、可研与方案设计）、建设期、运行期和服务期满后，需要识别不同阶段各"活动"可能带来的影响及其影响方式。

环境影响识别的技术方法多种多样，包括清单法、矩阵法和基于GIS的叠图法等。总体上分为两类，一类是矩阵法，即利用环境影响识别表，给出生态环境影响识别与因子筛选矩阵；二是根据拟建项目排放的特征污染物清单进行逐一分析，在此基础上给出生态环境影响识别与因子筛选矩阵的清单法。

1. 生态环境影响因子识别

为识别该高速铁路建设工程的施工期、营运期对当地生态环境的影响性质和影响程度，以便有针对性地开展生态环境影响的评价工作，可以根据项目概述所给出的工程建设内容、特点以及沿线地区的生态环境现状特征及环境敏感程度，对该铁路工程建设施工期及营运期的生态影响因子进行识别与筛选。这里采用矩阵法，生态环境影响识别与因子筛选矩阵如表4-44所示。

表4-44　高速铁路建设项目生态环境影响识别与因子筛选矩阵

序号	工程阶段	影响活动	影响因子	影响时间	影响范围	影响程度
1	施工期	征地拆迁	土地利用，水土流失	长期	评价区	一，Ⅰ
2		桥梁建设	水文变化	长期	评价区	一，Ⅰ
3		施工便道及临时工程	土地利用，水土流失	短期	评价区	一，Ⅰ
4		清除植被	生物量	长期	评价区	一，Ⅰ
5		绿化及植被恢复	生物量	长期	评价区	＋，Ⅱ
6		路基防护	植被类型、水土流失	长期	评价区	＋，Ⅲ
7		施工人员活动	动物生境	短期	评价区	一，Ⅲ
8		工程弃土	水土流失	短期	评价区	一，Ⅰ
9		不透水地面增加	地下水涵养	长期	评价区	一，Ⅰ
10		隧道工程	植被，动物生境	长期	评价区	一，Ⅱ

序号	工程阶段	影响活动	影响因子	影响时间	影响范围	影响程度
11	营运期	铁路运行	居民区、学校、医院	长期	评价区及其周围	一，I
12		车站、综合维修工区、牵引变电所	居民区、学校、医院	长期	评价区及其周围	一，II
13	施工期、营运期	铁路及附属工程	景观	长期	评价区及其周围	一，I

注：＋表示有利影响；－表示不利影响；I表示较重大影响；II表示一般影响；III表示轻微影响。

由表 4-44 可知，施工期和营运期对生态环境的影响方式和影响程度存在差异。施工期的影响主要是施工扰动产生的噪声、振动、废气和废水等，均属于直接影响，也均为负面影响。根据识别，铁路施工期对生态环境的各个方面均会产生不利影响，其中对植被覆盖度、水土流失、景观、沿线多处集中居民区以及学校和医院等生态敏感区的影响尤为突出，即工程建设期间将会降低植被覆盖度，加剧水土流失，改变景观，降低居民生活质量等。工程进入营运期后，沿线生物受铁路的阻隔、噪声和振动、尾气污染的影响，其生境将受到较大影响。当然，如果水土保持、绿化，居民、学校和医院搬迁顺利实施，那么营运期间对沿线两侧的生态环境的负面影响将得到明显改善，生态环境也将得以逐步恢复改善。

另外，也可以按照某一种工程活动对某一个环境要素的影响进行识别，即单一影响识别，如有利影响、不利影响、轻微影响、一般影响或较大影响等；还可以采用某一种工程活动对各个环境要素的综合影响，或某一个环境要素受所有工程活动的综合影响，作为评价因子筛选的判据，即综合（或累积）影响程度识别，如较重大影响、一般影响和轻微影响。

2. 高速铁路建设对生态环境的主要影响方式

按照拟建项目的"活动"对环境要素的作用属性，环境影响类型可以划分为有利影响、不利影响，直接影响、间接影响，短期影响、长期影响，可逆影响、不可逆影响等。结合高速铁路建设项目的建设期和营运期污染物排放特点，采用列表清单法，给出高速铁路建设活动所产生的生态环境影响类型及其对应的主要影响方式，结果如表 4-45 所示。

表 4-45　高速铁路建设对生态环境的主要影响方式

影响类型	影响方式
不利影响	施工期和营运初期的占地、地表硬化、植被破坏和水土流失加重，生物和人类受交通噪声和振动污染
可逆影响	植被破坏与绿化和植被修复、水土流失与路基防护工程
不可逆影响	铁路运行期间，陆生动物生境被阻隔导致迁移进一步受阻，沿线生物和人类将一直受噪声和振动污染影响； 道路、桥梁的修建营运使生态景观如文物保护单位破碎化； 部分地面的固化对地下水补充的阻隔等

续表

影 响 类 型	影 响 方 式
短期影响	临时工程的占地、植被破坏、取土场和弃土场等造成的水土流失
长期影响	陆生动物生境被阻隔引起迁移进一步受阻,沿线生物和人类受交通噪声和振动污染引起栖息地的变迁等
累积影响	交通噪声、振动等对生物和人体健康的不利影响
明显影响	施工期占地、植被破坏引起的水土流失加大,营运期的绿化和植被恢复将改善生态环境条件
潜在影响	工程建设对沿线生态环境的有利和不利影响并存,如果及时采取恢复生态措施可改善沿线的生态环境,否则会恶化沿线的生态环境,也不利于铁路营运效益的发挥

由表 4-45 可知,该铁路项目对生态环境的主要不利影响由施工期和营运初期的占地、地表硬化、植被破坏和水土流失加重,生物和人类受交通噪声和振动污染等引起。其中施工期的影响主要是不利的、一次性的、明显的和局部的影响,许多是短期的;营运期的影响主要是长期的、累积的影响,以有利与不利、明显与潜在、局部与区域、可逆与不可逆影响并存为特点。

问题三 该建设项目施工期的土地利用和水土流失影响评价各包括哪些内容?

该铁路建设项目的生态环境影响评价主要内容包括:土地利用影响评价、生物多样性与生物量影响评价、水土流失影响评价,以及景观影响评价。其中土地利用和水土流失影响评价的具体内容如下。

(一)施工期间的土地利用影响评价

铁路沿线一定范围的评价区内,土地类型包括耕地、林地、园地、草地、水域、建设用地和交通用地等。这些占地区域内原有的各种土地利用类型将逐步消失,取而代之的是铁路的路面和施工场地等。

从项目概述可知,该工程陆地总占地面积约为 950.0 hm²,其中永久占地面积约为 580.0 hm²,临时占地面积约为 370.0 hm²。工程占地的土地类型包括耕地、林地、园地、草地、建设用地和交通用地等。其中:典型的临时用地包括 1 处取土场、21 处弃土场、1 处铺轨基地,以及材料厂、填料搅拌站、混凝土搅拌站和汽车运输便道等。车站、铁路及附属用地等均属于永久占地。

环评技术服务人员可以根据更详细的资料,开展该建设项目的土地利用影响评价工作,并采用列表方法进行汇总,具体如表 4-46 所示。

表 4-46 建设项目各工程占地面积及比例一览表

占 地 类 型	永 久 占 地		临 时 占 地		总 占 地	
	面积/hm²	比例/(%)	面积/hm²	比例/(%)	面积/hm²	比例/(%)
耕地						
林地						
园地						
草地						

占地类型	永久占地		临时占地		总占地	
	面积/hm²	比例/(%)	面积/hm²	比例/(%)	面积/hm²	比例/(%)
荒山						
建设用地						
交通用地						
水域和水利设施用地						
⋮						
总计						

从上述分析可知,在工程结束后将对临时占地采取生态恢复措施并复垦为耕地或林地,一般预计在施工结束后3~5年可基本恢复原有的土地利用类型。然而,高速铁路工程的永久占地将使评价范围内的土地利用现状发生改变,特别是部分农用地将转变为以铁路运输为主体的交通建筑用地,这将对沿线土地利用格局带来一定影响,如沿线农用耕地粮食总产量的减少。

(二)水土流失影响评价

拟建铁路两侧400 m范围水土流失现状调查,可以根据近期MODIS(中分辨率成像光谱仪)遥感影像资料,如美国Landsat 8 OLI TIRS影像资料,解译后综合叠加分析铁路沿线400 m范围内的土壤侵蚀强度,得到水土流失面积占土地面积的百分比,以及铁路沿线造成水土流失的主要因子或因素。

1. 引起水土流失的因素

公路、铁路或其他线状生态影响型建设项目,均不可避免地存在水土流失情况。其原因主要表现在自然因素和人为因素两个方面。自然因素是指项目区域可能存在的集中降雨,如梅雨季节的连续降雨和短时暴雨,其形成的地表径流地质营力冲刷作用,极易造成局部的水土流失。在植被覆盖率低或裸露地表地段更易发生严重的水土流失。人为因素是指铁路施工过程中的地表开挖、取土和弃土等作业,这些施工作业破坏了地表植被,导致原有表土与植被之间的平衡关系失调或形成新的土质不稳定坡面,使得表土层抗蚀能力减弱,在降雨和地表径流地质营力的冲刷作用下将引发水土流失。

2. 水土流失产生的单元

从项目概述可知,该高速铁路建设全线设置了1处取土场、21处弃土场、多处进场临时道路,以及一些低填方和高挖方地段等。对于取土场和弃土场,如果防洪沟和覆盖等防洪措施不完善,不仅会造成严重的水土流失,而且存在重大的不安全因素,极易在降雨时引起滑坡和泥石流等次生灾害。临时道路建设以及一些低填方和高挖方工程,将形成大面积人工开挖裸露面,边坡开挖会改变原地貌结构,使土壤结构松散、稳定性和安全系数降低,当遇到短时大雨或暴雨,或梅雨季节时,易发生崩塌而导致土壤流失。

3. 水土流失影响预测

根据水土流失产生单元可知,水土流失影响预测主要包括开挖造成的地表扰动面积及植被损毁面积的预测、取土量和弃土量的预测以及土壤流失量预测等。地表扰动面积包括主体工程扰动的地表面积、各种规模的临时工程扰动的地表面积等。植被损毁面积包括损毁的农耕地、草地、林地、荒草地和园地等的面积。取土量和弃土量的预测内容包括取土场和弃土场的地表面积及土方体积，低挖方和高填方的体积及涉及的地表面积。土壤流失量预测内容包括给出预测单元及预测时段，以及确定预测计算所需要的土壤侵蚀模数等。其中：预测单元主要是指路基工程区、站场工程区、桥梁工程区、改移工程区、取土场区、弃土（渣）场区、施工生产生活区和施工便道区等；预测时段是指施工期（含施工准备期）和自然恢复期；土壤侵蚀模数是指原地貌土壤侵蚀模数和施工扰动后土壤侵蚀模数。

4. 预测方法

一般根据建设项目所在区域的自然环境特点，采取实地调查法、图面量算法和类比分析法进行施工期间的水土流失量预测。预测计算公式分别如式（4-24）和式（4-25）所示。

（1）水土流失量预测计算公式：

$$W = \sum_{j=1}^{3} \sum_{i=1}^{n} F_{ji} \times M_{ji} \times T_{ji} \quad\quad (4\text{-}24)$$

（2）新增水土流失量计算公式：

$$\Delta W = \sum_{j=1}^{3} \sum_{i=1}^{n} F_{ji} \times \Delta M_{ji} \times T_{ji} \quad\quad (4\text{-}25)$$

式（4-24）和式（4-25）中：W 为扰动地表土壤流失量，t；ΔW 为扰动地表新增土壤流失量，t；i 为预测单元数，$i=1,2,3,\cdots,n$；j 为预测时段，$j=1,2,3$，分别代表施工准备期、施工期和自然恢复期；F_{ji} 为第 j 时段第 i 单元的水土流失预测面积，km^2；M_{ji} 为第 j 时段第 i 单元的土壤侵蚀模数，$t/(km^2 \cdot a)$；ΔM_{ji} 为第 j 时段第 i 单元的新增土壤侵蚀模数，$t/(km^2 \cdot a)$；T_{ji} 为第 j 时段第 i 单元的预测时间，a。

5. 土壤侵蚀模数确定方法

土壤侵蚀模数包括原地貌土壤侵蚀模数和施工扰动后土壤侵蚀模数，通常采用类比分析法进行确定。目前我国高速铁路网已经建成，不管是南方还是北方，或是低海拔和高海拔地区，都可以根据铁路建设工程所在的区域地理位置进行类比分析。该高速铁路沿线区域的自然环境特点与华北某建成区高速铁路工程的类似，可以采用类比分析的方法确定土壤侵蚀模数，具体可参照表4-47和表4-48所示的内容。

表4-47 华北某建成区高速铁路工程的施工扰动后土壤侵蚀模数表

水土流失预测单元	侵蚀模数背景值 /[t/(km² · a)]	施工期侵蚀模数 /[t/(km² · a)]	自然恢复期侵蚀模数/[t/(km² · a)]	
			第一年	第二年
站场工程	400	3300	2000	800
桥梁工程	400	3300	1950	650
取土场	400	3300	1050	650
弃土（渣）场	400	3200	1800	700
施工生产生活区	400	1500	950	650
施工便道	400	1500	950	650

表 4-48 是依据表 4-47 进行类比分析得到的该高速铁路建设项目的施工扰动后土壤侵蚀模数表。

表 4-48　该高速铁路建设项目的施工扰动后土壤侵蚀模数表

水土流失预测单元	侵蚀模数背景值 /[t/(km²·a)]	施工期侵蚀模数 /[t/(km²·a)]	自然恢复期侵蚀模数/[t/(km²·a)]	
			第一年	第二年
站场工程	400	3630	2200	880
桥梁工程	400	3630	2145	715
改移工程	400	1650	1045	715
取土场	400	3630	1155	715
弃土(渣)场	400	3520	1980	770
施工生产生活区	400	1650	1045	715
施工便道	400	1650	1045	715

6. 水土流失面积预测

通常采用查阅资料和图面量测、数据统计相结合的方法进行水土流失面积的预测。施工期水土流失面积是指各预测单元因施工扰动所涉及的地表面积;自然恢复期水土流失面积应在各预测单元扰动面积的基础上扣除地表的硬化面积和建筑物的占地面积。

问题四　如何开展该铁路建设项目的生物多样性与生物量影响评价?

1. 对生物的影响

(1) 对陆地植被的影响。

施工将破坏工程占地区域内原有植被的生长,尤其是为了防止施工引起的扬尘污染,有时需对临时用地进行土地表面固化。即使未进行地表固化,施工过程中大量的人流和车流对地表的反复踩压或碾压,将造成施工场地周围的植被破坏,甚至导致其消失。另外,由于工期较长,尘土降落到植物叶面上将引起植物叶片毛孔堵塞,不仅影响植物的光合作用,长期还会使得植物生长减缓甚至死亡。填料搅拌站、混凝土搅拌站使用的石灰和水泥等材料,若被雨水冲刷渗入地下,会导致土壤板结,影响植物根系对水分和矿物质的吸收,长期下去也可能使植物生长减缓甚至死亡。

施工期间的临时占地结束后,对于表面固化的地表,可以通过复垦的方法去掉固化层,重新种植植被。对于永久占地损失的植被,因为无法就地恢复,只能通过异地恢复补偿方法,在其他地方补充绿化区域,以减少永久占地造成的植被生态功能损失。

(2) 对陆生动物的影响。

施工期间,受影响的陆生动物主要为长期生活在施工区中的两栖类、爬行类、雉科鸟类、兽类等野生动物。临时施工道路建设,对动物的正常活动有阻隔作用,使野生动物的栖息地片段化,附近的陆生动物将会被迫离开这些区域,寻找新的生活环境,但不会对其生存造成实质性威胁。施工结束后,临时道路复垦,植被恢复,随着周围环境的逐渐恢复,动物生境片段化的影响也将逐渐下降。因此,从长期来看,该项目对陆生动物的影响基本可控。

（3）对水生生物的影响。

该高速铁路建设项目穿越5处生活饮用水水源保护区，为此需要开展桥梁工程建设。桥梁施工对水生浮游生物和底栖生物的主要影响，体现在桥墩施工过程对水体的扰动，尤其是桥梁桥基的开挖，不仅会对局部水体产生较大的扰动，而且还会造成水体浑浊，破坏浮游生物和底栖生物的生长环境。浮游生物和底栖生物会因水质变化而死亡。因此，施工对水生生物造成的影响是多方面的。另外，桥梁工程施工对水体的最直接影响是改变了跨越河流的水文条件，这种改变的规模越大，对河流水生生物的直接影响越严重。为此，铁路桥梁跨越工程在设计时，通常以不影响汇水区域内径流畅通和水文现状为基本原则，并充分考虑地表径流对桥梁过水断面的需求。只要在施工过程中采取了对应措施，就可以将施工对河流水生生物的影响降至最小。施工结束后这种扰动很小，水体水质将逐渐恢复到原来的水平，浮游生物和底栖生物可基本恢复到施工前的水平。因此，桥梁工程对水生浮游生物和底栖生物的影响将逐渐降低到最低程度，甚至可能消失。

桥梁施工期间除了对水生浮游生物和底栖生物产生影响外，还会对生活在水体中的鱼类产生影响。这些鱼类可能分别生活在水体的表层、中层或底层，因此施工可能在整个垂直剖面上对水体中鱼类的生活造成影响。

施工期对水质的破坏，饵料的减少将改变河流中鱼类的生存、生长和繁衍条件，鱼类将择水而栖，迁到其他地方。在水体中进行桥梁施工期间，施工设备引起的水体搅动和振动对鱼类有驱赶作用，将会使鱼类远离施工现场。同时，施工机械使河床底泥疏松扩散，将造成局部范围内水体浑浊，使某些鱼类的栖息地或生存空间受到影响，也会使鱼类远离施工现场。如果施工机械出现漏油情况，不仅会造成水体水质恶化，还可能使某些鱼类死亡。

鱼类受到影响会迁到其他地方，铁路建设对鱼类的影响只局限于施工区域，不会改变跨越河流的流量和水量。尽管短期水质因施工受到影响，但施工结束后水体水质将逐渐恢复到原来的水平。因此，桥梁跨越水域原有的鱼类资源及其生息环境，不会因桥梁施工有太大的变化，受影响水域的鱼类种类和数量也将随施工工程的结束而逐步得到恢复。

为了减小桥梁施工对水体浮游生物、底栖生物和鱼类生活产生的影响，以及施工方便，施工通常选在枯水期进行。如果因某些原因不能在枯水期施工，桥基施工应采用草袋围堰或钢围堰防护，以防止桥梁施工材料散落到水体中。因此，只要保护措施到位，桥梁施工对浮游生物、底栖生物和鱼类生活的影响是暂时的，将随着施工结束而结束。

2. 生物量的变化

生物量的计算已有许多参考方法，如林木类生物量采用材积源-生物量法计算，竹林、灌草丛生物量采用一次收割法实测，农业植被参考地方统计部门的数据。

整个工程建设的时间大约是4年，为此生物量的变化计算至少需要按照4年进行。生物量的变化涉及耕地、林地、园地、草地、建设用地和交通用地等陆地区域，如农耕地的青苗及其他区域的植被等。因此，该高速铁路项目除了永久占地生物量的损失外，临时占地的生物量也有一定的损失，植物生物量短时期内将大幅降低。具体进行生物量变化计算时，可以按照表4-49所示的内容进行统计分析。在确定评价范围内各种植被类型的平均生物量及面积后，可以计算出整个建设项目评价范围内的生物量总量。

表 4-49　建设项目评价范围内生物量损失统计一览表

项　　目	农田	人工林	果园	草地	荒山	合计
单位面积 生物量/(t/hm²)						
现状生物量/t						
占地面积/hm²						
损失生物量/t						
减少比例/(%)						

由项目概述可知,该高速铁路沿线占地范围内的植物物种均是当地常见的普通植物,因此,永久占地对铁路沿线植物多样性影响很小。施工后期,由于逐步采取绿化复垦措施,植物种类及数量均会有一定幅度的增加,因此该项目评价范围内的生物量将有所恢复。

问题五　如何开展该铁路建设项目的景观生态影响评价?

不管是线状还是面状建设工程,一旦开始施工建设,其评价范围内的土地利用格局将发生变化,从而导致区域内产生面积大小不一的斑块或各缀块优势度发生变化,进而使评价范围内的生态景观格局发生改变。例如该高速铁路项目新建的桥梁、涵道、车站等,均会对项目区景观环境产生较大影响。

1. 施工对地形地貌形态的影响

该高速铁路主要位处平原地带,因此施工过程不会改变区域内基本的地形地貌特征。铁路路基填筑长度相对较大,但填筑高度普遍不高,不会因此在区域内构成一个新的地理分界线而改变现有的地貌特征。沿线跨河桥梁(涵洞)的建设,在保证地表径流通畅和水文现状基本不变的情况下,不会改变现有地表径流汇水区域的基本格局。因此,该高速铁路建设不会对沿线地貌整体形态特征产生影响。

2. 工程填挖作业对景观环境的影响

工程填挖作业主要指路基填挖、桥梁基础开挖及废弃渣料堆置等。新建工程对景观环境的影响主要为对地表植被的破坏。此外,地表开挖使局部地形、地貌景观破碎化程度或斑块化程度加剧,进而使景观性质发生改变,景观异质性明显增强。

所有的铁路或公路修建均将产生一定数量的裸露边坡,对视觉景观产生一定的影响,并造成水土流失,该高速铁路建设也不例外。裸露的地表将与沿线的自然景观产生明显的视觉反差。如果在施工中随意扩大施工作业面、滥砍滥伐树木,则地表裸露段的视觉反差将会更大。

3. 临时工程对景观环境的影响

临时工程对景观环境的影响主要表现为生产生活过程中污染物排放对环境的污染,如道路施工扬尘和弃土场扬尘对空气的污染,生活垃圾随风飘扬,临时工棚和施工机械的排列等。这些临时性景观给人的印象常常是负面的,如弃土场将对景观产生重大影响,造成景观疤痕,视觉上常常不易被接受。当工程结束后,临时性用地一般会进行复垦利用,较短的时间内也能实现植被的恢复。因此,采取适当的措施保护临时工程用地的土壤性质,对于景观的恢复具有重要意义。

虽然施工期临时工程对景观的影响无法避免,但也是暂时的,随着施工结束,通过对所占土地的恢复及绿化美化等措施,可以基本消除影响。

4. 永久工程对景观环境的影响

(1)桥梁工程对视觉景观的影响。

目前的高速铁路或高速公路等线状工程,均会有一定数量的桥梁工程。该高速铁路项目将新建11座特大桥,项目完成后,桥梁是一种新的景观,其对视觉景观的影响主要表现为色调和桥形对视觉的影响,若色调阴沉、桥形杂乱无章,将对视觉造成巨大的冲击。

(2)隧道及涵道洞门对视觉景观的影响。

该高速铁路工程沿线,建设了一定数量的隧道或涵道及其他辅助配套设施,这些隧道或涵道的进出口施工将破坏洞口植被,影响植被发育。施工结束后即使做好植被恢复,也将使原有的景观斑块化,形成强烈的视觉反差。

(3)站场对视觉景观的影响。

该高速铁路项目将新建4座车站。这些车站不仅会改变土地利用现状,而且会对原有的地貌景观造成破坏。因此,新建车站的设计应充分考虑景观效应,力求给人一种良好的视觉景观。为此,可以尽可能扩大绿化景观面积,使站前广场沉浸在清新、纯朴的自然气息之中。

问题六　如何开展施工期的生态环境影响评价?其生态环境保护措施有哪些?

在现场调查的基础上,按照项目的工程组成,以及施工期间的各项活动内容,采用定性方法进行施工期的生态环境影响评价。

1. 生态环境影响分析

(1)土地资源影响特征分析。

工程永久占地将改变原有土地的使用功能,使原有的耕地、园林、林地、草地、住宅用地等转变为铁路用地,但通过采取在铁路路基边坡植树、种草等绿化措施,可以恢复部分功能。

临时占地在施工期将改变原有土地的使用功能,工程完工后通过植树、种草、土地复垦等措施将恢复部分功能。

(2)地表扰动及地形地貌影响特征分析。

施工期修筑路基、车站、桥梁等工程活动,将导致地表植被破坏、地表扰动,易诱发水土流失;取弃土场设置、施工场地平整、施工便道修筑等工程行为,会使土壤裸露、地表扰动、局部地貌改变、原稳定体失衡,易产生水蚀。

(3)主体工程生态影响特征分析。

①路基、站场。

工程占地主要为站场、路基和桥梁占地。站场、路基基床开挖、平整将改变、压埋或损坏原有植被和地形地貌,改变原有土地的使用功能,使征地范围内的表层土裸露或形成松散堆积体,失去原有植被的防冲、固土能力,损坏原地表抗冲刷能力。站场、路基涵洞等设置不当将阻隔沿线交通、影响农田灌溉,对区域生态环境产生阻隔作用。

②桥梁施工。

桥梁工程可能产生的环境影响是多方面的,包括对水文情势的影响、对水生生物的影响、对景观的影响、对水质的扰动等。

③临时工程。

铁路建设施工期将设置多点分散、种类繁杂的临时设施,主要有施工便道、混凝土搅拌站、施工营地、材料厂等。临时便道的修筑、辅助坑道的开挖,将扰动地表、破坏植被,造成取弃土占地;砂石料场会改变原地貌形态、破坏植被,加剧河床冲刷和淤积;混凝土搅拌站、施工营地、材料厂会占用大量土地、硬化压实地面,改变土地使用类型。

(4)生态系统影响特征分析。

工程实施前将对施工范围内的植被进行清理。工程占地以及施工产生的噪声、废水、扬尘、固体废物等将给沿线的各类生态系统带来一定的影响,并对植物、动物以及水生生物产生影响。

(5)景观影响特征分析。

施工期取弃土场、施工场地等会对周围景观产生影响。营运期路基、桥梁、车站等构筑物将影响当地的景观构成。

2. 施工期生态环境保护措施

路基工程和桥梁工程的生态环境保护措施主要包括主体跨河防护工程、路基边坡植草、路基两侧种植防护林和桥下绿化等。

对于大型临时工程(包括铺轨基地、制存梁场、轨枕预制场、材料厂、混凝土搅拌站、填料搅拌站等),采取临时防护措施,如临时覆盖、临时拦挡等。

对于取土场区,需要做好水土流失防治。施工前采取表土剥离并定点堆放,做好临时覆盖、临时拦挡等防护;施工过程中做好临时截排水;施工后期进行表土回覆、整地工程,并采取复耕、撒播植草、植树造林等植被恢复措施。

思考题:雷神山医院或火神山医院建设的环境影响预测与评价

火神山、雷神山应急医院分别位于武汉市蔡甸区的武汉职工疗养院、武汉市江夏区的第七届世界军人运动会运动员村 3 号停车场内,是为集中收治新型冠状病毒肺炎(COVID-19)患者而设立的传染病应急医院。火神山应急医院建筑面积为 3.39 万 m^2,设计床位 1000 张,日平均污水量约 800 m^3,峰值流量约为 67 m^3/h;雷神山应急医院建筑面积为 7.99 万 m^2,设计床位 1600 张,日平均污水量约 1200 m^3,峰值流量约为 100 m^3/h。

医院的固体废物和污水主要来自住院部、门诊室、实(化)验室、食堂、浴室、卫生间、试剂室、洗衣房以及宿舍区等场所排放。其中:污水浓度低,水质与一般生活污水类似,但还含有各种药物、消毒剂、解剖遗弃物等污染物,以及大量传染性病菌、病毒和寄生虫,成分较为复杂;固体废物则包括医务人员的防护用品、住院患者的医用品和排泄物等。根据国家环境保护法及相关法律法规,固体废物必须进行无害化处理、废水必须经处理达标后排放。为了防止传染性病菌的传播,火神山与雷神山应急医院均建设有专门的污染物净化设备。

请回答以下问题:

问题一 该建设项目营运期间的环境影响评价重点是什么?

问题二 如何开展该项目的环境风险评价?

问题三 为了防止传染性病菌的传播,火神山与雷神山应急医院应该建设哪些专门的污染物净化设备?为什么?

问题四 各类型的污染物净化设备应该采用何种净化工艺,才能实现达标排放?

第五章 战略环境评价方法与实践

第一节 战略环境评价概述

一、战略环境评价实施的意义

战略环境评价具有综合性、正式性、层次性的特点,不仅是对规划或建设项目环境影响评价的有效补充,也是转变经济发展方式的必然要求,更是实现政府科学决策、民主决策的重要保障。因此,实施战略环境评价具有重要意义。

1. 有利于从战略决策的源头控制环境污染和生态环境损害

战略环境评价是在战略决策层面开展的环境影响评价,由于比项目环境影响评价提前介入,因此项目环境影响评价所考量的因素在战略环境评价阶段通常进行了充分论证,而且这种论证是在宏观决策高度上进行的,能够把未来可能出现的环境污染和生态环境损害在战略决策阶段就加以预防和控制。

2. 有助于实现社会和经济的可持续发展

1997 年联合国政策协调和发展司起草的《综合决策:联合国环境与发展大会以来的成就概述》指出"战略环境评价通过充分考虑环境效益和成本,特别有助于将可持续发展的原则和责任引入经济决策之中",并认为战略环境评价是目前国际社会为了实现可持续发展,运用最为广泛的决策工具。因为战略环境评价是在宏观战略拟定阶段,通过全面评价、分析、预测不利的环境影响,使决策者选择最佳方案。在这个过程中,环境因素将与社会、经济因素一起得到同等程度的考量,并在决策结果中得到体现。

3. 有助于公众参与政府的环境决策

战略环境评价是在政策、规划和计划等战略决策的早期制定阶段,对实施该政策、规划和计划等战略决策及其替代方案可能带来的环境影响进行考量。它要求各国政府在政策、规划和计划等战略决策的起草、拟定、制定与执行等不同阶段,积极履行向公众公布相关环境信息的义务,并组织一系列的问卷调查、听证会等,认真听取公众对于相关政策、规划和计划等战略决策实施可能带来的环境影响的意见和建议,而且将公众意见作为能够影响该项政策、规划和计划等战略决策能否通过审查的一个重要因素加以考量,使公众真正参与到政府的环境决策中去。

二、战略环境评价类型

开展战略环境评价的形式很多,可以从不同的角度,依据不同的标准,将战略环境评价划分为不同类型。

1. 按介入时间的早晚划分

(1) 预测性战略环境评价。

预测性战略环境评价发生在战略决策制定阶段,是结合战略决策方案的可行性分析和方案优选进行的,是对战略决策及其替代方案的环境影响进行预测和评价。评价结论作为战略决策方案可行性分析及优选的主要内容和环境依据,最终体现在战略决策目标的确定和战略决策方案的设计方面。预测性战略环境评价的目的在于尽可能消除或降低因战略决策内容、战略决策目标、战略决策方案及战略决策措施制定的缺陷而造成的环境影响,并对战略决策内容引发的不可避免的环境影响提出相应的减缓和补救措施。

(2) 监控性战略环境评价。

监控性战略环境评价是在战略决策实施阶段对战略决策组织、战略决策执行的环境影响进行监测与评价,并将评价结论通过决策者反馈到战略决策调整上。由于战略决策问题及社会-经济-环境系统的复杂性,由战略决策实施引发的许多环境问题在战略决策制定阶段很难预计。这些问题不解决,即使是一些小问题,也可能通过系统放大作用影响全局。因此,监控性战略环境评价的主要功能在于监测战略环境影响,并将其及时准确地反馈给决策者,以便于采取针对性措施直至进行战略决策调整,以保证战略决策的执行不偏离战略决策所指定的环境约束目标。

(3) 回顾性战略环境评价。

回顾性战略环境评价类似于建设项目的环境影响后评价,是对战略决策实施完成后处于调整中的战略决策进行的,主要任务是评价战略决策执行后已经产生的环境影响。其结论是战略环境价值的最终反映,对于战略决策过程及战略决策系统的改进具有重要作用,同时也是检验和改进预测性战略环境评价与监控性战略环境评价理论与方法的重要依据。

2. 按评价对象的内容划分

(1) 区域战略环境评价。

评价对象主要是区域、城市、乡村和开发区等。

(2) 部门战略环境评价。

评价对象包括废物处置、供水、农业、林业、矿业开采、能源开发、娱乐设施、交通以及工业建筑等。

(3) "间接"战略环境评价。

评价对象主要是科学与技术政策、财政政策和法律规定等。

3. 按评价层次的顺序划分

(1) 递增型战略环境评价。

递增型战略环境评价是一种自下而上的体系,是对现有项目环境评价体系进行扩展,通过对相对低一级的区域或部门的开发计划或规划,甚至大型建设项目进行环境评价,为相关领域的政策制定提出意见和建议。

(2) 遵循型战略环境评价。

遵循型战略环境评价是一种自上而下的体系,评价从高一级政策建议开始,并为后续的相关计划和规划等的制定和评价设置框架,目的在于通过把可持续发展作为每一个政策、规划和计划等战略决策的中心目标而实现社会和经济的可持续发展。

三、战略环境评价的特点

战略环境评价通过对战略性决策引发的社会经济活动而产生的环境影响进行分析、预测和评价,提出相应的环境保护对策或替代方案,从战略决策源头上避免因决策失误带来的环境影响。因此,战略环境评价具有以下特征:

1. 高层次性

战略环境评价的评价对象是政策、计划和规划等战略决策,在决策层次上高于规划或建设项目的环境影响评价。评价对象的战略性决定了战略环境评价的高层次性。

2. 综合性

战略是为实现系统的长远目标所选择的发展方向、所确定的行动方针,以及资源分配方案的总纲。相对应的战略环境评价也是对具有方向性和总纲性的战略决策进行的环境影响评价,其评价对象、评价内容、评价方法等均具有综合性。这种综合性特征如表5-1所示。

表5-1 战略环境评价的综合性特征一览表

项 目	内 容
评价对象	主要包括各种社会经济发展的政策、计划和规划
评价范围	时间和空间范围相对长而广
评价内容	除评价战略决策所引发的环境因子的改变及其环境效应外,也要考虑间接环境影响和累积环境影响
评价标准	不仅要考虑已颁布的国家环境标准和地方环境标准,更重要的是要考虑可持续性和环境承载力方面的要求
评价方法	定量分析和定性分析相结合,方法多样化
评价人员	涉及多学科交叉领域,评价单位和人员要具备丰富的经验和专业技能
评价结论	提出的战略决策往往是通过对多目标、多方案的综合比较而筛选出来的最优方案
评价审查	一般不仅由环境保护行政主管部门审查,还应对战略环境评价进行多部门、多学科的审查,以确保其公平性、合理性和科学性

3. 区域性

环境问题一般具有地域差异性特征,政策、计划和规划等战略决策实施所带来的环境影响也将在一定范围内产生。因此,战略环境评价的对象也必然会落在某一特定的空间范围之内,其评价要素、评价因子及评价标准和指标值等也需要根据地域特点进行科学选取。

4. 不确定性

与规划或建设项目的环境影响评价相比,战略环境评价的不确定性要明显得多,具体体现在:质的不确定性,如影响性质、影响类型和影响因素的不确定性;量的不确定性,如影响程度、时空变化规律、发生概率等的不确定性。

四、战略环境评价与项目环境影响评价间的关系

战略环境评价与项目环境影响评价(简称项目环评)是处于不同层面的环境评价,是针对行动计划不同阶段的环境影响分析手段。二者之间既有区别又有联系。

1. 相互联系

战略环境评价与项目环评之间相互联系、相互补充、相互完善、不可分割、不可替代。两者间的联系主要体现如下:

(1) 实现可持续发展是两者的共同目标。开展战略环境评价和项目环评的直接目的都是实现可持续发展。

(2) 战略环境评价在一定程度上可被视为项目环评在战略层次上的应用。战略环境评价不是简单地将项目环评的方法直接从项目层次移植到战略层次上,而是将项目环评的原则应用到战略层次上。

(3) 战略环境评价为相关的项目环评提供了基本依据和框架,指导相关项目环评;而相关项目环评则为战略环境评价提供了具体信息和内容,是对战略环境评价的具体化和补充,因而能够促进战略环境评价的深化和完善。由于战略环境评价是在项目环评的基础上发展起来的,因此,战略环境评价不能脱离项目环评,它能够使项目环评的理论、技术方法、经验、管理制度以及实施程序等得到进一步提升。

2. 差异性

(1) 评价的时空范围不同。

在空间尺度上,项目环评是对某一具体的范围进行的评价,而战略环境评价的对象往往空间尺度更大,具有区域、流域或海域的特点,其范围可以是一个国家,甚至是全球,如应对全球气候变化方面的政策、计划或规划。在时间尺度上,项目环评只是针对项目实施后可能对环境造成的影响开展评价,战略环境评价则是针对早期的或者长期的环境影响进行评价。

在实际实施过程中,战略环境评价是先于项目环评进行的,它从政策、规划、计划、决策中考虑可能造成的环境影响,为具体项目环评提供基本依据和指导,而项目环评则以相应的战略环境评价为前提。战略环境评价完成后,当相应的政策、规划、计划开始实施时,就需要开展具体项目的环境影响评价。

(2) 评价的对象不同。

项目环评主要考虑规划或建设项目实施后对环境的影响,它强调的是一个具体项目的开发活动。战略环境评价是针对政策、规划、计划方面的评价,着重于强调前一种活动对后一种活动的影响,主要针对开发的范围、区域和部门,例如政策对规划、计划的影响或规划、计划对具体项目的影响。

(3) 评价的内容不同。

项目环评是针对具体项目实施后产生的直接、间接或累积环境影响进行定性、定量的预测评价,并提出减轻或防治环境污染的措施和建议,但是无法对预测值所具有的社会经济含义进行解释、分析和说明。战略环境评价着重于战略的社会、经济、环境三者的效益,其最大特点是考察自然-经济-社会复合生态系统,考虑经济和社会评价,考虑累加的、间接的、诱导的效应,把环境污染问题与社会经济有机地结合起来,客观地评定和衡量发展战略的社会经济价值及

其对环境造成的损失,以实现社会经济效益和环境效益最大化。因此,从根本上讲战略环境评价是对可持续发展的评价。

(4)评价过程中考虑问题的角度、思路、工作方法不同。

项目环评考虑的是项目实施后可能造成的环境影响,战略环境评价考虑的是决策可能引起环境影响的因素。在评价程序上,战略环境评价比项目环评更早介入,因此具有更大的不确定性,其要求的资料更多、信息更广、跨越的时间更长。在方法应用上,项目环评采取法定的方法进行评价,而战略环境评价采用的方法多为模糊的逻辑方法,如灰色系统理论模型和层次分析方法等。项目环评的工作思想是以预防为主,落实到针对项目产生的不良影响采取防治措施,而战略环境评价的工作思想是从源头控制,落实到可持续发展的整个过程中。

(5)评价结论不同。

项目环评给出的结论明确,即从环境保护的角度上认定某项目是可行的还是不可行的;战略环境评价的结论更多的是定性地给出在发展中应该考虑的各个方面的问题,它的涉及面比较广泛,不太注重细节,主要提供一些观点和框架,给出一些定性的、宏观的指导结论。因此,项目环评只能对具体项目进行认可或否决,不能改变实施战略,也不能指导计划朝着有利于环境恢复能力或远离敏感区的方向发展。然而,战略环境评价则能够客观地评定和衡量发展战略的社会经济价值及其对环境造成的损失,以实现社会经济效益和环境效益的最大化。

第二节　战略环境评价的基本内容和方法

一、战略环境评价的基本内容

1. 战略环境评价的基本原则

战略环境评价是通过对某些政策、计划和规划等战略实施后可能引起的环境影响进行评价,并将评价结果回用于这些战略的综合决策,从而提高决策质量,体现预防性原则,促进更有效的环境保护。因此,开展战略环境评价通常应考虑以下原则:

(1)全过程考虑原则。

战略环境评价应充分纳入战略的制定和决策的全过程,包括战略的提出、修改、协商、批准、制定以及发布实施后的跟踪评估等。

(2)早期介入原则。

由于政策、计划和规划等战略决策本身具有不确定性和模糊性,因此战略制定过程总是存在多个不确定的决策时刻,这使得确定开展战略环境评价的时间比较困难。然而,战略环境评价既然是战略制定和决策过程中不可分割的一部分,一旦确定了政策、计划和规划的初步框架,就可以让战略环境评价工作介入,即应尽可能在战略制定的早期阶段进行战略环境评价。

(3)替代性方案原则。

由于战略环境评价的高层次性以及战略的可选择性,替代方案与政策、计划和规划一样,也常常成为战略环境评价的对象。替代方案不仅是规划项目环境影响评价的核心内容,也应该是战略环境评价内容的一部分。它应该贯穿战略环境评价整个过程,即从政策、计划和规划的制定到最终决策的各个阶段。

（4）反馈机制原则。

战略环境评价具有的涉及面广、信息量大、不确定因素多等特点，决定了战略环境评价必然有多个部门的参与，同时评价结果应该及时反馈到政策、计划和规划的制定过程中。因此，在战略环境评价中各部门间应该密切联系，开展合作和交流，以保证战略环境评价的顺利实施，并及时将评价结果反馈到战略决策职能机构。

（5）公众参与原则。

按照《中华人民共和国环境影响评价法》的相关规定，在开展战略环境评价过程中，也应该征求有关单位、部门、专家和公众的意见，通过举行座谈会、论证会、听证会，或者采取其他形式，听取有关单位、部门、专家和公众对政策、计划和规划草案的意见，并反馈到政策、计划和规划拟订部门。对于采纳或者不采纳的情况，应当分别做出说明。

2. 战略环境评价的基本内容

《中华人民共和国环境影响评价法》第六条对环境影响评价的科学研究问题做了规定，即国家鼓励和支持对环境影响评价的方法、技术规范进行科学研究，建立必要的环境影响评价信息共享制度。因此，与规划和建设项目的环境影响评价一样，战略环境评价的内容既包括评价方法、技术规范方面的科学研究，也包括对具体的政策、计划和规划等战略决策开展环境影响评价工作。其中针对具体的政策、计划和规划等战略决策开展环境影响评价工作的内容如下：

（1）确定政策、计划和规划的目标。

进行战略环境评价时首先要确定政策、计划和规划的目标和对象。基本目标通常涵盖经济、社会和环境三个方面，并逐步细化成具体目标。例如，能源政策的基本目标是"用最小的经济和环境成本去满足某区域的能源需求"。基于这个基本目标，可提出具体目标，例如减少化石能源的消费，提高使用太阳能和风能等清洁能源的比例，以减少二氧化硫、氮氧化物和颗粒物的排放，从而达到保护自然和社会环境的目的。所以战略环境评价的具体目标包括近期目标和中长期目标。

（2）识别替代方案。

战略环境评价的具体目标确定后，需要识别可供选择的政策、计划和规划。通过确认和对比可选的政策、计划和规划，决策制定者能够确定最佳的政策、计划和规划方案，即成本最低、可持续性效益最大的方案。

设计替代方案通常可采取下述方法：

①零方案或继续当前的趋势；

②减少需求，例如在满足需求的情况下，通过定量供应降低需求；

③选择不同的地点进行项目建设；

④提供能完成相同目标的不同类型方法，例如利用再生能源；

⑤财政方式，例如征收环境税、进入低排区税等；

⑥不同形式的管理方法，例如通过再循环或焚烧进行废物处理。

（3）分析政策、计划和规划。

在识别替代方案的同时，还要对所评价的政策、计划和规划进行分析，包括解读政策、计划和规划的内涵，期望实施后取得的结果等。通常，采用文字说明和图表来描述政策、计划和规划，包括：

①不同时期政策、计划和规划的实施活动构想；

②列出实施步骤清单；

③列出战略决策实施计划时间表；

④用地图展示政策、计划和规划实施的未来前景。

（4）划定范围。

不同层次的政策、计划和规划，可能造成不同类型的环境影响，因此，划定范围的目的是确认可能会影响战略决策制定的主要环境问题。常采用的方法包括核查表法、矩阵法、类比法、文献调查、叠图法、公众咨询和专家判断等。这些方法在项目环评中已被广泛采用，也可以运用到战略环境评价中。

（5）建立评价指标体系。

指标体系是用来度量环境发展趋势的工具。环境指标体系通常包括环境现状指标、影响或压力指标、行动指标等。在选择战略环境评价的指标体系时，应根据政策、计划和规划的具体情况，综合考虑政策、计划和规划对社会、经济和环境所造成的影响。所选的指标体系既要有针对性，又要全面。

（6）预测与评价环境影响。

在战略环境评价中，主要任务是对政策、计划和规划等战略决策实施过程中可能产生的环境影响进行预测。环境影响预测既包括预测政策、计划和规划的影响类型，又包括预测其影响大小。

（7）提出减缓措施。

战略环境评价要求针对所选方案造成的负面环境影响提出减缓措施。减缓措施通常包括避免、减少、弥补或补偿措施等。可以用于政策、计划和规划的减缓措施包括：

①避开环境敏感区；

②为较低层次的政策、计划和规划以及项目的环境影响评价制定评价框架；

③制定执行政策、计划和规划的管理计划；

④重新划定敏感的/稀有的野生动物栖息地。

（8）实时反馈对政策、计划和规划的评价结果。

政策、计划和规划在实施过程中，通常受到诸多方面的影响，包括外部大环境和区域内环境的影响。为此，需要实时对政策、计划和规划实施过程的情况进行汇总反馈。其目的包括检验政策、计划和规划是否完成了它的最初所设目标，所造成的环境负面影响是否得到弥补等。因此，实时反馈评价结果能保证在战略环境评价中提出的减缓措施得以实行，并为未来的战略环境评价提供有用的信息。

二、战略环境评价工作的基本框架

由于各国依据国情制定的政策、计划和规划等战略决策的内涵和程序有所不同，战略环境评价在各国开展的内容和基本程序也存在差异。尽管如此，但由于其评价的目的类似，因而仍存在着一个国际性的普遍评价框架。这个评价框架主要包括划分层次、筛选、划定范围、预测与评估、编写报告、评审与决策、跟踪评价。

1. 划分层次

划分层次是比传统的规划或建设项目的环境影响评价过程多出的一个阶段。由于战略环境评价是在政策、计划和规划的不同决策层次上开展评价,若决策层次不同,则其评价目标和内容也将相应发生变化,如涉及的相关政策、法规、标准也可能不同。因此,对拟开展评价的政策、计划和规划进行层次分析和正确定位,是完成战略环境评价的前提。

2. 筛选

战略环境评价的筛选是指根据政策、计划和规划的性质、层次和范围,确定它们是否需要进行战略环境评价;如果需要进行战略环境评价,那么还须确定该战略环境评价开展的深度。可以采用一些评价方法或技术(如核查表法),或者基于某些标准(如通过管理职责、影响的大小等标准)要求,对拟议的政策、计划和规划进行筛选。地区层次、区域层次和国家层次的政策、计划和规划的规模和影响不一样,从层次分析结果可以看出,层次越低越容易开展战略环境评价。同时,即使是同一层次的政策、计划和规划,由于其涉及的领域不同,也会有不同的环境影响。因此,在进行战略环境评价时,应该根据其影响的深度进行适当的筛选。

3. 划定范围

层次分析可以初步给出战略环境评价的范围,但不能指出战略环境评价的内容和评价工作的深度。因此,有效地划定评价范围,可以适当缩短评价时间,并将评价集中于与决策相关的问题上。

4. 环境影响预测与评估

与规划和建设项目的环境影响评价一样,战略环境评价中的影响预测与评估也是整个评价过程的核心环节,其工作内容包括预测各方案的环境影响,识别显著的环境影响,与环境目标做比较分析、提出相应的建议,并反馈到政策、计划和规划的修订与完善中。

5. 编写报告

在完成上述工作后,需要将评价成果汇总,形成战略环境评价报告。评价报告主要包括下述几个方面的内容:

(1) 政策、计划和规划的目标和替代方案(包括识别政策、计划和规划实施过程所涉及的各项活动及其对环境的影响);

(2) 确定战略环境评价工作所涉及的研究区域或范围;

(3) 描述评价范围的环境现状特征及实施政策、计划和规划后可能存在的环境影响;

(4) 对几种替代方案的比较内容;

(5) 依据评价结果,给出减缓环境影响的措施及建议;

(6) 与规划项目的环境影响评价一样,开展跟踪评价工作。

此外,与项目的环境影响评价报告一样,在战略环境评价报告中,也需要给出公众建议采纳或不采纳的说明。

6. 评审与决策

评审与决策是指组织相关专家对战略环境评价结论提出评审报告,然后基于这个报告,由有关主管部门批准原有的政策、计划和规划,或批准修改后的政策、计划和规划,或否决政策、计划和规划。

7. 跟踪评价

跟踪评价的主要内容与规划项目的环境影响评价中跟踪评价的内容类似,主要是评估政策、计划和规划实施后的实际环境影响,考察战略环境评价中提出的建议和措施的实施情况,并及时提出改进措施,同时将结果反馈到政策、计划和规划的实施过程。

三、战略环境评价的工作程序

基于战略环境评价工作的基本框架,归纳总结得到战略环境评价的工作程序或工作步骤。其总体工作程序可以分为三个过程八个阶段。第一过程是筛选界定(初步环境审查),包括筛选和界定范围两个阶段;第二过程是战略环境评价,分别是提出方案阶段、实施评价阶段、方案比选和环境影响评价文件编制阶段、政府审批阶段;第三过程是跟踪评价反馈,包括跟踪监测与执行反馈两个阶段。政策环境影响评价包括上述三个过程,规划环境影响评价包括上述后两个过程。

1. 筛选界定过程

筛选界定过程包括拟备项目(战略)计划书、筛选分类和界定范围。根据对环境影响的程度,可以分为以下四类:

类别 A:战略存在潜在的重大环境影响,需要确认重大的影响;

类别 B:战略被认为有一些不良环境影响,但影响程度及重要性较类别 A 战略的少,需要对政策、计划和规划等战略决策开展初步环境审查和战略环境影响评估,但其内容可以比类别 A 的简化。

类别 C:战略不大可能有不良环境影响,不需要进行环境影响评估,通过初步环境审查就能说明所涉及的环境问题。

类别 D:战略没有不良环境影响,不需要进行环境影响评估以及初步环境审查。

此过程中筛选、界定范围所涉及的技术方法,可以参考《开发行为应实施环境影响评价评价细目及范围认定标准》中的有关规定。

2. 战略环境评价过程

该过程包括编制评价工作方案、收集资料、优化替代方案、分析环境影响、提出减缓措施、编写环境影响评价报告、质量控制、决策审批等内容。

(1)编制评价工作方案。

在开展战略环境评价工作之前,通常需要编制一份战略环境评价实施方案或大纲,包括章节内容、重点内容、技术路线、工作程序、进度安排,以及拟提交成果等事项。大纲编写完成后,技术服务单位可以根据委托单位要求,召开专家组论证会等对评价工作大纲进行审阅修订,大纲通过之后即可进入评价阶段。

(2)收集资料。

依据政策、计划和规划所涉及的区域范围,收集相关的自然环境和社会环境方面的已有资料,为战略环境评价中的环境现状评价提供基础资料。

(3)优化替代方案。

政策、计划和规划等战略决策在实施过程中涉及一些替代方案。这些方案所涉及的环境问题与界别,是对政策、计划和规划等战略决策进行战略环境评价的核心内容。为此,有必要对替代方案进行优化。

在整个环境评价过程中,应该对各个替代方案进行深度分析,在此基础上再进行方案比选,并对方案进行排序,选出符合环境目标的推荐方案。基于评价结果,改良方案并发展替代方案。推荐方案应该既符合战略目标,又符合环境目标。

(4) 分析环境影响。

政策、计划和规划等战略决策与其对环境的影响之间的关系通常是非线性的,并在时间或空间上具有较大的不确定性。环境影响分析涉及政策、计划和规划等在实施过程中各项活动对环境影响的识别,以及环境影响预测等内容。这部分内容是战略环境评价中的重点内容。环境影响分析一般可以采用列表清单法、类比分析法、矩阵法、网络法、系统模型和系统图示法、叠图法、灰色系统关联分析法、压力-状态-响应分析法、敏感性分析法等。

(5) 提出减缓措施。

依据评价结果,提出减缓政策、计划和规划等战略决策实施过程中的环境影响程度的工程措施。

(6) 编写环境影响评价报告。

根据评价结果,编写环境影响评价报告文件。文件内容包括现状评价、环境影响预测与评价、优化后的替代方案、公众意见和专家建议等。

(7) 质量控制。

编制的战略环境评价报告文件需要上报相关机构进行审查,以确保评价报告文件的质量,以及其中信息的有效性、真实性和适用性等。审查程序可以是正规的或非正规的,内部的或外部的。审查由负责部门、环境机关或独立单位进行。质量控制过程可以从定点检查至全面质量审计,通常从环境评价工作开始阶段实施。

(8) 决策审批。

政策、计划和规划等战略决策可被批准、拒绝或修订。决策机构在决策时有责任或义务考虑战略环境评价的结果,包括公众及专家意见。审批机关应当将环境影响评价文件结论,以及审查意见作为决策的重要依据,在审批中未采纳环境影响评价文件结论及审查意见的,应当逐项就不予采纳的理由做出书面说明,并存档备查,同时通报环境保护行政主管部门。

3. 跟踪评价反馈过程

该过程所涉及的内容及方法与规划的环境影响评价类似,包括监测、跟踪、绩效评价,以及将跟踪评价结果及时反馈给政策、计划和规划等战略决策的制定机构及决策发布实施机构等。

(1) 监测与跟踪。

政策、计划和规划等战略决策实施后,需要按照战略环境评价报告中提出的方法,对实施过程中的环境影响进行监测与跟踪评价,以判断政策、计划和规划等战略决策中给出的目标能否达成。

(2) 绩效评价与信息反馈。

发挥监测与跟踪评价的作用,将监测与跟踪评价中发现的各种情况反馈给政策、计划和规划等战略决策的制定机构及决策发布实施机构,以便针对具体情况及时对政策、计划和规划等战略决策中的某些内容进行完善或修订。

四、战略环境评价不同阶段的基本工作方法

战略环境评价中的环境承载力和可持续性发展分析是环境评价的最基本内容,而政策、计

划和规划等战略决策实施后引起的累积、二次和间接环境影响则是其预测和评价的重点。此外,还要注意短期和长期、可逆和不可逆环境影响的识别及其相互间的区别。

环境承载力和可持续性发展分析所采用的方法,可以参考规划或建设项目环境影响评价中所使用的基本方法。对于环境影响预测与评价,则不需要像规划或建设项目环境影响评价那样采用相关技术导则中的方法,主要是使用能够提供大面积地区信息的技术,包括遥感影像、地理信息系统及其制图技术、层次分析和灰色系统理论技术、事故和不确定性分析,以及与其他关联机构间的紧密磋商。其中,遥感影像、地理信息系统及其制图技术在战略环境评价建模和环境影响预测方面有其独特之处,因为政策、计划和规划等战略决策本身具有区域性特点。

政策、计划和规划等战略决策的实施,对环境影响重要性的评价可采用列表、衡量和筛选程序、覆盖方法、资源的流动、损害和耗竭分析、景观评价技术及同环境机构磋商等方法。替代方案的评价方法包括直观评价(在专家讨论基础上的评价)、费用-效益分析、目标矩阵分析和其他矩阵分析(如在水平轴上表示出各种替代方案、在垂直轴上列出有效的环境成分,并在相应的矩阵元内注明与每个环境成分相关的替代方案的重要性和等级)等。表5-2列出了战略环境评价主要工作阶段的基本方法。

表 5-2　战略环境评价主要工作阶段的评价方法一览表

战略环境评价的基本阶段	可选用的方法
战略环境评价筛选	定义法、列表清单法、阈值法、敏感性分析法、类比分析法、专家咨询法、矩阵法、网络法、系统模型和系统图示法等
现状调查与评价	资料收集、现场踏勘、环境监测、生态调查、问卷调查、调研座谈、专家咨询、指数评价、类比分析、叠图分析、生态学分析、灰色系统分析等
战略环境影响识别	列表清单法、类比分析法、专家咨询法、矩阵法、网络法、系统模型和系统图示法、叠图法、灰色系统关联分析法、层次分析法、压力-状态-响应分析法等
战略环境影响预测与评价	定性或定量预测方法、类比分析法、投入产出分析法、系统动力学模型、灰色系统理论法、模糊数学法、人工神经网络法、定性到定量的综合集成等
战略环境影响综合评价	列表清单法、专家咨询法、矩阵法、叠图法、灰色系统关联分析法、层次分析法、系统动力学模型、模糊数学法、人工神经网络法、费用-效益分析法、可持续发展能力评估、环境承载力分析、定性到定量的综合集成、逼近理想状态法等
累积环境影响评价	列表清单法、专家咨询法、矩阵法、网络法、系统模型和系统图示法、叠图法、系统动力学模型、地理信息系统、数学模型法、环境承载力分析等
公众参与	会议讨论、咨询、问卷调查

五、战略环境评价机制

战略环境评价机制包括审查机制、执行机制、公众参与机制和保障机制。具体如下:

1. 审查机制

战略环境评价实行分类审查、分级管理。对内容简单的战略决策,可将战略环境评价内容和项目环境影响评价内容结合起来统一编制。对于内容复杂的战略决策,战略环境评价应重点关注实施后的生态环境影响、累积影响、替代方案、环境风险和跟踪评价等内容,将具体的环境保护措施置于项目环境影响评价中。

对于不需要出具行政审查意见的战略环境评价,主要进行技术审查。技术审查由环境技术审查机构负责,主要参考审查机构和专家的意见,形式有专家技术评审会、专家函审等,必要时可组织参会人员进行现场踏勘。对于需要出具行政审查意见的战略环境评价,需要同时进行技术审查和行政审查。

2. 执行机制

(1)建立有效的部门监督管理机制。

环境保护行政主管部门每年年底将本年应进行环境评价的战略决策名称以及战略环境评价的完成情况反馈给全国人大常委会。对于未按要求完成战略环境评价的战略决策,在来年全国人大会议上公布战略决策名称及其制定部门,并减少其来年申报战略决策的数量。

(2)建立战略环境评价和项目环境影响评价的联动机制。

对未列入战略决策或战略决策未经环境影响评价的项目,原则上不受理其环境影响评价报告;对于未按要求开展战略环境评价的区域或行业,原则上暂缓受理该区域的项目环境影响评价报告;对已开展战略环境评价,且包含在战略决策内的建设项目的环境影响评价工作,可以依法在审批程序上和内容上予以简化。

(3)建立有效的环境评价单位监管机制。

实施战略环境评价报告编制单位推荐名单制度,定期对战略环境评价报告编制单位进行考核。年度考核未通过的评价报告编制单位,环境保护行政主管部门可对其进行暂停战略环境评价业务、限期整改、剔除出推荐名单等处罚。战略环境评价文件中存在弄虚作假行为的,对其编制单位从重处罚。

3. 公众参与机制

公众是指所有直接或间接受政策、计划和规划等战略决策实施影响,但不直接参与战略决策方案的制定、审批等环节的利益相关方,包括受战略决策实施直接或间接影响的单位和个人、有关专家、战略决策实施参与部门、关注该项战略决策与实施的单位和个人,重点包括战略决策实施所在地的人大代表和政协委员。

公众参与中征求公众意见的方式包括问卷调查、座谈会、专家咨询会、论证会、听证会等。其中,对于受战略决策直接影响的单位和个人,由于数量与范围较广,应通过科学抽样方法,采用问卷调查方式,获得此类公众对战略环境评价的总体意见。对于战略决策实施的参与单位、关注战略决策的其他单位和个人、有关专家等公众类型,因其对战略决策及其环境影响评价技术内容的理解能力较强,且数量有限,可采用座谈会、论证会等公众参与方式。

4. 保障机制

由环境保护行政主管部门负责编制战略环境影响评价报告编制程序指导文件,并会同战略决策倡议部门共同制定评价技术方法,同时邀请全国人大环境与资源保护委员会制定筛选分类、监督执行指导文件。建立执行部门分工机制和执行联动促进机制,以确保战略环境评价工作的顺利开展。政府法制办、环境保护行政主管部门等应当积极地完善相关的战略环境评价法规、条例和制度,以提高战略环境评价实施的法制保障,同时,也能够促进各政府部门在本部门内推动战略环境评价的实施。

第三节　战略环境评价实践

一、西部大开发战略环境评价

2000年10月,中共十五届五中全会通过的《中共中央关于制定国民经济和社会发展第十个五年计划的建议》,把实施西部大开发、促进地区协调发展作为一项战略任务。这是中共中央贯彻邓小平同志关于中国现代化建设"两个大局"战略思想、面向新世纪作出的重大战略决策,也是全面推进社会主义现代化建设的一个重大战略部署。其中,"两个大局"一是沿海地区加快对外开放,较快地先发展起来,中西部地区要顾全这个大局;二是当沿海地区发展到一定时期,要拿出更多的力量帮助中西部地区加快发展,东部沿海地区也要服从这个大局。实施西部大开发战略、加快中西部地区发展,对于扩大内需,推动国民经济持续增长,对于促进各地区经济协调发展,最终实现共同富裕,对于加强民族团结,维护社会稳定和巩固边防,具有十分重要的意义。

基于上述内容,2013年相关部门完成了西部大开发战略环境影响评价。西部大开发战略政策层次的决策包括增加资金投入、改善投资环境、扩大开放政策、吸引人才政策、科技发展政策等。为了使西部大开发战略能够顺利实施,在实现西部地区经济腾飞的同时,实现生态环境的持续改善,相关部门开展了该政策决策的战略环境评价,给出了一套相对完整的战略环境评价程序,包括战略环境评价的管理程序、介入程序和决策程序等。

西部大开发战略的战略环境评价是在国务院西部地区开发领导小组主导下完成的,有一套相对完善的战略环境评价的管理程序,评价过程的管理程序如图5-1所示。在这一战略环境评价中,充分发挥了各个利益主体的作用,因而不管是管理程序还是决策程序都相对复杂。战略环境评价各个程序介入的时机贯穿于整个环境评价过程中,保证了战略环境评价工作过程的有效性。

在确定了该战略环境评价过程的管理程序后,相关职能部门按照分工和协作的原则,从不同时期介入评价过程。为了顺利完成该战略环境评价(SEA)工作,评价单位给出了如图5-2所示的决策过程中SEA介入程序框图。

二、北部湾经济区沿海重点产业发展战略环境评价

2008年1月国家批准了《广西北部湾经济区发展规划》,强调广西北部湾经济区是我国西部大开发和面向东盟开放合作的重点地区,对于国家实施区域发展总体战略和互利共赢的开放战略具有重要意义。广西北部湾经济区地处我国西南沿海,主要由南宁、北海、钦州、防城港四市所辖行政区域组成,外加玉林、崇左两个市的物流区,是西部唯一的既沿海又沿边的地区。北部湾经济区不仅是我国西南地区最便捷的出海通道,而且是促进中国-东盟全面合作的重要

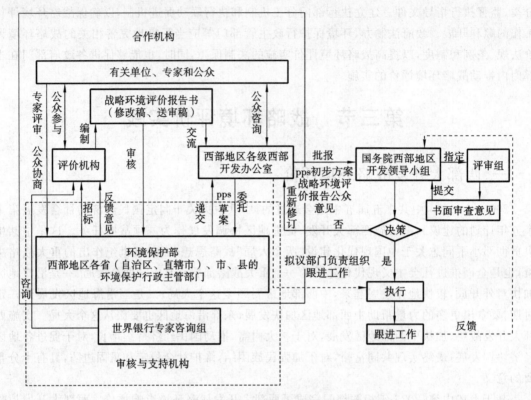

图 5-1　西部大开发战略的战略环境评价的管理程序

桥梁和基地,是我国对外开放的重要门户和前沿,地缘优势明显,战略地位突出。随着经济区开发的大力推进,城市化和工业化水平的不断提高,经济区的环境保护和生态建设势必面临较大压力。

为了实现在经济社会快速发展的同时,使生态环境质量维持在良好水平,实现经济、社会和环境的协调发展,原环境保护部于 2009 年启动了北部湾经济区发展规划的战略环境评价工作。整个评价程序由原环境保护部环境影响评价司和环境工程评估中心主导,由华南环境科学研究所、北京师范大学、南海水产研究所、南京大学、中科院地理所、珠江水利科学研究院,以及粤、桂、琼三省区的地方环保科研院所和环境监测中心等单位共同参与实施完成。图 5-3 是该战略环境评价的技术路线图。

北部湾经济区重点产业发展的战略环境评价内容,主要包括区域生态环境现状及其演变趋势研究评估、区域产业发展现状及资源环境效率评价、区域资源环境承载力综合评估、区域重点产业发展环境影响评价和生态风险评估、区域重点产业优化发展的调控方案和区域重点产业与资源环境协调发展的对策机制。按照规划环境影响评价的技术导则,以及战略环境评价的一般评价步骤,开展了该规划的战略环境评价,整个评价过程先后经历了启动、评价、验收、发布指导意见、跟踪绩效评估等一系列程序。

评价单位通过综合分析发现,该战略规划中的资源环境类指标对海洋生态环境的保护反映不够,整体"重污染控制、轻生态保护"。由于资源环境承载力(包括水环境承载力、水资源环境承载力和大气环境承载力)的精细计算是优化调整战略的基本依据,为此,评价单位基于生态环境承载力提出了调整产业结构、优化空间布局和增强生态保护的措施和建议。在经过对

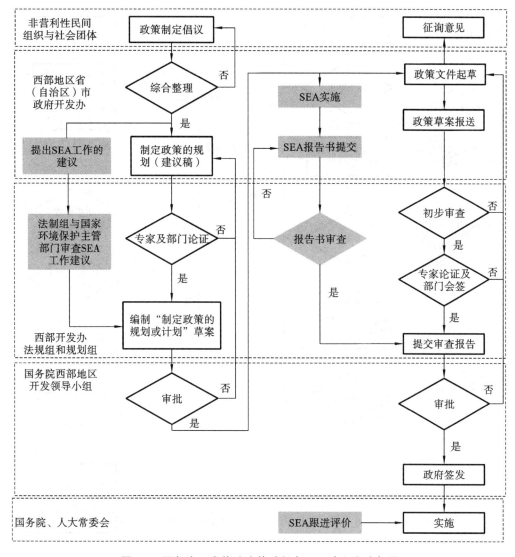

图 5-2 西部大开发战略决策过程中 SEA 介入程序框图

现场的初步勘察和多次的论证后,评价单位编制出《北部湾经济区沿海重点产业发展战略环境评价报告》,其评价成果于 2013 年由中国环境出版社出版。

以上两个例子反映了我国现有战略环境评价的理论框架、评价技术和方法,明确了评价机制的重要性,即由上级主管部门主导的战略环境评价在操作机制和技术方面更容易得到保证,实施效果也一定比较好,体现了战略环境评价的"早期介入,充分整合"特点,这与国际合作组织倡导的理念也很相近。目前,我国大部分的战略环境评价依赖于《规划环境影响评价条例》规定的执行机构来实施。

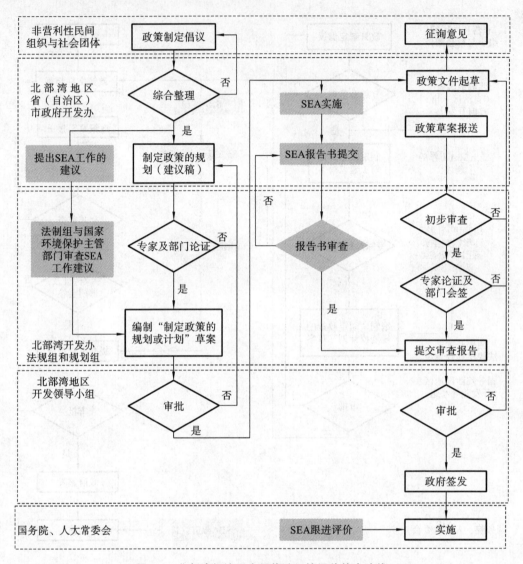

图 5-3　北部湾经济区发展战略环境评价技术路线

主要参考文献

［1］ 生态环境部环境工程评估中心.环境影响评价技术方法［M］.北京:中国环境出版社,2019.

［2］ 生态环境部环境工程评估中心.环境影响评价相关法律法规［M］.北京:中国环境出版社,2019.

［3］ 生态环境部环境工程评估中心.环境影响评价技术导则与标准［M］.北京:中国环境出版社,2019.

［4］ 胡辉,杨旗,肖可可,杨家宽.环境影响评价［M］.2版.武汉:华中科技大学出版社,2017.

［5］ 李巍,李贞,李天威.战略环境评价发展、经验与应用实践［M］.北京:化学工业出版社,2006.

［6］ 韩保新.北部湾经济区沿海重点产业发展战略环境评价研究［M］.北京:中国环境出版社,2013.

［7］ 钱瑜.环境影响评价［M］.南京:南京大学出版社,2009.

［8］ 金朝晖,李毓,朱殿兴,等.环境监测［M］.天津:天津大学出版社,2007.

［9］ 沈珍瑶.环境影响评价实用教程［M］.北京:北京师范大学出版社,2007.